高等农林教育"十三五"规划教材

全国高等农业院校计算机类与电子信息类"十三五"规划教材

数据结构与算法

石玉强　闫大顺　主编

中国农业大学出版社

·北京·

内容简介

本书在选材与编排上，贴近当前普通高等院校“数据结构与算法”课程的现状和发展趋势，符合最新计算机专业研究生考试大纲，内容难度适中，突出数据结构的实用性和应用性。本书阐述了各种典型数据结构的基本概念、逻辑结构、存储结构以及相应各种操作。全书共8章，内容包括绪论、线性表、栈和队列、串、数组和广义表、树和二叉树、图、查找和排序等内容。每一章不仅有大量例题解析，还有丰富的习题。全书采用C/C＋＋语言作为数据结构和算法的描述语言。本书可作为普通高等院校计算机和信息技术相关专业“数据结构”课程的教材使用，也可以作为报考高等学校计算机专业硕士研究生入学考试的复习用书，同时还可以作为从事计算机系统软件和应用软件设计与开发人员的参考资料。

图书在版编目(CIP)数据

数据结构与算法 / 石玉强，闫大顺主编. —北京：中国农业大学出版社，2017.1(2018.12重印)
ISBN 978-7-5655-1756-3

Ⅰ.①数… Ⅱ.①石…②闫… Ⅲ.①数据结构－高等学校－教材②算法分析－高等学校－教材 Ⅳ.①TP311.12②TP301.6

中国版本图书馆CIP数据核字(2016)第302433号

书　　名 数据结构与算法
作　　者 石玉强　闫大顺　主编

策　　划 司建新　刘　玮　　**责任编辑** 冯雪梅
封面设计 郑　川
出版发行 中国农业大学出版社
社　　址 北京市海淀区圆明园西路2号　　**邮政编码** 100193
电　　话 发行部 010-62818525，8625　　读者服务部 010-62732336
编辑部 010-62732617，2618　　出　版　部 010-62733440
网　　址 http://www.cau.edu.cn/caup　　**E-mail** cbsszs @ cau.edu.cn
经　　销 新华书店
印　　刷 涿州市星河印刷有限公司
版　　次 2017年2月第1版　2018年12月第2次印刷
规　　格 787×1 092　16开本　18.75印张　460千字
定　　价 48.00元

前　　言

“数据结构与算法”是计算机程序设计的重要理论和实践基础，它不仅是计算机专业的核心课程，也是其他理工专业的重要选修课。在计算机的应用领域中，数据结构有着广泛的应用。

本书共分8章，第1章介绍了数据结构的基本概念和算法分析的初步知识；第2章到第4章介绍了线性表、栈和队列、串、数组和广义表等线性结构的基本概念及常用算法；第5章和第6章介绍了非线性结构的树、二叉树、图等数据结构的存储结构和不同存储结构上的一些操作的实现；第7章介绍了各种查找表及查找方法；第8章介绍了各种内存及外存排序算法。本书计划学时为80学时左右，其中上机实习为35学时左右。

本书是作者根据自己的教学经验总结，为计算机类普通高等院校应用型本科学生编写的教材。作者在教学过程中发现，大多数学生在初学数据结构时，经常误把算法的伪代码作为完整函数直接在编译器上进行运行测试。为了解决这个问题，本书采用C/C++语言描述数据结构和算法，并且对关键的算法都编写了完整的C语言程序供学生上机实习参考。书中给出的每一个算法都是完整的，只要添加变量定义和主函数，程序即可运行，主函数编写可以参考书中给出的案例程序，测试数据可以从需求分析获得。

应用型本科院校面向应用、注重实践，本书力求做到选材精练、叙述简洁、通俗易懂，尽量避免抽象理论的介绍和复杂公式的推导。对各种数据结构均从实际出发，通过对实例的分析，使学生理解数据结构的基本概念。

考虑到研究生入学考试和其他考试的需要，本书在每章后面带有适量的习题，并配有习题参考答案，方便学生自学参考。另外，与本书配套的多媒体教学课件、实验指导、习题参考答案均可从中国农业大学出版社网站下载，也可与作者联系，联系方式：yuqiangshi@163.com。

本书由石玉强、闫大顺任主编，孙永新、吴志芳、王俊红、曾宪贵、邹莹、王潇、张世龙任副主编。本书第1章由张世龙、史婷婷编写，第2章由石玉强编写，第3章由闫大顺编写，第4章由邹莹、孙永新、王潇编写，第5章由吴志芳编写，第6章由王俊红编写，第7章由顾春琴编写，第8章由曾宪贵编写，全书由石玉强、闫大顺统一编排定稿。

参加本书编写的还有刘磊安、杨灵、黄裕锋、符志强、李晟、冯大春、赵爱芹、罗慧慧、黄洪波、杜淑琴、刘佳、张垒、连剑波、郭世仁、陈勇、郑建华、贺超波、成筠、杨继臣、吴霆、杨现丽等，他们对书稿提出了宝贵的意见，在此一并表示忠心的感谢！

由于作者水平有限，书中难免会有不足和错误之处，敬请广大读者批评指正。

编　者

2016年10月

目　　录

第1章　绪论

学习要点

- 掌握数据结构的含义及其相关概念
- 掌握数据的常用的逻辑结构、存储结构
- 熟悉抽象数据类型的定义
- 熟悉算法的时间和空间复杂度的分析方法

随着计算机应用领域的不断扩大，非数值计算问题占据了当今计算机应用的绝大部分，数据元素之间的复杂联系已经不是普通数学方程式所能表达的了。掌握数据结构的知识及实践应用，将会提高解决实际问题的能力。实际上，一个“好”的程序无非是选择一个合理的数据结构和好的算法，而好的算法的选择很大程度上取决于描述实际问题所采用的数据结构，所以，要想编写出“好”的程序，仅仅学习计算机语言是不够的，必须扎实地掌握数据结构的基本知识和基本技能。

1.1　数据结构的研究内容

“数据结构”的概念最早是 C. A. R. Hoare 于 1966 年提出；在其《数据结构笔记》论文中，他首次提出了一组数据结构的构造、表示和操作等问题。1968 年 Donald. E. Knuth 教授在其所著《计算机程序设计艺术》第一卷《基本算法》中较为系统地阐述了数据的逻辑结构和存储结构及其操作，也开创了数据结构的课程体系。1976 年，结构化程序设计语言 PASCAL 之父、结构化程序设计的首创者、瑞士学者和计算机科学家 Niklaus Wirth 提出了著名公式：“程序 = 数据结构 + 算法”，表达了算法与数据结构的联系及其它们在程序中地位。

20 世纪 80 年代初我国正式开设了“数据结构”课程，目前“数据结构”已经成为介于数学、计算机硬件、计算机软件三者之间的一门核心课程。在计算机科学中，“数据结构”是一门综合性的专业基础课，也是计算机专业提高软件设计水平的一门关键性课程。“数据结构”的内容将为数据库原理、操作系统、编译原理、计算机原理、人工智能、数据挖掘、软件工程等后续课程的学习打下良好的基础。同时，数据结构技术也广泛应用于信息科学、系统工程、应用数学以及各种工程技术领域。

通常用计算机解决一个具体问题需要如下步骤：首先从问题中抽象出一个适当的数学模型，再设计一个解该数学模型的算法，然后编写程序，进行测试、调整直至得到最终解答。计算机解决的问题可以概括为两类：一类是数值计算问题，指有效使用计算机求数学问题近似解的方法与过程；一类是非数值计算问题，处理与自然界和人类社会的相关的文字、图形、图像、声音等数据。前者涉及的问题的数学模型能通过数学方程描述，操作对象一般是简单的整形、实型或布尔类型数据，无须重视操作对象之间的关系及存储；后者涉及的操作对象不再是简单的数据类型，其形式更多样、关系及结构更复杂，数学模型无法直接用数学方程进行问题及操作对象之间关系的描述。下面所列举的就是属于这一类的具体问题。

例 1.1 班级学生成绩表。

某一个计算机科学与技术专业的班级有程序设计基础、数据结构和操作系统等三门必修课，该班的成绩可用一个二维表格来表示，如表 1.1 所示。学号、姓名和课程名称是表头，表示了表格中各个数据的含义，每一行数据是一个学生的信息，通常称一行为一个记录。对学生成绩的处理是以每个学生为整体的，比如表 1.1 学生成绩按照学号排列，也可以按照总分从高到低的排序。像表格这样的数据，每行数据之间通常存在着的是一种最简单的前后关系，即根据某个学生的信息即可知道前面学生信息和后面的学生信息。类似于线性函数。

表 1.1 学生成绩单示例

学号	姓名	程序设计基础	数据结构	操作系统
20160101	徐成波	79	83	95
20160102	黄晓君	91	87	68
20160103	林宇珊	82	78	82
20160104	张茜	73	60	78
20160105	林宇珊	94	68	96
20160106	陈金燕	88	79	67
20160107	张顺峰	61	86	94
20160108	洪铭勇	77	96	67
20160109	朱伟东	86	62	78
20160110	叶剑峰	93	79	72
20160111	林宇珊	68	72	85
20160112	吴妍娴	97	82	87

诸如此类的线性表结构还有很多，例如图书馆的书目管理、超级市场的货品管理、通信录管理等。在这类问题中，计算机处理的对象是各种二维表，每行数据之间存在简单的一对一的线性关系，因此这类问题的数据模型被称为线性表，施加于对象上的操作有查找、插入、删除、更新等。这类数学模型称为线性的数据结构。

例 1.2 Linux 的文件系统。

Linux 是当今最流行的操作系统之一，是一个与 UNIX 兼容的操作系统。它起源于芬兰人 Linus Torvalds 于 1991 年赫尔辛基大学计算机系二年级在学习操作系统课程学习时编写完成的一个不完善的操作系统内核。区别于其他操作系统，Linus 把这个系统源代码放在 Internet 上，允许自由下载与修改，许多人对这个系统进行改进、扩充、完善，许多资深程序员和计算机公司做出了关键性贡献，使 Linux 成为广泛应用的操作系统。Linux 的文件系统是 Linux 操作系统的重要组成部分，通过目录来组织文件。Linux 文件系统只有一个根，形成一个多级树型目录的形式，如图 1.1 所示，这样的结构称为树结构。

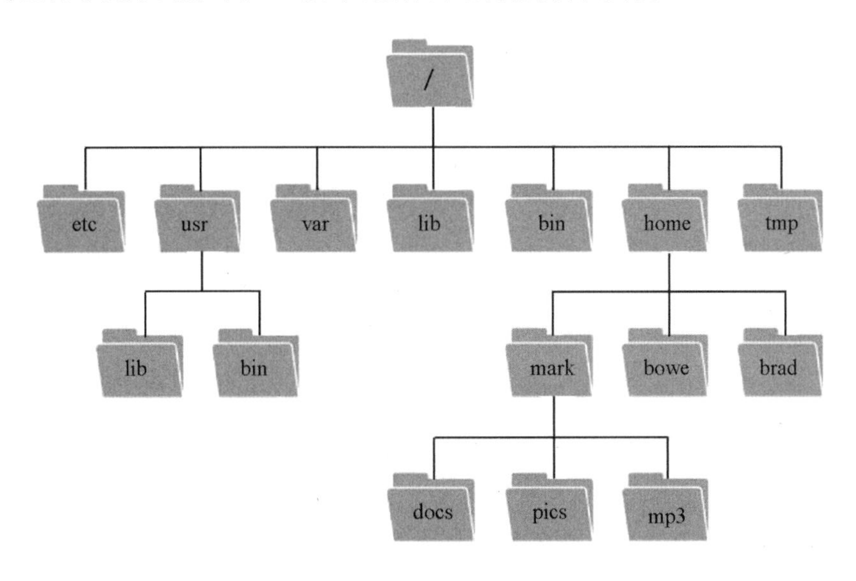

图 1.1　Linux 目录结构

诸如此类的树结构还有很多，例如一个单位的组织结构、族谱等。这类问题中，计算机处理的对象是树结构，树根或子树根与其分支结点是一对多，从而形成层次关系，施加于对象上的操作有查找、删除和插入等，但是这些操作都必须保持树形的结构不能破坏。其实线性结构是树结构的一种特殊情况，即树及所有的子树只有一个分支；但是树结构的操作有其特殊性，它不同于线性表的操作，比如人机对弈智能程序中有对弈树的裁剪、搜索树的形成等。这类数学模型称为树形的数据结构。

例 1.3　n 个城市间的通信网络。

在 n 个城市之间建立通信网络，要求在其中任意两个城市之间都有直接的或间接的通信线路。在已知城市之间直接通信线路建设预算造价的情况下，选择恰当的网络结构使网络的总造价最低。

当 n 很大时，这样的问题只能用计算机来求解。我们用图 1.2(a)来描述 7 个城市之间的通信线路，其中：图中圆圈表示一个城市，两个圆圈之间的连线表示对应城市之间的通信线路，连线上的数值表示该通信线路的造价，这样的结构称为图状结构，利用计算机可以求出满足要求的通信网络，如图 1.2(b)所示。

诸如此类的结构还有校园网拓扑结构图、工程建设项目图、铁路交通网、公路交通网等等，这些都是典型的网络结构，每个结点与多个其他结点互连，形成了元素之间的多对多的网状关系，图的操作依然为查找、插入和删除等，但它不同于树结构、线性结构的操作，比如最短路径求解、最短工期安排等等。这类数学模型称为图状的数据结构。

综上 3 个例子可见，这类非数值计算问题抽象出的数学模型不再是数学方程，而是诸如表、树、图之类的数据结构。而解决这类非数值计算问题的算法与描述问题的数据结构密切相关，算法无不依附于具体的数据结构，不同数据结构的选择直接关系到算法的选择和效率。因此，为了编写出一个“好”的程序，必须分析待处理的对象的特征及各对象之间存在的关系，这就是数据结构这门课所要研究的问题。

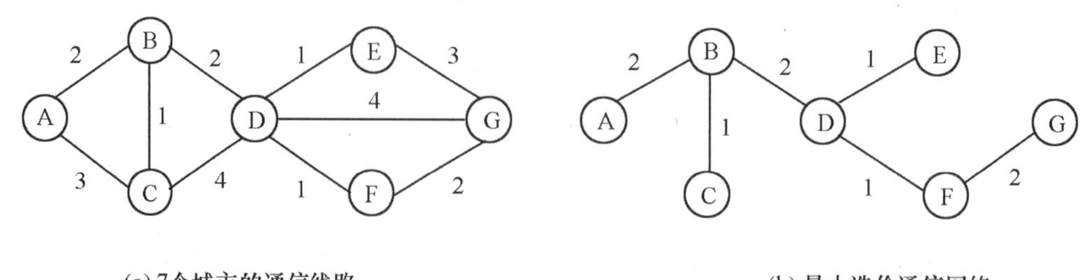

(a) 7个城市的通信线路 (b) 最小造价通信网络

图 1.2 建立最小造价通信网络

“数据结构”的研究在不断发展，一方面，面向各个专门领域中特殊问题的数据结构正在研究和发展；另一方面，从抽象数据类型的观点来讨论数据结构，已经成为一种新的趋势，越来越被人们所重视。学习数据结构的目的是为了掌握计算机处理对象的特性，将现实世界的问题所涉及的处理对象在计算机的信息世界中表示出来并对它们进行处理，这是构造性思维能力的锻炼和提高，它将实现对程序抽象能力和数据抽象能力的强化。

1.2 基本概念和术语

“结构”是把某些成员按照一定的规律或方式组织在一起的实体；数据结构是以数据为成员的结构。

1.2.1 数据、数据元素、数据项和数据对象

1. 数据

数据(data)是对客观事物的符号表示，在计算机科学中是指所有能输入到计算机中并能被计算机程序处理的符号的总称，它是计算机程序加工的“原料”。

例如，一个利用数值分析方法解代数方程的程序，其处理对象是整数和实数；一个编译程序或文字处理程序的处理对象是字符串。因此，对计算机科学而言，数据极为广泛，图形、图像、视频和音频等都可以通过编码而归之于数据的范畴。

2. 数据元素和数据项

数据元素(data element)是数据的基本单位，在计算机程序中通常作为一个整体进行考虑和处理。一个数据元素可以是不可分割的原子(atom)，例如一个整数；也可以由若干个数据项(data item)组成，例如一个记录，其中数据项是具有独立含义的最小数据单位，也称为字段或数据域。

例如，某程序处理的数据是学生情况登记表，每个学生的信息就是一个数据元素，其中的学生信息中的每一项(比如学号、姓名、性别、出生年月等)是这个数据元素中的数据项。图1.3所示即为上述数据元素的内部结构。

数据元素的同义词有：记录(record)、结点(node)和顶点(vertex)。它们的名称虽然不同，但所表示的意义却是一样的。通常，在顺序结构中多用“元素”，在链式结构中多用“结点”，在图和文件中又分别使用“顶点”和“记录”。

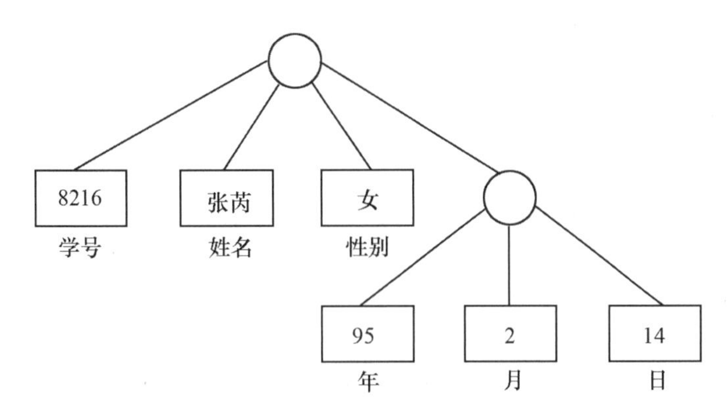

图 1.3　数据元素的内部结构

3. 数据对象

数据对象(data object)是性质相同的数据元素的集合,它是数据的一个子集。

例如,在电话号码查询系统中,数据对象是全体的电话用户;在银行业务处理系统中,数据对象是全体储户的资料及全体贷款客户的资料;学生的成绩表也是一个数据对象;整数就是所有整数的集合;单词是二十六个不同字母组成的集合。由此可见数据元素的集合无论是有限集合或是无限集合,只要集合内元素的性质相同,都可以称为一个数据对象。

4. 数据关系

在数据对象中各数据元素之间存在着某种关系,这种关系反映了数据对象中数据元素所固有的一种联系,这就是数据关系(data relation)。在数据处理领域,通常把数据之间这种固有的关系简单地用前驱和后继来描述。例如,在编写家庭族谱时,数据对象是家庭中的所有成员,对家族中某成员的描述就是一个数据元素,各数据元素之间存在着血缘关系;父亲是儿子的前驱,儿子是父亲的后继。由此,前驱和后继关系所表示的实际意义随着数据对象的不同而不同。在数据结构中,数据元素之间的任何关系都可以用前驱和后继关系来描述。

5. 关键字

关键字(关键码,key)指的是数据元素中能够起标识作用的那些数据项。其中能够起唯一标识作用的关键字称为"主关键字"(main key)。例如,在学生成绩表中,学号为关键字,姓名不能作为主关键字使用,因为有学生重名的情况出现。

1.2.2　数据结构

对于数据结构这个概念,至今尚未有一个公认的定义,不同的人在使用这个词时所表达的意思有所不同。本书将给出一个通用的描述。

1. 数据结构

数据结构(data structure)是带有结构特性的数据元素的集合,它研究的是数据的逻辑结构和数据的物理结构以及它们之间的相互关系,并对这种结构定义相适应的运算,设计出相应的算法,并确保经过这些运算以后所得到的新结构仍保持原来的结构类型。简而言之,数据结构是相互之间存在一种或多种特定关系的数据元素的集合,即带"结构"的数据元素的集合。"结构"就是指数据元素之间存在的关系,分为逻辑结构和存储结构。

数据的逻辑结构和物理结构是数据结构的两个密切相关的方面，同一逻辑结构可以对应不同的存储结构。算法的设计取决于数据的逻辑结构，而算法的实现依赖于指定的存储结构。

2.数据的逻辑结构

数据的逻辑结构(data logical structure)是对数据元素之间的逻辑(数学)关系的描述，它可以用一个数据元素的集合和定义在此集合上的若干二元关系来表示。

数据的逻辑结构定义是对操作对象的一种数学描述，换句话说，它是从具体问题的操作对象抽象出来的数学模型，它与数据的存储无关，不依赖于计算机。下面用数学方法给出数据的逻辑结构定义。

设 D 表示数据元素的集合，R 表示 D 上关系的集合(即 R 反映了 D 中各元素的前驱和后继关系，前驱或后继关系可以使用一个有序对表示$<a_i, a_{i+1}>$，即 R 是有序对的集合)，则一个数据的逻辑结构 B 可以表示为：

$$B = \{D, R\}$$

为了方便起见，常常用示意图表示数据的逻辑结构，其中小圆圈表示数据元素，关系用小圆圈之间的有向线段表示有序对，例如$<a_i, a_{i+1}>$为从 a_i 点指向 a_{i+1} 点的有向线；如果线段为两个方向，则省略方向为线段。根据数据元素之间的关系的不同特性，通常有 4 类基本结构。

(1)集合(set)：在该数据结构中，只有数据元素，它们之间除了“同属于一个集合”外别无其他的关系，即 R = { }。集合是数据结构的一种特例，如图 1.4(a)所示。

(2)线性结构(line structure)：在该数据结构中，除了第 1 个数据元素外，其他各元素有唯一的前驱；除了最后一个数据元素外，其他各元素有唯一的后继。数据结构中的数据元素之间存在一对一的关系，如图 1.4(b) 所示。

(3)树形结构(tree structure)：在该数据结构中，除了一个根数据元素(结点)外，其他各元素(结点)有唯一的前驱；所有数据元素(结点)都可以有多个后继。数据结构中的数据元素之间存在一对多的关系，如图 1.4(c)所示。

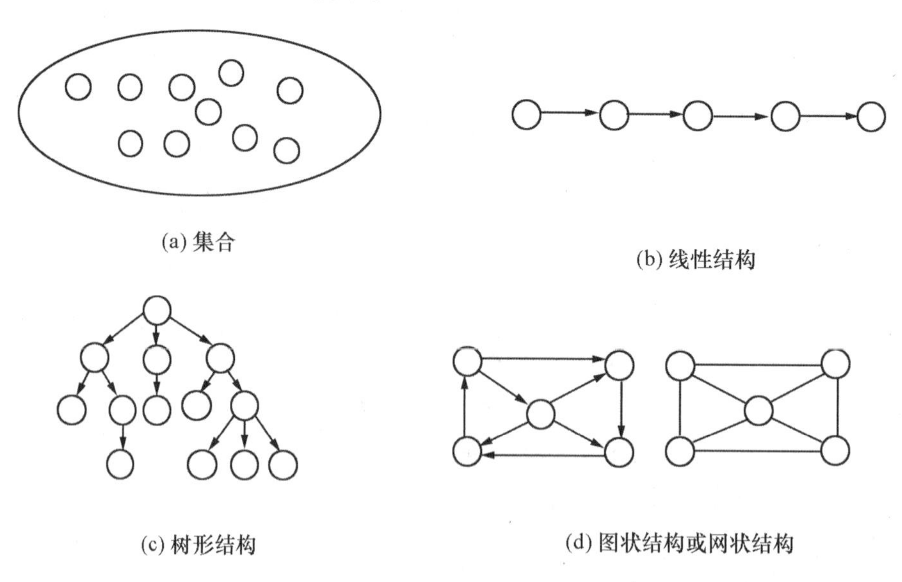

图 1.4 基本逻辑结构的示意图

(4)图状结构或网状结构(graph or met structure):在该数据结构中,各数据元素可以有多个前驱或后继。数据结构中的数据元素之间存在多对多的关系,如图 1.4(d)所示。

一般把树形结构和图状结构称为非线性结构。

在数据结构 B = { D, R }中,也可以不包含任何数据元素,即 D = {},称为空数据结构。空数据结构到底属于哪种类型,应该视具体情况而定。

例 1.4　一周 7 天数据的逻辑结构。

在此结构中,有 7 个数据元素;有 1 个关系 R。

B = { D, R }

D = {Sun,Mon,Tue,Wed,Thu,Fri,Sat}

R = {<Sun,Mon>,<Mon,Tue>,<Tue,Wed>,<Wed,Thu,>,<Thu,Fri>,<Fri,Sat>}

以上数据的逻辑结构可以用图 1.5 形象地表示。

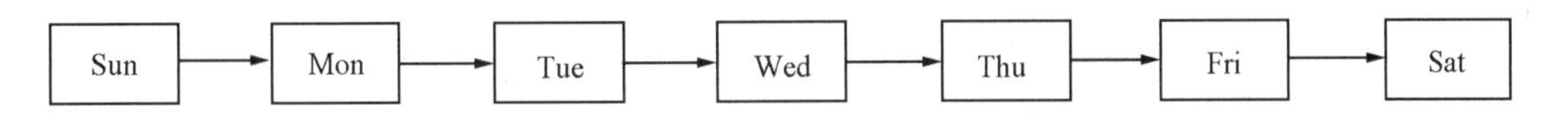

图 1.5　一周 7 天数据的逻辑结构

例 1.5　一种数据结构 Tree = {D, R}

D = {01, 03, 05, 07, 09, 11, 13, 15, 17, 19}

R = {<01,03>,<01,05>,<01,07>,<03,09>,<03,11>,<03,13>,<05,15>,<05,17>,<07,19>}

这种数据结构的特点是除了结点“01” 无直接前驱(称为根)以外,其余结点都只有一个直接前驱,但每个结点都可以有零个或多个直接后继,即结构的元素之间存在着一对多(1 : N)的关系。

树形结构反映了结点元素之间的一种层次关系,如图 1.6 所示,从根结点起共分为三层,有向的箭头体现了结点之间的从属关系。

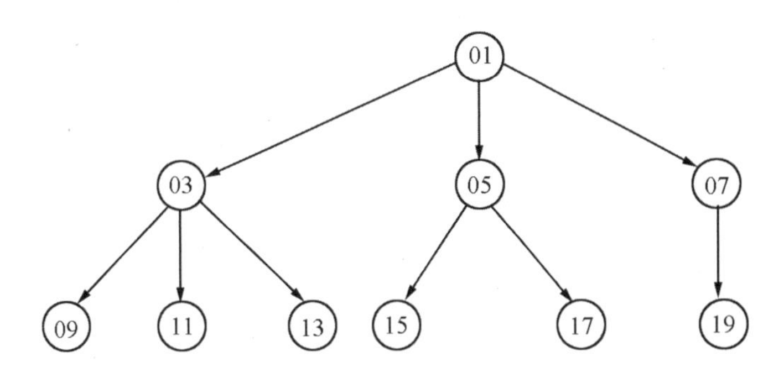

图 1.6　树形结构

例 1.6　一种数据结构 Graph = {D, R}

D = {1, 2, 3, 4, 5}

R = {(1,2),(1,4),(2,4),(2,3),(2,5),(3,4),(4,5)}

圆括号表示的关系集合是无向的,如(1,2)表示从 1 到 2 之间的边是双向的。其特点是各个结点之间都存在着多对多(M：N)的关系，即每个结点都可以有多个直接前驱或多个直接后继，如图 1.7 所示。

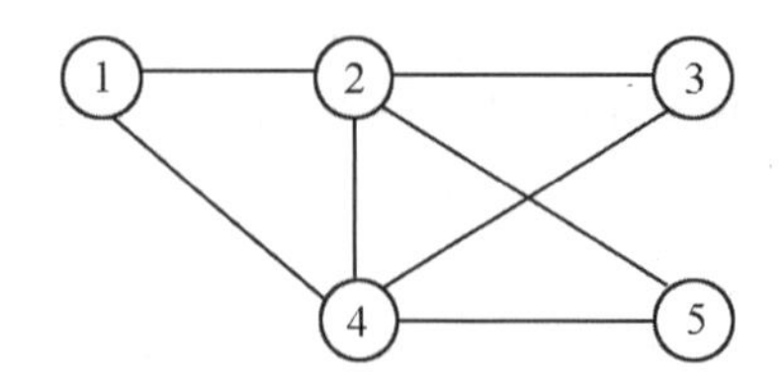

图 1.7　图状结构

3. 数据的物理结构

数据的物理结构(data physical structure)，又称存储结构，是数据对象在计算机存储器中的表示，它包括数据本身在计算机中的存储方式，以及数据之间的逻辑关系在计算机中的表示。因此，数据的物理结构是依赖于计算机的。

根据在存储器中表示数据关系的不同方法，通常有 4 种存储方式。

(1)顺序存储方式(sequential storage form)：把逻辑上相邻的数据元素存储在物理位置上相邻的存储单元里，数据元素之间的逻辑关系由存储单元的邻接关系来体现。由此得到的存储表示称为顺序存储结构(sequential storage structure)，如图 1.8(a) 所示的 3 和 6 是逻辑上相邻两个数，分别存放在 0200 和 0201 两个相邻的存储单元，这样从存储位置就能知道两个数的前后顺序关系。

(2)链式存储方式(linked storage form)：不要求逻辑上相邻的数据元素其物理位置相邻，数据元素之间的逻辑关系通过附加的指针字段来表示。由此得到的存储表示称为链式存储结构(linked storage structure)，如图 1.8(b)所示，3 存储在 0600，6 存储在 0400，3 存储单元的后面紧跟一个指针值为 0400，表示 3 之后的数据为 6，指针值表示了 3 之后 6 的存储地址，表示了两者之间的相邻关系。

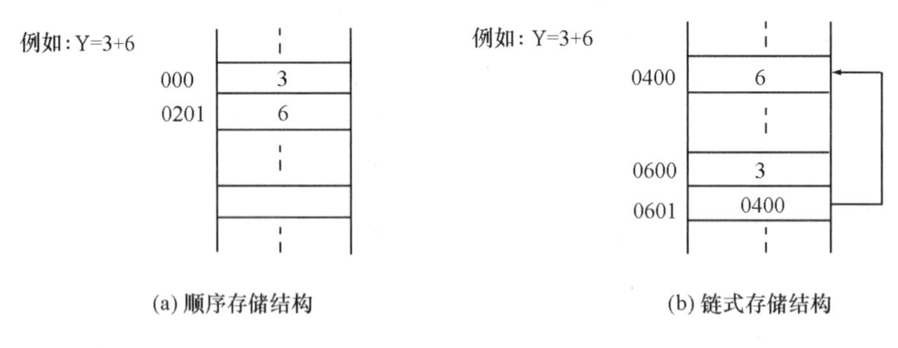

图 1.8　存储结构示意图

(3)索引存储方式(index storage form)：在存储数据元素信息的同时，建立附加的索引表，索引表中的每一项称为索引项(index item)，索引项的一般形式是：(关键字，地址)，其中关键字是能够唯一标识一个数据元素的数据项。由此得到的存储表示称为索引存储结构(index storage structure)。如果一组数据元素在索引表中只对应一个索引项，则该索引表称为稀疏索引(sparse index)；如果一组数据元素在索引表中都有一个索引项，则该索引表称为稠密索引(dense index)。稀疏索引中索引项的地址指示一组数据元素的起始存储位置,而稠密索引中索引项的地址指示一个数据元素所在的起始存储位置。

(4)哈希存储方式(hash storage form):根据数据元素的关键字直接计算出该数据元素的存储地址。由此得到的存储表示称为哈希存储结构(hash storage structure)。例如,把数据元素 a 中的关键字 a.key 作为自变量,通过一个称为哈希函数 Hash(a.key)的计算规则,确定出该数据元素的实际存储单元地址。即:loc(a) = Hash(a.key),其中 loc(a)为数据元素 a 的地址。

例 1.7　假设一个线性结构有如下逻辑关系:

B = {D,R}

D = {A,B,C,D,E}

R = {<A,B>,<B,C>,<C,D>,<D,E>}

顺序存储结构如图 1.9 所示。

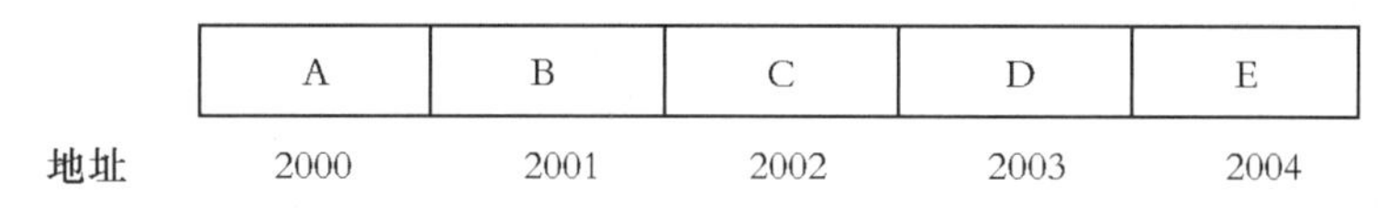

图 1.9　线性结构的顺序存储结构

例 1.8　假设一个线性结构的数据元素集合:

D = { 80, 75, 90, 85, 70 }

R = { <90, 85>, <85, 80>, <80, 75>, <75, 70> }

其中以数据元素值降序为关系,链式存储结构如图 1.10 所示。

地址	数据	指针
2000	80	2001
2001	75	2004
2002	90	2003
2003	85	2000
2004	70	∧

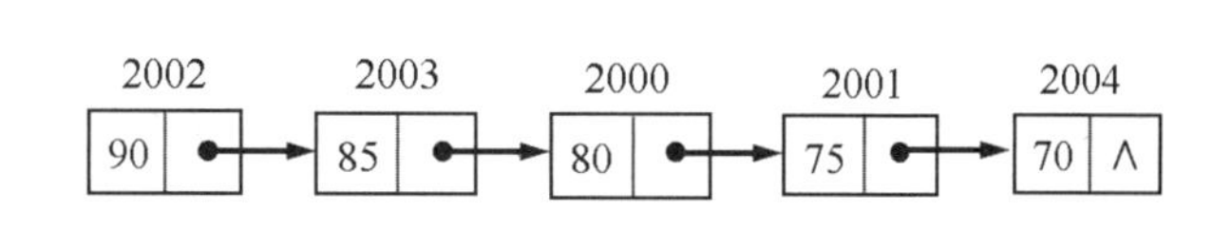

图 1.10　线性结构的链式存储结构

4.数据的运算

为了更有效地处理数据,提高数据运算效率,需要按一定的逻辑结构把数据组织起来,并选择适当的存储表示方法把相应的数据存储起来。数据的运算是定义在数据的逻辑结构上的,但运算的实现要在具体存储结构之上,每种逻辑结构都有一个运算的集合,这里只对几种常用的运算进行简要介绍。

(1)检索:即在数据结构里查找满足一定条件的结点,一般是给定某字段的值,找具有该字段值的结点。

(2)插入:即在数据结构中增加新的结点。

(3)删除:把指定的结点从数据结构中去掉。

(4)更新:改变指定结点的一个或多个字段的值。

上述中的插入、删除、更新运算都包含着一个检索运算,以确定插入、删除、更新的确切位置。

数据的逻辑结构、数据的存储结构及数据的运算三个方面构成一个数据结构的整体。存储结构是数据及其关系在计算机内的存储表示。同一逻辑结构可以采用不同的存储方式,即可对应不同的数据结构。例如,线性表若采用顺序存储方式,则可以称为顺序表;若采用链式存储方式,则可以称为链表;若采用散列存储方式,则可以称为散列表。在实际应用中,根据需要,通常采用较为合适的存储结构。

1.2.3 数据类型和抽象数据类型

1.数据类型

数据类型(data type)是和数据结构密切相关的一个概念,它最早出现在高级程序设计语言中,用以描述(程序)操作对象的特性。在程序中,形式不同的数据采用数据类型来标识。如变量的数据类型说明了变量可能取的值的集合、数据在内存的表示方式以及可能施于变量的操作的集合,所以数据类型不仅定义了一组形式相同的数据集,也定义了对这组数据可施行的一组操作集。

按照“值”的不同特性,高级程序设计语言中的数据类型可以分为两类。

(1)原子类型(atom type):原子类型的值是不可分解的。

(2)结构类型(structure type):结构类型的值是由若干成分按某种结构组成的,因此是可分解的,并且它的成分可以是非结构的,也可以是结构的。

例如,C语言中的整型变量,其值集为某个区间上的整数,定义在其上的操作为:加、减、乘、除和取模等算术运算。

一个数据元素如果只包含一个数据项,则数据项的类型就是该数据元素的类型,否则数据元素的类型是由各数据项类型构造而成的结构类型,在C语言中称为结构体类型。各种高级语言提供的基本数据类型有所不同,例如C语言提供了整型、实型、字符型和指针型等基本数据类型。本书采用了C语言的数据类型实现了程序的算法,为了方便使用布尔数据类型,借用了C++的bool数据类型,如果有的编译环境不能处理,可以采用宏定义或枚举定义来替代,如下枚举定义所示:

```
typedef enum bool {false,true} bool;
```

随着计算机科学的不断发展,特别是面向对象的程序设计语言的研究和发展,提出了抽象数据类型(abstract data type,简记ADT)的概念,抽象数据类型更加适合于描述数据结构的逻辑结构和基本操作,更加适合于课程教学。

2.抽象数据类型

一个数据结构加上定义在这个数据结构上的一组操作,即构成一个抽象数据类型的定义。抽象数据类型的概念其实质和程序设计语言中的数据类型概念类似。

抽象数据模型的定义仅取决于它的一组逻辑特性,而与其在计算机内部如何表示和实现无关,即不论其内部结构如何变化,只要它的数学特性不变,都不影响其外部的使用。例如,各种高级程序设计语言中都有的整数类型即为一个抽象数据类型,尽管它们在不同处理器上实现的方法可以不同,但是由于它们的数学特性相同,所以在用户看来都是相同的。因此“抽象”的意义在于强调数据类型的数学特性。

另一方面，抽象数据类型的范围更广，它不再局限于现有程序设计语言中已经实现的数据类型(通常称为固有数据类型)，还包括用户在设计软件系统时自己定义的数据类型。为了提高软件的重用率，在近代程序设计方法学中指出，一个软件系统的框架应该建立在数据之上，而不是像传统的软件设计方法学那样，将一个软件系统的框架建立在操作之上。也就是说，在构成软件系统的每个相对独立的模块中，定义一组数据和施于这些数据之上的一组操作，并在模块内部给出它们的表示和实现细节，在模块外部使用的只是抽象的数据和抽象的操作。显然，所定义的数据类型的抽象层次越高，含有该抽象数据类型的软件模块的重用率也就越高。

抽象数据类型在 C++ 语言中是通过类(class)类型来实现的，其数据部分通常定义为类的私有(private)或保护(protected)的数据成员，它只允许给该类或派生类直接使用，操作部分通常定义为类的公共(public)的成员函数，它既可以提供给该类或派生类使用也可以提供给另外的类或函数使用，操作部分只给出操作说明(即函数声明)，操作的具体实现通常在一个单独文件中给出，使它与类的定义(即声明)相分离，当然在编译时将被连接在一起，类的声明通常被存放在一个专门的头文件(其扩展名为.h)中，这样能够较好地实现信息的隐藏和封装，符合面向对象程序设计(object-oriented programming，简称 OOP)的思想。基于抽象数据类型的设计程序过程如图 1.11 所示。

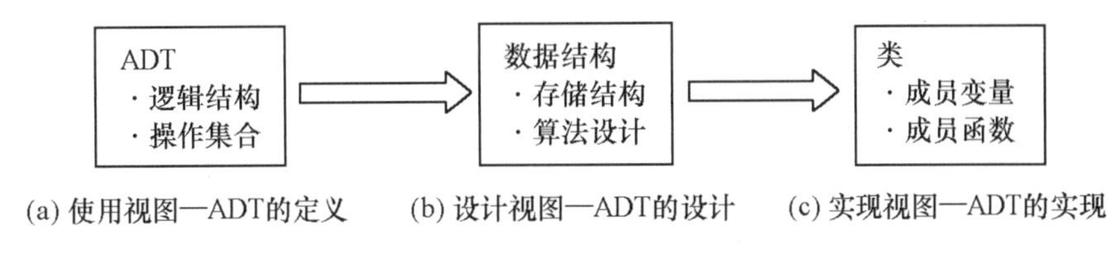

图 1.11　ADT 的不同视图

在本书中，为了使读者更好地理解数据结构和相应运算的实现(即函数编程代码)，则采用传统 C 语言的记录结构类型来定义抽象数据类型中的数据(或称数据结构)部分，采用普通函数格式来定义抽象数据类型中的每个操作的实现。虽然本书通常没有直接采用类类型来实现抽象数据类型，但读者通过学习后很容易做到。

抽象数据类型的定义可以用三元组表示：

$$ADT = \{D, S, P\}$$

其中，D 是数据对象，S 是 D 上的关系集，P 是对 D 的基本操作集，可以采用如下格式描述：

ADT 抽象数据类型名{

数据对象：<数据对象的定义>

数据关系：<数据关系的定义>

基本操作：<基本操作的定义>

}/* ADT 抽象数据类型名 */

其中数据对象和数据关系的定义可以用集合来描述，基本操作的定义可以采用如下格式描述：

基本操作名(参数表)

初始条件：<初始条件描述>

操作结果：<操作结果描述>

其中“参数表”中的参数有赋值参数和引用参数两种，赋值参数只为操作提供输入值，引用参数以 & 打头，除了可以提供输入值外，还将返回操作结果。C 语言没有引用，在 C++ 中才扩充了引用方式，在本教材的程序代码为 C 语言标准，但是为了实现的方便借用了 C++ 的引用方式，在 Visual C++ 6.0 可以直接编译。如果一些编译环境限制了引用方式，可以采用双指针的方式进行等价处理，具体见本书附录。

“初始条件”描述了操作执行之前数据结构和参数应该满足的条件，如果不满足，则操作失败，并返回相应的出错信息；若初始条件为空，则省略之。例如在一个空线性表内进行删除操作，肯定是不行的。

“操作结果”说明了操作正常完成之后，数据结构的变化状况和应该返回的结果。

例 1.9 复数的抽象数据类型定义。

ADT Complex {

数据对象：D = {e1, e2 | e1, e2 属于实数集合}

数据关系：R1 = {<e1, e2> | e1 是复数的实数部分，e2 是复数的虚数部分}

基本操作：

InitComplex(&z, v1, v2)

操作结果：构造复数 z，其实部和虚部分别赋予参数 v1 和 v2 的值。

GetReal(z, &RealPart)

初始条件：复数已经存在。

操作结果：用 RealPart 返回复数 z 的实部值。

GetImag(z, &ImagPart)

初始条件：复数已经存在。

操作结果：用 ImagPart 返回复数 z 的虚部值。

Add(z1, z2, &sum)

初始条件：复数 z1 和 z2 已经存在。

操作结果：用 sum 返回两个复数 z1, z2 的和运算值。

Subtract(z1, z2, &sub)

初始条件：复数 z1 和 z2 已经存在。

操作结果：用 sub 返回两个复数 z1, z2 的差运算值。

Multiply(z1, z2, &mult)

初始条件：复数 z1 和 z2 已经存在。

操作结果：用 mult 返回两个复数 z1, z2 的积运算值。

Division(z1, z2, &div)

初始条件：复数 z1 和 z2 已经存在。

操作结果：用 div 返回两个复数 z1, z2 的商运算值。

} /* ADT Complex */

至此，利用 ADT Complex 的操作接口就可以编写有关复数应用的算法了。如果需要，还可以定义 Complex 的其他操作。

需要注意的是，从定义的角度看，抽象数据类型的每个操作应该力求功能单一而且明确，并减少各操作的功能重叠。从编程的角度看，各模块之间必须有严格约定的接口，因此首先需要利用固有数据类型表示并描述上述定义的各个操作。

采用抽象数据类型设计具有很多明显的优点，主要表现在以下几个方面：

(1)提高了程序的可读性与可维护性。在程序中，对抽象数据类型的引入表现为对属性的使用和有关操作的调用；读者(程序员)只需知道这些操作的外部形式和调用方式，而不必拘泥于内部实现细节。

隔开了算法的顶层设计和底层设计，使得在进行顶层设计时，不必考虑它所使用数据和运算分别如何表示和实现；反过来，在进行数据表示和运算实现等底层设计时，只要抽象数据类型定义清楚，也不必考虑它在什么场合被引用。算法和程序设计的复杂性就降低了，条理性增强了。既有助于快速开发出程序的原型，又有助于在开发过程中少出差错，保证编出的程序有较高的可靠性。

由于顶层设计和底层设计被局部化，在设计中，如果出现差错将是局部的，常常要做的增、删、改也都是局部的，因此用抽象数据类型表示的程序具有良好的可维护性。

(2)降低了软件设计的复杂性。大型软件系统设计的关键问题是在任何时候都要考虑到降低系统的复杂性。在软件设计前期，抽象数据类型可以帮助设计者只考虑相应数据上的操作，而可以忽略算法实现的细节；同时，由于细节的屏蔽，在设计的各个阶段，抽象数据类型只通过一组定义好的操作与系统其他部分联系，这样减少了设计者在同一时刻要考虑的因素，降低了整个软件的复杂性。

(3)编制出的程序呈模块化，便于采用自顶向下、逐步求精的设计方法进行设计。

(4)程序的正确性容易得到证明。由于程序是结构化的，层次分明，因此便于程序的正确性和复杂性分析。

1.3　算法和算法分析

关于算法的研究已经有几千年的历史。公元前300多年，在《几何原本》一书中，欧几里德就给出了著名的最大公因数的求解算法。计算机的出现，使得机器自动解题的梦想变为现实，人们可以将算法编写成程序后交给计算机执行，使得许多原来认为靠个人不可能完成的算法已经实际可行。同时计算机的广泛应用也开拓了研究算法的许多新领域和新方法。

程序设计人员需要对待处理的问题准确理解，只有在准确理解问题之后才能研究出解决问题的方法。算法是对特定问题求解步骤的一种描述，如果将问题看作函数，那么算法是把输入转化为输出。解决一个问题可以有多种算法，但是一个给定的算法只能解决一个特定的问题。例如，对一组数据进行排序，可以给出多种的算法。可以使用多种算法求解问题的优点在于：根据问题的具体限定条件，可以选用合适的算法求解。

每种数据结构上的操作都需要算法的支持，对于不同存储结构的选择和评价，算法的好坏起着决定性的作用。当然所有算法的实现也都需要数据结构的支持。算法与数据结构是程序设计的两大支柱，它们相辅相成，相互依赖。

1.3.1　算法的定义及特性

1.算法的基本概念

算法(algorithm)是对特定问题求解步骤的一种描述，是为了解决一个或者一类问题给出的一个确定的、有限长的操作序列。

算法的实现依赖于数据的存储结构，因此，对确定的问题，应该寻求在适宜的存储结构上设计出一种效率较高的算法。

2. 算法的特性

严格地说来，一个算法必须满足以下 5 个重要特性：

(1)有穷性(limitedness)：对于任意一组合法的输入值，在执行有穷步骤之后一定能结束，即算法中的操作步骤为有限个，并且每个步骤都能在有限时间内完成。

算法的含义与程序十分相似，但二者是有区别的。一个程序不一定满足有穷性。例如 Linux 操作系统，只要整个系统不遭破坏，它就永远不会停止，即使没有作业要处理，它仍处于一个等待循环中，以待新作业的进入。因此，操作系统程序不是一个算法。另外，程序中的指令必须是机器可执行的，而算法中的指令则无此限制。但是一个算法若用机器可执行的指令来书写，它就是一个程序。

(2)确定性(definiteness)：对于每种情况下所应该执行的操作，在算法中都有确切的规定，使算法的执行者或阅读者都能明确其含义及如何执行；并且在确切条件下，算法只有唯一一条执行路径。

(3)可行性(feasibleness)：算法中的所有操作都必须足够基本，都可以通过已经实现的基本运算执行有限次实现。

(4)有输入(input)：作为算法加工对象的量值，通常体现为算法中的一组变量。有些输入量需要在算法的执行过程中输入，而有的算法表面上可以没有输入，但实际上已经被嵌入算法之中。

(5)有输出(output)：它是一组与“输入”有确定关系的量值，是算法进行信息加工后得到的结果，这种确定关系即为算法的功能。

在计算机领域，一个算法实质上是针对所处理某个问题的需要，在数据的逻辑结构和物理结构的基础上，施加的一种运算。由于数据的逻辑结构和物理结构不是唯一的，在很大程度上可以由用户自行选择和设计，所以处理同一个问题的算法也不是唯一的。另外，即使对于具有相同的逻辑结构和物理结构而言，其算法设计的思想和技巧不同，编写出的算法也大不相同。学习数据结构这门课程的目的，就是要能够根据数据处理问题的需要，为待处理的数据选择合适的逻辑结构和物理结构，进而设计出比较高效的算法。

1.3.2 算法评价的基本标准

通常设计一个好的算法应该达到以下 4 个目标：

(1)正确性(correctness)：算法应该满足具体问题的需求，正确反映求解问题对输入、输出和加工处理等方面的需求。程序的程序性分为四个等级：

①程序中不含语法错误，计算的结果却不能满足规格说明要求；

②程序对于特定的几组输入数据能够得出满足要求的结果，而对于其他的输入数据得不出正确的计算结果；

③程序对于精心选择的、典型、苛刻且带有刁难性的几组输入数据能够得出满足要求的结果；

④程序对于一切合法的输入数据都能得出满足要求的结果。

显然，算法要达到①中的正确性最容易，达到④中的正确性最难，由于构造出一切合法的输入数据本身就是一件极其困难的事情。因此，如果能达到③层面上的正确性，在本书中就认为“算法是正确的”。

(2)可读性(readability)：算法除了用于编写程序在计算机上执行之外，另一个重要用处是阅读和交流。可读性好有助于人们对算法的理解，便于算法的交流与推广。因此要求在算法中加入适当的注释，介绍算法的设计思想、各个模块的功能等一些必要性的说明文字来帮助读者理解算法。另外，还要求对算法中出现的各种自定义变量和类型能做到“见名知义”，即读者一看到某个变量(或类型名)就能知道其功用。算法的可读性不仅能方便读者理解算法的设计思想，同时也可以给算法的设计者带来维护上的极大便利。

(3)健壮性(robustness)：当输入数据非法时，算法应该能够适当地做出反应或进行处理，输出表示错误性质的信息并终止执行，而不会产生莫名其妙的输出结果。

(4)时间效率和存储占用量(time efficiency and storage possession)：一般来说，求解同一个问题若有多种算法，则执行时间短的算法效率高，占用存储空间少的算法较好。然而，实际上却很难做到十全十美。这是因为上述要求往往相互抵触。要节约算法的执行时间往往要以牺牲更多的存储空间为代价；而为了节省存储空间又可能要以更多的执行时间为代价，算法的执行时间开销和存储空间开销往往是相互制约的，对高时间效率和低存储占用的要求只能根据问题的性质折中处理。

1.3.3　算法的时间复杂度

算法执行的时间分析和程序运行的时间分析有区别。同一算法由不同的编程员所编出来的程序有优劣之分，程序运行的时间也就不同；程序在不同的计算机上运行的速度又和计算机硬件水平有关。我们感兴趣的是对解决问题的算法进行时间上的度量分析，或对解决同一问题的两种或两种以上算法运行的时间加以比较，这种度量分析称为算法的时间复杂度分析。它可以估算出当问题的规模变大时，算法运行时间增长的速度，这种分析实际上是一种数学化的估算方法。

1. 算法的时间复杂度

算法的效率指的是算法的执行时间随问题“规模”(通常用整型量 n 表示)的增长而增长的趋势。所谓“规模”在此指的是指输入量的数目，比如在排序问题中，问题的规模可以是被排序的元素数目。假如随着问题规模 n 的增长，算法执行时间的增长率和问题规模的增长率相同，则可记为：

$$T(n) = O(f(n))$$

其中：f (n) 为问题规模 n 的某个函数；T (n) 被称为算法的(渐近)时间复杂度(time complexity)。它表达了如果存在两个正常数 c 和 n_0，使得对所有的 n(其中 $n \geqslant n_0$)，都有：

$$T(n) \leqslant cf(n)$$

则使用大 O(order 的首字母，表示数量级)记号表示的算法的时间复杂度。因此大 O 表示法不需要给出运行时间的精确值，而只需要给出一个数量级，表示当问题规模很大时，算法运行时间的增长是受限于哪一个数量级的函数，所以在选择 f(n)时，通常选择的是比较简单的函数形式，并忽略低次项和系数。常用的有 O(1)、O(logn)、O(n)、O(nlogn)、O(n^2)、O(n^3)、O(2^n)、O(n!)、O(n^n)。其中 O(1)为常量时间复杂度表示算法的运行时间与问题规模无关，总是指向有限个操作。

2.估算算法的时间复杂度

任何一个算法都是由一个控制结构和若干原操作组成。所谓“原操作”在此指的是高级程序设计语言中允许的数据类型(称为固有数据类型)的操作，则

$$\text{算法的执行时间} = \sum_{i} \text{原操作}(i)\text{的执行次数} \times \text{原操作}(i)\text{的执行时间}$$

因为原操作的执行时间相对于问题规模而言是个常量，则算法的执行时间与原操作执行次数之和成正比。

由于估算算法时间复杂度关心的只是算法执行时间的增长率而不是绝对时间，因此可以忽略一些次要因素。方法是：从算法中选取一种对于所研究的问题来说是“基本操作”的原操作，以该“基本操作”在算法中重复执行的次数作为算法时间复杂度的依据。所谓“基本操作”在此指的是基于某个数据类型的“标准操作”，比如两个整数的大小比较可视为基本操作。用这种衡量算法效率的方法所得出的不是时间量，而是一种增长趋势的量度，它与计算机的硬件和软件无关，它表示了算法本身执行效率的优劣。

例 1.10 两个 N×N 的矩阵相乘，如算法 1.1 所示，求其时间复杂度。

【算法 1.1】

```
void Mult_matrix(int c[N][N], int a[N][N], int b[N][N])
{/* a、b 和 c 均为 N 阶方阵，且 c 是 a 和 b 的乘积，方阵中的数据元素为整型 */
int i, j, k;
for (i=0; i<N; ++i)
  for (j=0; j<N; ++j)  {
    c[i][j]=0;
    for (k=0; k<N; ++k)
      c[i][j]+= a[i][k] * b[k][j];
    } /* end_for */
  } /* Mult_matrix */
```

在此例中，问题规模是矩阵的阶 n，算法控制结构是三重循环，基本操作是乘法操作。因为乘法的执行次数为 n^3，则算法 1.1 的时间复杂度为 O(n^3)。

此例中算法的时间复杂度和输入数据无关，但是在有的情况下，算法的时间复杂度和输入数据有关。

例 1.11 利用冒泡排序法对整数序列 a[n]进行排序，如算法 1.2 所示，求其时间复杂度。

【算法 1.2】

```
void Bubble_sort(int a[], int n)
{ /* 将 a 中整数序列重新排列成自小至大有序的整数序列 */
int i, j, w;
```

```
  bool change;
  for (i=n-1, change=true; i>0 && change; --i)  {
    change=false;
    for (j=0; j<i; ++j)
      if (a[j]>a[j+1])  {
        w=a[j];  a[j]=a[j+1];  a[j+1]=w;
        change = true;
      } /* end_if */
  } /* end_for */
} /* Bubble_sort */
```

冒泡排序法的基本思想是：

(1)从 a[0]起依次比较相邻两个数 a[j]和 a[j+1](j=0, 1, … , n-2),如果前一个整数比后一个整数“大”,则相互“交换”,如此从前往后检查一遍,必然将其中值最大的整数交换到 a[n-1]的位置上。

(2)对 a[0,…, n-2] 进行同样的操作,直至需要检查的区间减少到一个整数为止。但是如果从前往后都是前一个整数比后一个整数“小”,都不需要进行“交换”,则说明该整数序列已经有序,不再需要继续往下进行排序,change 变量就是记录要处理的区域的数据是否已经有序的布尔变量。

在此例中,问题规模是待排序的整数序列的“长度”n,算法控制结构是二重循环,基本操作是内循环中的“比较”操作,每进行一次内循环,需要进行 i 次比较(i=n-1, n-2, …, 1),而外循环的次数可能为 1 或 2 或 …… 或 n-1(外循环的结束条件有两个)。由上面分析可知,如果待排序的整数序列从小到大有序,则算法 1.2 的时间复杂度为 O(n);如果待排序的整数序列从大到小逆序,则算法 1.2 的时间复杂度为 $O(n^2)$。一般来说,若不加特别说明,本书都以最坏情况下的时间复杂度作为算法的时间复杂度。因此算法 1.2 的时间复杂度为 $O(n^2)$。

具有代表性的 T(n)函数分为多项式和指数两类,它们随问题规模变化曲线如图 1.12 所示。

多项式时间算法的关系为：

$$O(1)<O(\log n)<O(n)<O(n\log n)<O(n^2)<O(n^3)$$

指数时间算法的关系为：

$$O(2^n)<O(n!)<O(n^n)$$

当 n 值很大时,指数时间算法和多项式时间算法在所需时间上非常悬殊。因此,只要有人能将现有指数时间算法中的任何一个算法化简为多项式时间算法,那就取得了一个伟大的成就。

1.3.4　算法的空间复杂度

1. 算法的空间复杂度

算法的存储空间是指算法执行过程中所需要的最大内存空间。假如随着问题规模 n 的

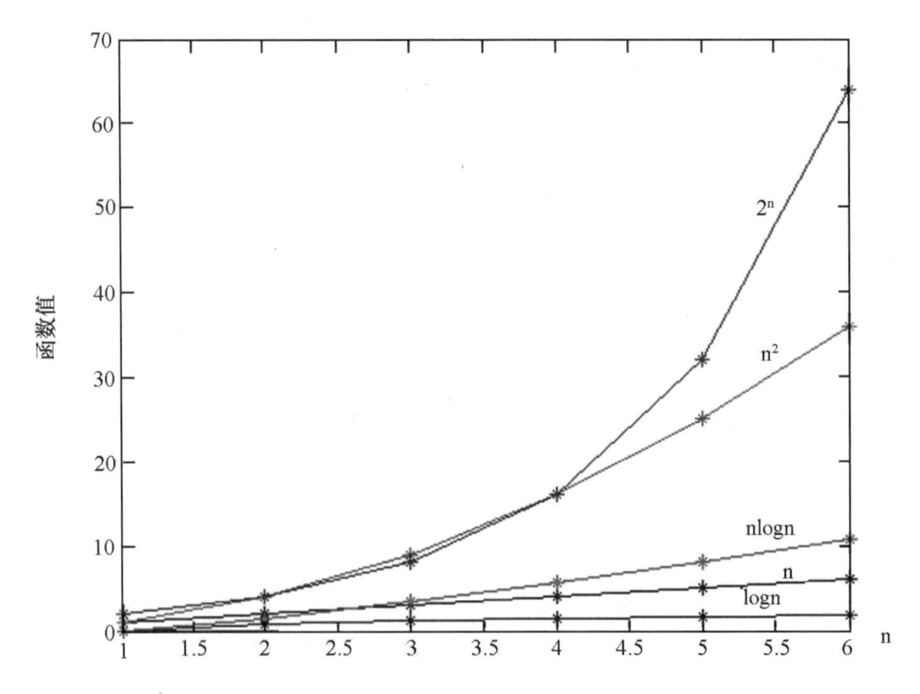

图 1.12 常见的几种时间复杂度函数曲线

增长,算法运行时所需要的存储空间的增长率和问题规模的增长率相同,则可记为:

$$S(n) = O(g(n))$$

其中:g (n) 为问题规模 n 的某个函数;S (n) 被称为为算法的(渐近)空间复杂度(space complexity)。类似于算法的时间复杂度,通常以算法的空间复杂度作为算法所需要的存储空间的度量。

2. 估算算法的空间复杂度

算法在执行期间所需要的内存大小应该包括以下 3 个部分:

(1)程序代码所占用的空间;

(2)输入数据所占用的空间;

(3)辅助变量所占用的空间。

一般来说,算法在执行过程中,输入数据所占用的存储空间只取决于问题本身,与算法无关;程序代码所占用的空间对不同算法来说也不会有数量级的差别;辅助变量所占用的空间随算法的不同而异,有的只需要占用不随问题规模 n 改变而改变的少量的临时空间,有的则需要占用随着问题规模 n 增大而增大的临时空间。因此,在估算算法的空间复杂度时,只需要分析除了输入数据和程序代码外所占用的额外空间,即算法执行过程中辅助变量所占用的空间。

与算法时间复杂度的考虑类似,若算法所需要的存储量依赖于特定的输入,则以最坏情况下的空间复杂度作为算法的空间复杂度。

例如,算法 1.1 和算法 1.2 的空间复杂度均为 O(1),因为这两个算法所需要的辅助空间都只是若干个简单变量,与问题规模 n 无关。

小　结

计算机是对各种数据进行处理的机器。在计算机中如何组织和处理数据，从而更好地利用它们，这是数据结构课程研究的内容。该课程是后续课程和非数值性问题深入学习和研究的基础。

本章应重点了解和掌握以下几个术语和概念：数据、数据元素、数据对象、数据结构、数据的逻辑结构、数据的存储结构以及数据类型和数据结构的联系和区别。

数据结构的内容包括三个层次的五个“要素”，如表 1.2 所示，其核心技术是分解与抽象。通过分解可以划分出数据的三个层次；再通过抽象，舍弃数据元素的具体内容，就得到逻辑结构。类似地，通过分解将处理要求划分成各种功能，再通过抽象舍弃实现细节，就得到运算的定义。上述两个方面的结合使我们将问题变换为数据结构。这是一个从具体(即具体问题)到抽象(即数据结构)的过程。然后，通过增加对实现细节的考虑进一步得到存储结构和实现运算，从而完成设计任务。这是一个从抽象(即数据结构)到具体(即具体实现)的过程。

表 1.2　数据结构课程内容体系

层次 \ 方面	数据表示	数据处理
抽象	逻辑结构	基本运算
实现	存储结构	算法
评价	不同数据结构的比较及算法分析	

通常用时间复杂度和空间复杂度来衡量算法的时空效率。在数据结构诸多的算法中，其时间复杂度分别有常量阶 O(1)、对数阶 O(logn)、线性阶 O(n)、平方阶 $O(n^2)$、立方阶 $O(n^3)$等。

“数据结构”课程的教学目标是要求学生学会分析数据对象特征，掌握数据组织方法和计算机的表示方法，以便为应用所涉及的数据选择适当的逻辑结构、存储结构及相应算法，初步掌握算法时间空间分析的技巧，培养良好的程序设计技能。

数据结构的学习过程是进行复杂程序设计的训练过程。技能培养的重要程度不亚于知识传授，学生不仅要理解授课内容，还应培养应用知识解答复杂问题的能力，形成良好的算法设计思想、方法技巧与风格，进行构造性思维，强化程序抽象能力和数据抽象能力。

习题 1

1.1 简述数据与数据元素的关系与区别。

1.2 简述下列术语：数据、数据元素、数据对象、数据关系、关键码、数据结构、数据逻辑结构、数据物理结构、数据类型和抽象数据类型。

1.3 数据结构是一门研究什么的学科？

1.4 算法分析的目的是什么？算法分析的两个主要方面是什么？

1.5 计算机算法指的是解决问题的有限运算序列，它必须具备的 5 个特性是什么？

1.6 说出数据结构中的四类基本逻辑结构,并说明哪种关系最简单、哪种关系最复杂。

1.7 画出线性结构、树型结构、图型结构的示意图。

1.8 什么是逻辑结构、存储结构?有哪几种存储结构?

1.9 简述顺序存储结构与链式存储结构在表示数据元素之间关系上的主要区别。

1.10 简述逻辑结构与存储结构的关系。

1.11 通常从哪几个方面评价算法的质量?

1.12 算法的时间复杂度主要有那几种?按从优到劣的顺序写出各种表示形式。

1.13 设有数据结构(D,R),其中:

$$D=\{d1,d2,d3,d4\} \quad R=\{(d1,d2),(d2,d3),(d3,d4)\}$$

试按图论中图的画法,画出逻辑结构图。

1.14 设计求解下列问题的算法,并分析其最坏情况下的时间复杂度。

(1)在数组 a[1..n]中查找值为 key 的元素,如果找到,则输出其位置;如果没找到,则输出0 作为标志。

(2)找出数组 a[1..n]中元素的最大值和最小值。

1.15 已知输入 x、y、z 这 3 个不相等的整数,试设计一个算法,使这 3 个数按从小到大的顺序输出,并考虑此算法的比较次数和元素的移动的次数。

1.16 以下算法是在一个有 n 个数据元素的数组 a 中删除第 i 个位置的数组元素,要求当删除成功时数组元素个数减 1,求平均删除一个数组元素需要移动的元素个数是多少?其中,数组下标为 0~n-1。

```
int delete(int a[], int n, int i)
{
   int j;
   if (i<0||i>n)
      return 0;
   for (j=i+1; j<n; j++)
      a[j-1]=a[j];
   n--;
   return 1;
} /* delete */
```

1.17 设计一个算法,用不多于 3n/2 的平均比较次数,在数组 A[1,…,n]中找出最大和最小值的元素。

第2章　线性表

学习要点

- 掌握线性表的逻辑结构和线性表的基本概念
- 熟练掌握顺序表、链式表及静态链表的描述方法、特点及其相关概念
- 重点掌握顺序表和链式表的基本操作的算法实现
- 掌握从时间和空间的角度综合比较顺序表和链式表的不同特点及其使用场合

线性表是最简单也是最基本的一种线性数据结构。它有两种存储表示方法:顺序表和链式表,其基本操作是插入、删除和查找。

线性数据结构的特点是:在数据元素非空的有限集合中,

(1)存在唯一的一个被称作“第一个”的数据元素;

(2)存在唯一的一个被称作“最后一个”的数据元素;

(3)除第一个数据元素之外,集合中的每个数据元素均只有一个直接前驱;

(4)除最后一个数据元素之外,集合中的每个数据元素均只有一个直接后继。

2.1　线性表的类型定义

线性表是最简单、最基本、最常用的一种数据结构,线性表的例子非常多。例如:十二生肖(鼠,牛,虎,兔,龙,蛇,马,羊,猴,鸡,狗,猪)组成一个线性表;英文大写字母(A, B, C, …, Z)组成一个线性表;班级学生成绩表也是一个线性表,如表2.1所示,其中,数据元素是每个学生所对应的一行信息,由学号、姓名、性别、成绩4个数据项组成。

表2.1　班级学生成绩表

学号	姓名	性别	成绩
001	张　好	女	90
002	石泽义	男	75
003	王　美	女	92
004	吴佳律	男	83
⋮	⋮	⋮	⋮
⋮	⋮	⋮	⋮

2.1.1 线性表的定义

线性表是 n(n≥0)个具有相同特性的数据元素的有限序列。线性表中数据元素个数 n 称为线性表的长度。当 n = 0 时,称线性表为空表,即表中不包含任何元素。当 n>0 时,设序列中第 i 个元素为 a_i,则线性表一般表示为:

$$(a_1, a_2, a_3, \cdots, a_i, \cdots, a_n)$$

其中:a_1是第一个数据元素,称为表头元素,a_2 为第二个元素,…,a_n是最后一个数据元素,称为表尾元素。除了表头元素外,每一个数据元素有且仅有一个直接前驱;除了表尾元素外,每一个数据元素有且仅有一个直接后继。a_{i-1}是 a_i的直接前驱,a_{i+1}是 a_i的直接后继。

一个线性表可以用一个标识符来命名,如用 L 命名上面的线性表,即为:

$$L(a_1, a_2, a_3, \cdots, a_i, \cdots, a_n)$$

线性表的数据元素具有抽象的数据类型,在设计具体的应用程序时,数据元素的抽象数据类型将被具体的数据类型所取代。

2.1.2 线性表的抽象数据类型描述

线性表是一个相当灵活的数据结构,对线性表的数据元素可以进行存取、插入、删除等操作,抽象数据类型线性表的定义如下:

ADT List {

数据对象:$D = \{a_i \mid a_i \in ElemSet, i = 1,2, \cdots, n, \quad n \geq 0\}$ /* ElemSet 为线性表数据元素的集合 */

数据关系:$R1 = \{\langle a_{i-1}, a_i \rangle \mid a_{i-1}, a_i \in D, i = 2, \cdots, n\}$

基本运算:

InitList(&L)

操作结果:初始化线性表,构造一个空的线性表 L。

DestroyList(&L)

初始条件:线性表 L 存在。

操作结果:销毁线性表 L,释放线性表 L 占用的内存空间。

ClearList(&L)

初始条件:线性表 L 存在。

操作结果:将线性表 L 置为空表。

ListEmpty(L)

初始条件:线性表 L 存在。

操作结果:若 L 为空表,则返回 true,否则返回 false。

ListLength(L)

初始条件:线性表 L 存在。

操作结果:返回 L 中的数据元素个数。

GetElem(L, i, &e)

初始条件:线性表 L 存在且 1≤i≤ListLength(L)。

操作结果:用 e 返回 L 中的第 i 个数据元素的值。

LocateElem(L, e)

初始条件:线性表 L 存在。

操作结果:返回 L 中第一个其值与 e 相等的元素的位序。若这样的数据元素不存在,则返回值为 0。

PriorElem(L, cur_e, &pre_e)

初始条件:线性表 L 存在。

操作结果:若 cur_e 是 L 的数据元素且不是第一个,则用 pre_e 返回它的前驱,否则操作失败,pre_e 无定义。

NextElem(L, cur_e, &next_e)

初始条件:线性表 L 存在。

操作结果:若 cur_e 是 L 的数据元素且不是最后一个,则用 next_e 返回它的后继,否则操作失败,nexte_e 无定义。

ListInsert(&L, i, e)

初始条件:线性表 L 存在且 $1 \leqslant i \leqslant ListLength(L)+1$。

操作结果:插入数据元素,在 L 中第 i 个位置之前插入新的数据元素 e,L 的长度加 1。

ListDelete(&L, i, &e)

初始条件:线性表 L 存在且 $1 \leqslant i \leqslant ListLength(L)$。

操作结果:删除数据元素。删除 L 的第 i 个数据元素,并用 e 返回其值,L 的长度减 1。

ListTraverse(L)

初始条件:线性表 L 存在。

操作结果:当线性表 L 不为空时,依次输出 L 中的每个数据元素。

} ADT List

应该说明的是:①上述运算的定义仅对抽象的线性表而言,定义中尚未涉及线性表的存储结构及实现这些操作所用的编程语言;②对于不同的应用,线性表的基本操作不同;③上述操作是基本操作,对于实际问题中更复杂的操作,可以用这些基本操作的组合来实现。

例 2.1　利用线性表的基本运算实现删除线性表 L 中多余的重复元素。

解:根据问题要求

(1)从线性表 L 中取出一个数据元素(位置为 i,i 的初值为 1);

(2)逐个检查 i 位置之后的任一位置 j 上的数据元素,如果两处元素相同,则将位置 j 上的数据元素从线性表 L 中删除,当 j 遍历了 i 后面的所有位置之后,i 位置上的数据元素就成为当前线性表 L 中没有重复值的元素;

(3)将 i 向后移动一个位置,重复上述过程,直至 i 移到当前线性表 L 的最后一个位置为止。

【算法 2.1】

```
void Debride(List &L)
{   /* 清除线性表 L 中多余的重复元素   */
```

```
    int i=1,j;
    ElemSet x,y, e;
    while (i<ListLength(L))   {
      GetElem(L, i, x);              /* 取线性表L中第i个位置上的元素 */
      j=i+1;
      while (j<=ListLength(L))   {
        GetElem(L, j, y);            /* 取线性表L中第i个元素后面的元素 */
        if (x==y) ListDelete(L,j,e);
        /* 若两个位置上元素的值相等,则将位置j上的元素从线性表L中删除 */
          else   j++;
            /* 若两个位置上元素的值不相等,则j向后移动一个位置 */
            } /* end_while */
          i++;  /* 将i向后移动一个位置 */
    } /* end_while */
  }
```

算法中,当位置j上的数据元素是重复元素时,ListDelete使位置j+1上的数据元素及其后续数据元素均前移了一个位置,因此应该继续比较位置j上的数据元素是否与位置i上的数据元素相同;同时ListDelete使当前线性表L长度减1,因此两个循环的终止条件使用了运算ListLength,以适应线性表表长的变化。

例2.2 假设有两个集合A和B,分别用两个线性表La和Lb表示,即线性表中的数据元素即为集合中的元素,利用线性表的基本运算编写一个算法实现集合的并运算,即求一个新的集合 $A = A \cup B$。

解:根据问题要求,对线性表La和Lb进行如下操作:扩大线性表La,将在线性表Lb中而不在线性表La中的数据元素插入到线性表La中。

(1)从线性表Lb中取得一个数据元素;

(2)将该数据元素的值在线性表La中进行逐个比较,如果线性表La中不存在和其值相同的数据元素,则将从Lb中取得的这个数据元素插入到线性表La中;

(3)重复上述过程,直至Lb为空为止,最后销毁线性表Lb。

【算法2.2】

```
  void Union(List &La, List &Lb)
  {  /* 将线性表Lb中所有在线性表La中不存在的元素插入到La中,最后销毁Lb */
    ElemSet e;
    int La_Length,
    La_Length=ListLength(La);       /* 求线性表La的长度 */
    while (! ListEmpty(Lb))   {
      ListDelete(Lb, 1, e);         /* 从线性表Lb中删除第一个元素,并赋给e */
      if (! LocateElem(La, e))   ListInsert(La, ++La_Length,e);
      /* 若线性表La中不存在值和e相等的元素,则将它插入在La中的最后 */
    } /* end_while */
```

```
  DestroyList(Lb);  /* 销毁线性表 Lb */
}
```

例 2.3　判别两个集合 A 和 B 是否相等。

解:两个集合相等,指的是这两个集合中包含的元素相同。当以线性表 La 和 Lb 分别表示集合 A 和 B 时,则要求表示这两个集合的线性表 La 和 Lb 不仅长度相等,而且所含数据元素也必须相同,但是“相同”的数据元素在各自的线性表中的“位序”不一定相同。

(1)构造一个和线性表 La 相同的线性表 Lc;

(2)对线性表 Lb 中每个数据元素,在 Lc 中进行查询,若存在,则从线性表 Lc 中删除;

(3)当线性表 Lb 中所有数据元素检查完毕之后,若线性表 Lc 为空,则两个集合 A 和 B 相等;否则不等。

【算法 2.3】

```
bool Set_equal(List &La, List &Lb)
{ /* 若线性表 La 和 Lb 长度相等且所含元素相同,则返回 true;否则返回 false */
int i,k;
  ElemSet e;
  bool found;
  int La_length, Lb_length;list Lc;
  La_length = ListLength(La);          /* 求线性表 La 的长度 */
  Lb_length = ListLength(Lb);          /* 求线性表 Lb 的长度 */
  if (La_length! = Lb_length)  return false;
  else  {
    InitList(Lc); /* 构造空线性表 Lc */
    for (k = 1; k< = La_length; k + +) { /* 生成和线性表 La 相同的线性表 Lc */
      GetElem(La, k, e);  ListInsert(Lc, k, e);
    }
    found = true;
    for (k = 1; k< = Lb_length && found; k + +)  {
      GetElem(Lb, k, e);  /* 取线性表 Lb 中第 k 个数据元素 */
      i = LocateElem(Lc, e);  /* 在线性表 Lc 中进行查询 */
      if (i = = 0) found = false;
      /* 若在线性表 Lc 中不存在和该元素相同的元素,则返回 false */
      else  ListDelete(Lc, i, e);
      /* 若在线性表 Lc 中存在和该元素相同的元素,则在 Lc 中删除该元素 */
    } /* end_for */
    if (found && ListEmpty(Lc))  return true;
    else  return false;
    DestroyList(Lc);
  }
}
```

在算法 2.3 中，构造的线性表 Lc 是一个辅助结构，它的引入是为了在程序执行的过程中不破坏原始数据 La，因此在算法的最后应该销毁 Lc。

2.2 线性表的顺序存储结构

线性表的顺序存储是最常用的一种存储方式，它直接将线性表的逻辑结构映射到存储结构上，即用一组连续的存储单元依次存储线性表中的数据元素。线性表的这种存储方式称为线性表的顺序存储表示，采用这种存储结构的线性表称为顺序线性表，简称顺序表(sequential list)。

假设线性表中每个数据元素占用 1 个存储单元，第 1 个数据元素的起始地址为 $LOC(a_1)$，则：

第 2 个数据元素的起始地址为：$LOC(a_2) = LOC(a_1) + 1$

……

第 i 个数据元素的起始地址为：$LOC(a_i) = LOC(a_1) + (i-1)(l \quad (i=1,2,3,\cdots,n)$

因此，线性表中第 n 个数据元素 a_n 的存储地址可以通过下式计算：

$$LOC(a_n) = LOC(a_1) + (n-1) \times l$$

图 2.1 给出了线性表的顺序存储结构的示意图。

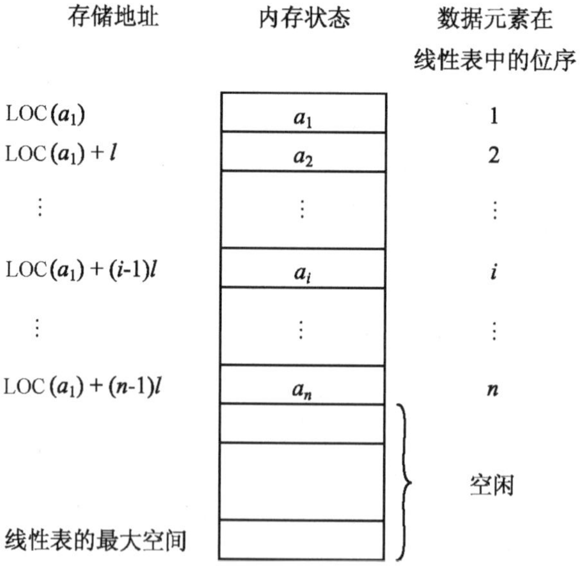

存储地址	内存状态	数据元素在线性表中的位序
$LOC(a_1)$	a_1	1
$LOC(a_1)+l$	a_2	2
⋮	⋮	⋮
$LOC(a_1)+(i-1)l$	a_i	i
⋮	⋮	⋮
$LOC(a_1)+(n-1)l$	a_n	n
		空闲
线性表的最大空间		

图 2.1 线性表的顺序存储结构示意图

由此可见，在顺序表中，每个数据元素 a_i 的存储地址是该数据元素在线性表中位置 i 的线性函数，顺序存储是以元素在计算机内的物理位置相邻来表示线性表中数据元素间的逻辑关系。因此，只要知道第一个数据元素的位置(即基地址)，计算任意一个元素的存储地址的时间是相等的，具有这一特点的存储结构称为随机存取(random access)结构。

2.2.1　线性表的顺序存储表示

1. 顺序表

假设线性表的元素类型为 ElemType，则每个元素所占存储空间大小（即字节数）为 size of(ElemType)，整个线性表所占用存储空间大小为 n(size of(ElemType)，其中 n 表示线性表的长度。

在 C/C++语言中，定义了一个数组就分配了一块可供用户使用的存储空间，因此可以用一维数组来描述顺序表，数组的基本类型就是线性表中元素类型，数组的大小（即数组上界-下界+1，等于数组包含的元素个数）要大于等于线性表的长度。

线性表的第一个元素存储在数组的起始位置，即下标为 0 的位置上，第二个元素存储在下标为 1 的位置上，依次类推，第 n 个元素存储在下标为 n-1 的位置上。假定用具有 ElemType 类型的数组 data[MaxSize]存储线性表 L(a_1, a_2, a_3, …, a_i, …, a_n)，其中，MaxSize 一般定义为一个整型常量，如估计线性表不会超过 60 个元素，则可把 MaxSize 定义为 60：

#define MaxSize 60

同时，在顺序表的结构定义中，考虑到线性表的长度可变，还需要设计一个表示线性表当前长度的域。

```
/* 线性表的顺序存储表示 */
#define MaxSize 60                /* 线性表存储空间的大小 */
typedef   struct   {
ElemType   data[MaxSize];         /* 存储线性表中元素 */
int   length;                     /* 存放线性表的长度 */
} SqList;                         /* 线性表顺序存储结构类型名 */
```

2. 建立顺序表

在进行顺序表的基本运算之前必须先建立顺序表。顺序表的建立方法是将给定的含有 n 个数据元素的数组的每个元素依次放入到顺序表中，并将 n 赋给顺序表的长度域。其算法如下：

```
void CreatList_Sq(SqList *&L, ElemType a[],int n)
{ int i;
     L=(SqList *)malloc(sizeof(SqList));       /* 分配存放线性的空间 */
     for(i=0;i<n;i++)
        L->data[i]=a[i];
     L->length=n;                               /* 令线性表 L 的长度为 n */
}
```

2.2.2　顺序表中基本运算的实现

当线性表用顺序表表示时，某些操作是很容易实现的。例如，求线性表的长度、取线性表中第 i 个数据元素等。本节只讨论顺序表的常用和主要操作的算法实现，其他的读者自己完成。

1.初始化线性表

该运算的结果是构造一个空的线性表L,实际上只需分配线性表的存储空间并将长度域设置为0即可。

```
void InitList_Sq(SqList *&L)
{
  L=(SqList *)malloc(sizeof(SqList));          /* 分配存放线性的空间 */
  L->length=0;                                  /* 令线性表L的长度为0 */
}
```

采用动态分配线性表的存储区域,可以更有效地利用系统的资源,当不需要该线性表时,可以使用销毁操作及时释放占用的存储空间。

本算法的时间复杂度为O(1)。

2.按元素值查找

该运算实现顺序查找表L中第一个元素值域与给定值e相同的数据元素,并将其在表中的位序返回,最简便的方法是:

(1)从顺序表L的第一个数据元素起,依次和e进行比较,若存在其值和e相等的数据元素,则返回第1个相等元素的位置;

(2)如果查遍整个顺序表都没有找到其值和e相等的数据元素,则返回值为0,表示没有找到指定元素e。

```
int LocateElem_Sq(SqList *L, ElemType e)
{  /* 在顺序表L中查找第1个值与e相等的元素,若找到,则返回其在L中的位置,否则返回0 */
  int i=0; /* 设置指示"位置"的整型变量i */
  while (i<L->length && L->data[i]!=e)
    i++;  /* 在顺序表L中依次进行判定 */
  if (i<L->length)  return i+1;
  /* 在顺序表L中存在其值与e相等的元素,则返回第1个相等元素的位置 */
  else  return 0;  /* 在顺序表L中不存在其值和e相等的元素,则返回0 */
}
```

本算法的基本运算为while语句中的i++语句,所以算法的时间复杂度为O(n)。

3.插入数据元素

假设线性表有n个数据元素,该运算在顺序表的第i(1≤i≤n+1)位置插入一个新元素e,需要将n至第i(共n-i+1)个数据元素向后移动一个位置。

(1)检查插入操作要求的有关参数的合理性;

(2)把顺序表L中原来第n个数据元素至第i个数据元素依次往后移动一个数据元素的位置;

(3)把新数据元素插入在顺序表的第i个位置上;

(4)修正顺序表的长度。

图 2.2 给出了顺序表在插入新元素前后的内存状态变化状况。

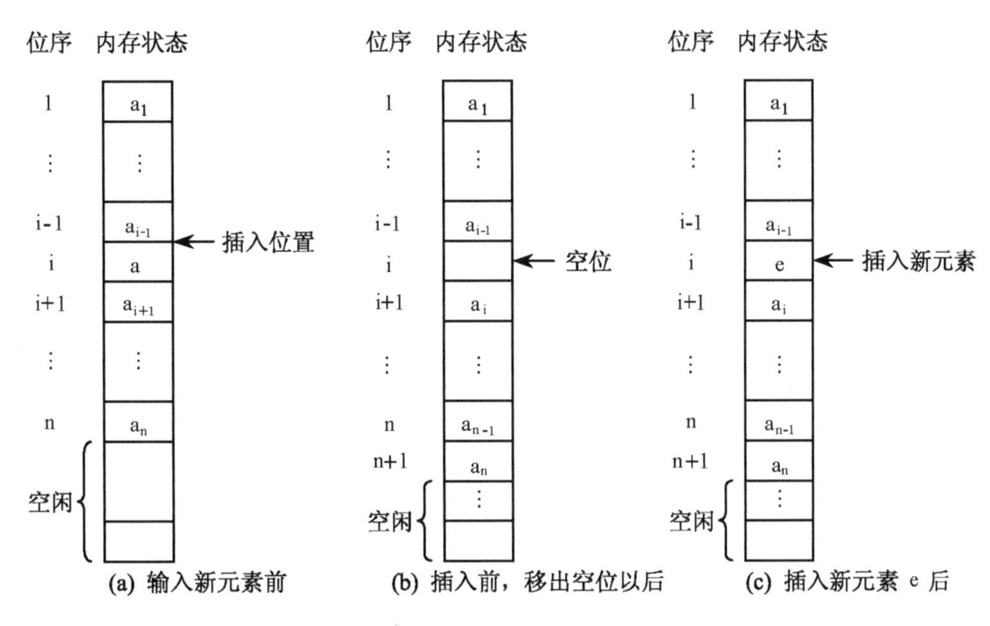

图 2.2　顺序表插入新元素的过程示意图

```
bool ListInsert_Sq(SqList *&L, int i, ElemType e)
{  /* 在顺序表 L 中第 i 个位置之前插入新的元素 e,1≤i≤L->length+1 */
  int j;
if (L->length = = MAXS ise) return false;
  if (i<1 || i>L->length+1)
    return false;             /* 参数错误时返回 false */
  i--; /* 将顺序表逻辑序号转化为物理序号 */
  for (j=L->length; j>i; j--)   /* 将顺序表中最后一个元素至插入位置上的元
素依次往后移动一个元素的位置 */
    L->data[j]= L->data[j-1];
  L->data[i]=e;             /* 在顺序表中插入 e */
  L->length++;              /* 顺序表的表长增 1 */
  return true;
}
```

在该算法中,问题规模是顺序表的“长度”n,基本操作是数据元素的“后移”操作。当插入位置为 i=L->length+1 时,for 循环的执行次数为 0,即不需要移动数据元素;当插入位置 i=1 时,for 循环的执行次数为 n,即需要将顺序表中全部数据元素依次向后移动。因此,从最坏的情况考虑,顺序表插入算法的时间复杂度为 O(n)。

4.删除数据元素

假设线性表有 n 个数据元素,一般情况下,在删除顺序表的第 i(1≤i≤n)个数据元素时,需要将第 i+1 至第 n 个(共 n-i)数据元素向前移动一个位置。

(1)检查删除操作要求的有关参数的合理性;

(2)把顺序表中原来第 i+1 个数据元素至第 n 个数据元素依次向前移一个数据元素的位置;

(3)修正顺序表的长度。

图 2.3 给出了顺序表在删除元素前后的内存状态变化状况。

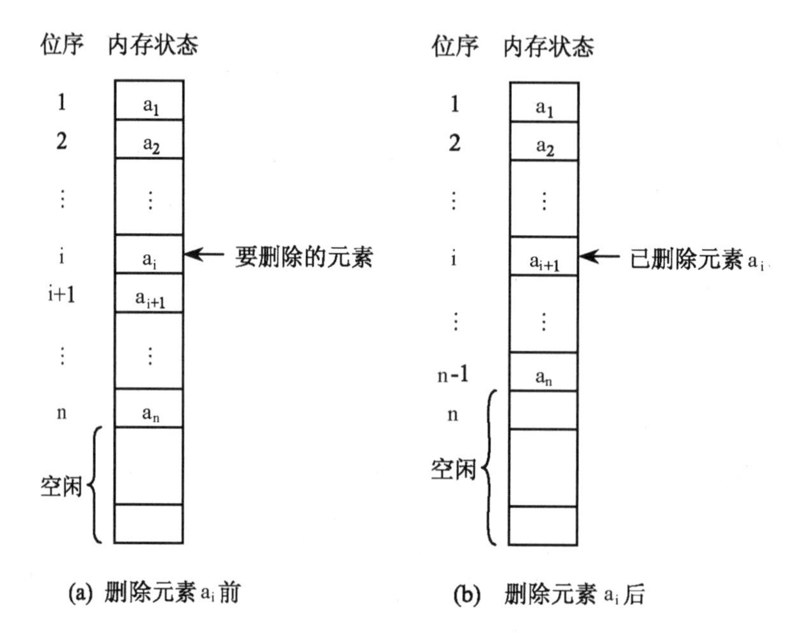

图 2.3 顺序表删除一个元素的过程示意图

```
bool ListDelete_Sq(SqList *&L, int i, ElemType &e)
{ /* 在顺序表 L 中删除第 i 个元素,并用 e 返回其值,1≤i≤L->length */
  int j;
  if ((i<1) || (i>L->length))
    return false;          /* 参数错误时返回 false */
  i--;                     /* 将顺序表逻辑序号转化为物理序号 */
  e=L->data[i];            /* 将被删除元素的值赋给 e */
  for(j=i; j<L->length-1;j++)
    L->data[j]= L->data[j+1];    /* 将被删元素后面的元素依次往前移动一个
元素的位置 */
  L->length--;             /* 顺序表的表长减 1 */
  return true;
}
```

在该算法中,问题规模是顺序表的“长度”n,基本操作是数据元素的“前移”操作。当删除位置为 i=L->length 时,for 循环的执行次数为 0,即不需要移动数据元素;当删除位置 i=1 时,for 循环的执行次数为 n-1,即需要将顺序表中从第 2 个位置开始所有的数据元素依次向前移动。因此,从最坏的情况考虑,顺序表删除算法的时间复杂度为 O(n)。

5. 判断线性表是否为空表

该运算返回一个值表示线性表 L 是否为空表,若 L 为空,则返回 true,否则返回 false。

```
bool ListEmpty_Sq(SqList *L)
{
  return(L->length==0);
}
```

该算法的时间复杂度为 O(1)。

6. 求线性表的长度

该运算返回线性表 L 的长度。

```
int ListLength_Sq(SqList *L)
{
  return(L->length);
}
```

该算法的时间复杂度为 O(1)。

7. 输出线性表

该运算顺序输出线性表 L 各元素的值。

```
void ListTraverse_Sq(SqList *&L)
{ int i;
  for(i=0;i<L->length;i++)   /* 扫描顺序表输出各元素值 */
   printf("%d",L->data[i]);
  printf("\n");
}
```

该算法的时间复杂度为 O(n)。

8. 销毁线性表

该运算的结果是释放线性表 L 所占用的存储空间。

```
void DestroyList_Sq(SqList *&L)
{ /* 释放顺序表 L 所占用的存储空间 */
  free(L);
}
```

该算法的时间复杂度为 O(1)。

9. 插入和删除操作的时间复杂度分析

在顺序表中插入和删除一个数据元素时,其时间主要消耗在移动表中的元素上。移动元素的个数和两个因素有关:其一是顺序表的长度;其二是被插入或被删除元素在顺序表中的位置。

当插入位置是顺序表中的最后一个数据元素之后或者删除元素是顺序表中的最后一个数据元素时，不需要移动顺序表中的其他元素；反之，当插入位置是顺序表中的第一个数据元素之前或者删除元素是顺序表中的第一个数据元素时，需要将顺序表中所有元素均向表尾或表头移动一个位置。

由于插入和删除都可能在顺序表的任何位置上进行，从统计的意义上讲，考虑在顺序表的任一位置上进行插入和删除的“平均时间特性”更有实际意义，因此需要分析它们的平均特性，即分析在顺序表中任何一个合法位置上进行插入或删除操作时“需要移动元素个数的平均值”。

(1)在顺序表中任何一个合法位置上进行一次插入操作时所需进行“移动”元素个数的期望值(即平均移动个数)。

考虑在长度为 n 的线性表第 i 个元素之前插入一个数据元素，要移动元素的次数为 n-(i-1)，如果令 p_i表示在线性表第 i 个元素之前插入一个元素的概率，那么，所需要移动元素的平均次数为

$$E_{is}=\sum_{i=1}^{n+1}p_i(n-i+1)$$

不失一般性，假设在线性表中的任何有效位置前(1≤i≤n+1)插入数据元素的机会是均等的，则：

$$p_i=\frac{1}{n+1}$$

因此

$$E_{is}=\sum_{i=1}^{n+1}(n-i+1)/(n+1)=\frac{n}{2}$$

也就是说，在顺序表中插入一个数据元素，平均移动表中一半元素，故插入算法的平均时间复杂度为 O(n)。

(2)在顺序表中任何一个合法位置上进行一次删除操作时所需进行“移动”元素个数的期望值(即平均移动个数)。

考虑在长度为 n 的线性表中删除第 i 个数据元素，要移动元素的次数为 n-i；如果令 q_i 表示在线性表中删除第 i 个元素的概率，那么，所需移动元素的平均次数为

$$E_{dl}=\sum_{i=1}^{n}q_i(n-i)$$

不失一般性，假设在线性表中的任何有效位置(1≤i≤n)删除数据元素的机会是均等的，则：

$$q_i=\frac{1}{n}$$

因此

$$E_{dl}=\frac{1}{n}\sum_{i=1}^{n}(n-i)=\frac{n-1}{2}$$

也就是说，在顺序表中删除一个数据元素，平均约移动表中一半元素，故删除算法的平均时间复杂度为 O(n)。

2.2.3　顺序表的特点

线性表顺序存储结构的最大特点就是逻辑上相邻的两个元素在物理位置上也相邻，这一特点使顺序表具有十分鲜明的优点和缺点。

1. 顺序表的优点

(1)可以方便地随机存取线性表中任一数据元素，且存取任一个数据元素所花费的时间相同。

(2)存储空间连续，线性表中相邻的数据元素存储在相邻的内存单元中，元素之间的关系信息不必增加额外的存储空间。

2. 顺序表的缺点

(1)插入或者删除一个数据元素时，需要对插入点或者删除点后面的全部元素逐个进行移动，操作不便，也需要花费较多的时间。

(2)在给长度变化较大的线性表预先分配空间时，即使元素比较少，也必须按照最大空间分配，使存储空间不能得到充分利用。

(3)线性表的容量难以扩充。

因此，线性表的顺序存储结构适用于数据元素不经常变动或者只需要在顺序存取上做成批处理的场合。

为了克服顺序存储结构的缺点，下一节将介绍一种新的存储结构，称为线性表的链式存储结构。

2.2.4　案例分析与实现

例 2.4　比较两个字符串的大小。

解：假设两个字符串分别由顺序表 $A=(a_1,a_2,\cdots,a_m)$ 和 $B=(b_1,b_2,\cdots,b_n)$ 表示，A' 和 B' 分别为 A 和 B 中除去最大共同前缀后的子表。例如，A=(a,b,c,c,a,d,e)，B=(a,b,c,c,a,f,d,e)，则两个顺序表中最大的共同前缀为(a,b,c,c,a)，在两个顺序表中除去最大共同前缀后的子表分别为 $A'=(d,e)$ 和 $B'=(f,d,e)$。如果 $A'=B'=$ 空表，则 A=B；如果 $A'=$ 空表，而 B' 不为空表，或者两者均不为空表，且 A' 的首元素小于 B' 的首元素，则 A<B；否则 A>B。

(1)对于两个顺序表 A、B，从两个表的第一个元素开始依次进行比较，若 $a_j = b_j$，则 j 增 1，之后继续循环比较后继数据元素；若 $a_j < b_j$，则返回 −1，表明“顺序表 A<顺序表 B”；若 $a_j > b_j$，则返回 1，表明“顺序表 A>顺序表 B”。显然，j 的初值应该为 1，循环的条件是 j 不大于任何一个表的表长；

(2)当数据元素比较结束后，再比较顺序表 A 和 B 的表长：若 A.length = B.length，则返回 0，表明“顺序表 A= 顺序表 B”；若 A.length < B.length，则返回 − 1，表明“顺序表 A<顺序表 B”的结果；若 A.length > B.length，则返回 1，表明“顺序表 A > 顺序表 B”。

【算法 2.4】

```
int Compare_Sq(SqList A, SqList B)
```

```
{  /* 若A<B。则返回-1,若A=B,则返回0;若A>B,则返回1 */
   int j=1;
   while (j<=A.length && j<=B.length)
    if (A.data[j]<B.data[j])  return -1;
    else if (A.data[j]>B.data[j])  return 1;
    else  j++;
   if (A.length==B.length)  return 0;
   else if (A.length<B.length)  return -1;
   else  return 1;
}
```

在该算法中,问题规模是待比较的顺序表 A 或顺序表 B 的"表长",基本操作是两个顺序表对应数据元素的"比较"。算法中 while 循环的执行次数依赖于问题规模,所以算法的时间复杂度为 O(min (A.length+B.length))。

例 2.5 设有一个顺序表 A,包含 n 个数据元素。要求编写一个将该顺序表逆置的算法,并只允许在原表的存储空间外再增加一个工作单元。分析:

(1)m 为顺序表长度的一半,即 m = n/2;

(2)A.elem[0]与 A.elem[n-1]交换,A.elem[1]与 A.elem[n-2]交换,……,A.elem[k]与 A.elem[n-k-1]交换,最后完成顺序表中所有数据元素逆置。

【算法 2.5】

```
void Invert_Sq(SqList A, int n)
{  /* 将包含n个元素的顺序表A逆置 */
   ElemSet temp;
   int i, m;
   m=n/2;
   for (i=0; i<m; i++)  {  /* 将A.data[i]与A.data[n-i-1]交换 */
     temp=A.data[i];  A.data[i]=A.data[n-i-1];  A.data[n-i-1]=temp;
   }
}
```

在该算法中,问题规模是待逆置的顺序表 A 的"表长"n,基本操作是数据元素的"交换"。算法中 for 循环的执行次数依赖于问题规模 n,所以算法的时间复杂度为 O(n)。

2.3 线性表的链式存储结构

顺序表需要事先分配大小固定的连续存储空间,不便于存储空间的有效利用。为此提出了可以实现存储空间动态管理的链式存储方式——链表。线性表的链式存储就是用一组任意的存储单元存储该线性表中的数据元素(存储单元可以连续,也可以不连续)。

为了能正确表示线性表中数据元素之间的逻辑关系,引入结点的概念。对一个数据元素 a_i来说,除了存储其本身的信息之外,还需要存储一个指示其直接后继元素的信息,这两部分信息组成一个“结点(node)”,表示线性表中一个数据元素 a_i。结点中存储数据元素信息的域称为数据域(data),存储直接后继元素的位置的域称为指针域(next)。指针域中存储的信息又称为指针或链。结点结构如图 2.4 所示。

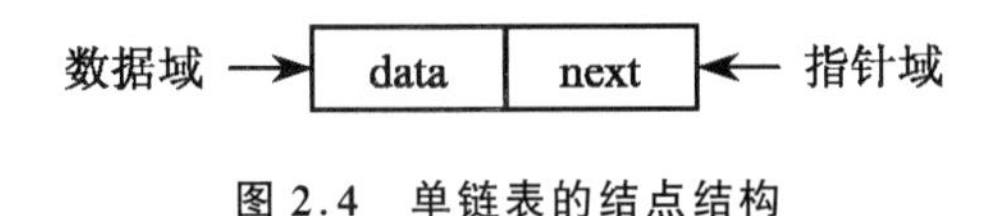

图 2.4　单链表的结点结构

通过每个结点的指针域将线性表中 n 个结点按其逻辑顺序链接在一起的结点序列称为链表,即为线性表 $L(a_1, a_2, a_3, \cdots, a_i, \cdots, a_n)$ 的链式存储表示。如果线性链表中的每个结点只有一个指针域,则称链表为线性链表或单链表(linked list)。

例如,图 2.5 所示为线性表 L1(5, 8, 9, 21, 4, 19, 15, 17)的线性链表存储结构,整个链表的存取必须从头指针 head 开始进行,头指针指示链表中第一个结点的存储位置。同时,由于最后一个数据元素没有直接后继,因此最后一个结点中的“指针”为空,采用一个特殊的值“NULL”(在图上用“∧”)来表示,通常称它为“空指针”,

用单链表表示线性表时,数据元素之间的逻辑关系是由结点中的指针指示的,逻辑上相邻的两个数据元素其存储的物理位置不要求相邻,由此,这种存储结构为非顺序结构或链式结构。

通常我们把链表画成用箭头相链接的结点的序列,结点之间的箭头表示链域中的指针。因为在使用链表时,我们关心的只是它所表示的线性表中数据元素之间的逻辑顺序,而不是每个数据元素在存储器中的实际位置。图 2.5 所示的线性链表存储结构可以画成如图 2.6 所示的形式,其中 head 是头指针,指示链表中第一个结点的存储位置。

head: 31

存储地址	数据域	指针域
1	21	43
7	8	13
13	9	1
19	17	∧
25	19	37
31	5	7
37	15	19
43	4	25

图 2.5　线性链表存储结构示例

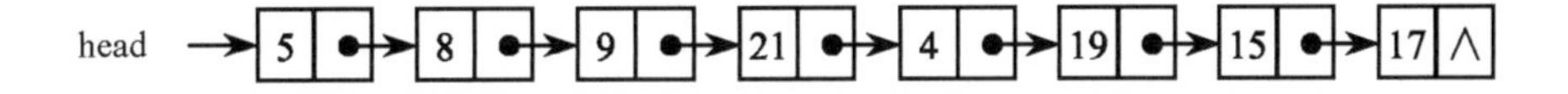

图 2.6　线性链表的逻辑结构

2.3.1 线性表的链式存储表示

1.单链表存储表示

单链表可以由头指针唯一确定,在 C/C++ 语言中可以使用“结构指针”来描述。

```
typedef struct LNode  {   /* 单链表中结点数据类型定义 */
  ElemType   data;   /* 数据域 */
  struct LNode   * next;   /* 指针域,指向下一个数据元素 */
}LinkList;
```

假设 L 是指向 LinkList 型的指针变量, L 为单链表的头指针,它指向单链表中第一个结点。若 L 为“空”(L = NULL),则所表示的线性表为“空”表,其长度为“零”。

通常,在单链表第一个结点之前附加一个同结构结点,称为头结点。头结点数据域可以不存储任何信息,也可以存储如线性表的长度等附加信息;头结点指针域存储指向第一个结点的指针(即第一个元素的存储位置),如图 2.7(a)所示。那么,指向头结点的指针就是头指针。当头结点的指针域为“空”时,单链表为空链表,如图 2.7(b)所示。

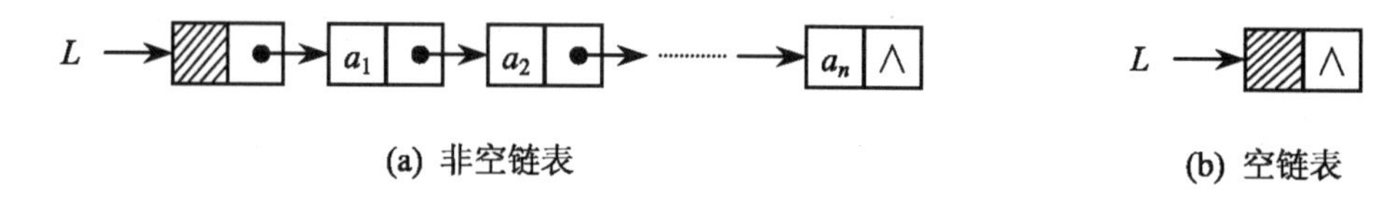

图 2.7 带头结点的单链表

2.建立单链表

在进行单链表的基本运算之前必须先建立单链表。建立单链表的常用方法有以下两种。

(1)头插法建表:该方法是从一个空链表开始,读取数组 a[n]中的元素,生成新结点,将读取的数据存放到新结点的数据域中,然后将新结点插入到当前链表的表头上,直到读完数组中的所有元素为止。下面是采用头插法建表的算法:

```
void CreateListF_L(Linklist *&L, ElemType a[],int n)
{   /* 头插法建表 */
    Linklist *s;
    int i;
    L=(LinkList *)malloc(sizeof(LinkList));
    L->next=NULL; /* 创建头结点 */
    for(i=0;i<n;i++)
        {
        s=(LinkList *)malloc(sizeof(LinkList)); /* 生成新结点 */
        s->data=a[i];  /* 使新结点数据域的值为 a[i] */
        s->next=L->next;  /* 将新结点插入到原开始结点之前,头结点之后 */
        L->next=s;
    }
```

```
}
```

该算法时间复杂度为 O(n)，其中 n 为单链表中数据结点个数。

(2)尾插法建表：头插法建立单链表的算法简单，但生成的单链表中节点的次序和原数组元素的顺序相反。若希望两者次序一致，可用尾插法建表。该方法是将新结点插到当前链表的表尾上，为此必须增加一个尾指针 r，使其始终指向当前链表的尾结点。其算法如下：

```
void CreateListR_L(Linklist *&L, ElemType a[],int n)
{      /* 尾插法建表 */
      Linklist *s, *r;
      int i;
      L=(LinkList *)malloc(sizeof(LinkList)); /* 创建头结点 */
      r=L; /* r 始终指向尾结点，开始时指向头结点 */
      for(i=0;i<n;i++)
        {
          s=(LinkList *)malloc(sizeof(LinkList)); /* 生成新结点 */
          s->data=a[i];  /* 使新结点数据域的值为 a[i] */
          r->next=s;  /* 将 *s 插入 *r 之后 */
          r=s;
        }
      r->next=NULL;     /* 尾结点 next 域置为 NULL */
}
```

该算法时间复杂度为 O(n)，其中 n 为单链表中数据结点个数。

2.3.2　线性表基本运算在单链表中的实现

本节将讨论以单链表作为存储结构时的一些基本操作，算法如下。

1.初始化单链表

该运算建立一个空的单链表。

```
void InitList_L(Linklist *&L)
{      L=(LinkList *)malloc(sizeof(LinkList));
      L->next=NULL; /* 创建头结点，其 next 置为 NULL */
}
```

本算法的时间复杂度为 O(1)。

2.销毁单链表

释放单链表 L 所有结点占用的内存空间，归还给系统。

```
void DestroyList_L(Linklist *&L)
{
    LinkList *pre=L, *p=L->next; /* pre 指向 p 的前驱结点 */
```

```
    while(p! =NULL)  /* 扫描单链表 L */
        {
            free(pre);
            pre=p;         /* pre、p 同步后移一个结点 */
            p=pre->next;
        }
    free(pre)  /* 循环结束时,p 为 NULL,pre 指向尾结点,释放它 */
}
```

该算法时间复杂度为 O(n),其中 n 为单链表中数据结点个数。

3.判断单链表是否为空表

若单链表 L 没有数据结点,则返回值为真,否则返回假。

```
bool ListEmpty_L(Linklist *&L)
{
    return(L->next= =NULL);
}
```

该算法时间复杂度为 O(1)

4.求单链表长度

在顺序表中,线性表的长度是它的一个属性,因此很容易求解。但是当线性表以单链表表示时,整个链表由一个"头指针"表示,线性表的长度即为链表中的结点个数,只能通过指针顺着链向后扫描,依次"访问"结点。

(1)设置一个指针 p,初始时指向单链表的头结点;

(2)设置一个计数器 n,初始时为 0;

(3)通过指针 p 顺着链向后扫描:若 p 不为空,则令 n 加 1,且令指针 p 指向其后继,如此循环直至指针 p 为"空"止。

```
int ListLength_L(LinkList *L)
{ /* L 为单链表的头指针,本算法返回 L 所指单链表的长度 */
  LinkList *p=L;  /* 设置指针 p,初始值为指向单链表头结点 */
  int n=0;  /* 设置一个计数器 n,初始值为 0 */
  while (p->next! =NULL)
  {        /* 指针 p 顺链向后扫描,计算单链表长度 */
    n++;
    p=p->next;
  }
  return n;
}
```

该算法中,问题规模是单链表 L 的"结点数"n,基本操作是指针 p"后移"。若 L 为空表,则 p->next 为"NULL",算法中 while 循环的执行次数为 0,否则 while 循环的执行次数为 n。

因此该算法的时间复杂度为 O(n)。

5.求单链表中某个数据元素值

在单链表中,任何两个元素存储位置之间没有固定的联系,每一个元素的存储位置都包含在其直接前驱的信息之中。

假设 p 是指向单链表 L 中第 i 个数据元素的指针,该结点称为 p 结点或结点 a_i,则 p->next 就是指向线性表 L 的第 i+1 个数据元素的指针。如果 p->data = a_i,则 p->next->data = a_{i+1}。因此,在单链表中,取得第 i 个数据元素(GetElem_L(LinkList *L, int i, ElemType &e))必须从头指针出发,若存在第 i 个结点,则将其 data 域赋给变量 e。

```
bool GetElem_L(LinkList *L, int i, ElemType &e)
{ /* 在单链表 L 中取第 i 个数据的值,并赋给 e;若 i 值不合法,则返回 false */
  int j=0;
  LinkList *p=L;  /* 设置指针 p,初始时指向单链表 L 头结点,j 置为 0(即头结点的序号为 0 */
  while(p!=NULL && j<i)      /* 找第 i 个结点 */
  { j++;
    p=p->next;
  }
  if(p==NULL)
     return false; /* 不存在第 i 个结点,返回 false */
  else
  { e=p->data;  /* 存在第 i 个结点,返回 true */
    return true;
  }
}
```

该算法中,问题规模是单链表 L 的“结点数”n,基本操作是指针 p“后移”。若 L 为空表或 i 为 0,则算法中 while 循环的执行次数为 0;若 i 为 n,则算法中 while 循环的执行次数为 n。因此该算法的时间复杂度为 O(n)。

6.按元素值查找

在单链表 L 中从头开始找第一个值域与 e 相等的结点,若存在这样的结点,则返回逻辑序号,否则返回 0,其过程为:

(1) 设置一个指针 p,初始时指向单链表 L 的第一个结点;

(2) 从第一个结点起,通过指针 p 顺链向后扫描,依次和 e 相比较:若找到一个其值和 e 相等的数据元素,则返回该结点的逻辑序号;若查遍整个单链表都不存在这样一个数据元素,则返回 0。

```
int LocateElem_L(LinkList *L, ElemType e)
{
  int i=1;
```

```
    LinkList *p=L->next; /* p指向开始结点,i置为1(即开始结点的序号为1) */
    while (p!=NULL&&p->data!=e) /* 查找data值为e的结点,其序号为i */
    {   p=p->next;
        i++;
    }
    if(p==NULL)
        return 0; /* 不存在元素值为e的结点,返回0 */
    else
        return i; /* 存在元素值为e的结点,返回其逻辑序号i */
}
```

该算法中,问题规模是单链表L的"结点数"n,基本操作是指针p"后移"。若L为空表,则算法中while循环的执行次数为0;若要查找的结点是最后一个结点,则算法中while循环的执行次数为n。因此该算法的时间复杂度为O(n)。

7.插入数据元素

插入数据元素(listinsert_L(LinkList *&L, int i, ElemType e)),先在单链表中找到第i-1个结点*p,若存在这样的结点,将值为e的结点*s插入到*p结点的后面。其过程为:

(1)在单链表L中寻找第i-1个结点;

(2)生成一个新结点,使新结点数据域的值为e;

(3)将新结点插入到单链表L中;

(4)修改第i-1个结点的指针域。

图2.8给出了在单链表中插入新结点时指针的变化状况。

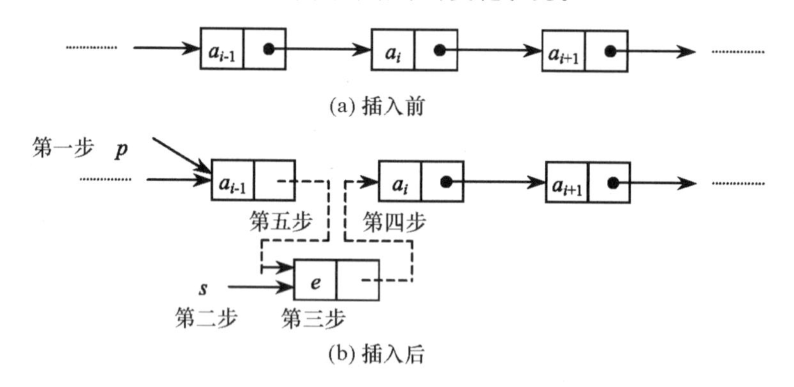

图2.8 在单链表中插入新结点时指针的变化状况

```
bool ListInsert_L(LinkList *&L, int i, ElemType e)
{ /* 在单链表L中的第i个位置之前插入值为e的结点 */
    LinkList *p=L, *s;
    int j=0;
    if(i<1) return false;
    while (p!=NULL&&j<i-1)
    {             /* 第一步,在单链表L中寻找第i-1个结点 */
```

```
        j++;
        p=p->next;
    }
    if (p==NULL)
        return false; /* 未找到第 i-1 个结点,则返回 false */
    else                 /* 找到第 i-1 个结点 *p,插入新结点并返回 true */
    { s=(LinkList *)malloc(sizeof(LinkList)); /* 第二步,生成新结点 */
        s->data=e;  /* 第三步,使新结点数据域的值为 e */
        s->next=p->next;  /* 第四步,将新结点插入到单链表 L 中 */
        p->next=s;  /* 第五步,修改第 i-1 个结点指针 */
        return true;
    }
}
```

在该算法中,问题规模是单链表 L 的“结点数”n,基本操作是指针 p“后移”。若插入位置在单链表 L 的第一个结点之前,则算法中 while 循环的执行次数为 0;若插入位置在单链表 L 的最后,则算法中 while 循环的执行次数为 n。因此该算法的时间复杂度为 O(n)。

说明:在单链表中,插入一个结点必须先找到插入结点的前驱结点。

8.删除数据元素

删除数据元素(ListDelete_L(LinkList *&L, int i, ElemType &e)),先在单链表 L 中找到第 i-1 个结点 *p(a_{i-1}),若存在这样的结点,且也存在后继结点 *q(a_i),则删除 *q(a_i)结点,返回 true;否则,返回 false,表示参数 i 错误。其过程为:

(1)在单链表 L 中寻找第 i-1 个结点,检查有关参数的合理性;

(2)用一个指针 q 指向被删除结点;

(3)删除第 i 个结点,即修改第 i-1 个结点的指针;

(4)释放第 i 个结点空间。

图 2.9 给出了在单链表中删除结点时指针的变化状况。

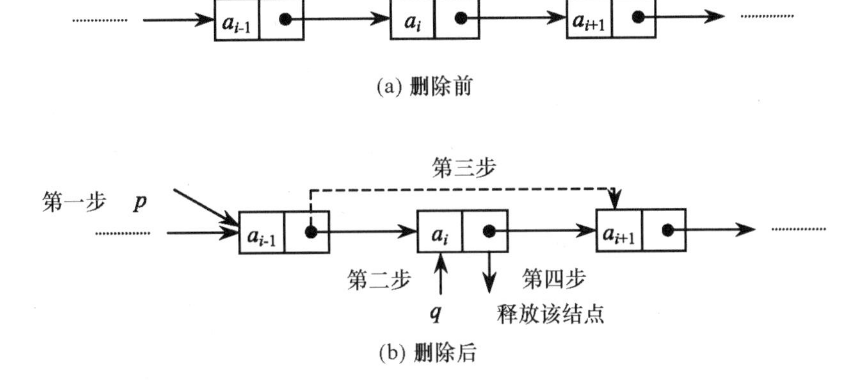

图 2.9 在单链表中删除结点时指针的变化状况

```
bool ListDelete_L(LinkList *&L, int i, ElemType &e)
{ /* 在单链表L中,删除第i个结点,并由e返回其数据域值 */
  LinkList *p=L, *q;
  int j=0;
  if(i<1) return false;
  while (p! =NULL&&j<i-1)
  {       /* 第一步,在单链表L中寻找第i-1个结点 */
    j++;
    p = p->next;
  }
  if (p= =NULL)
    return false;          /* 没找到第i-1个结点,返回false */
  else                     /* 找到第i-1个结点*p */
  {
    q=p->next;             /* 第二步,q指向第i个结点*q */
    if(q= =NULL)           /* 若不存在第i个结点,返回false */
        return false;
    e=q->data;                      /* 取出第i个结点数据域值 */
    p->next=q->next;                /* 第三步,删除单链表L中的第i个结点 */
    free(q);                        /* 第四步,释放第i个结点空间 */
    return true;
  }
}
```

在该算法中,问题规模是单链表L的“结点数”n,基本操作是指针p“后移”。若删除的是单链表L的第一个结点,则算法中while循环的执行次数为0;若删除的是单链表L的最后一个结点,则算法中while循环的执行次数为n。因此该算法的时间复杂度为O(n)。

说明:在单链表中,删除一个结点必须先找到被删除结点的前驱结点。

例2.6 设计一个算法,删除一个单链表L中元素值最大的结点。

分析:在单链表中删除一个结点,先要找到它的前驱结点,用指针p扫描整个单链表,pre指向*p结点的前驱结点,maxp指向data域值最大的结点,maxpre指向*maxp结点的前驱结点。当单链表扫描完毕,删除*maxpre后的结点,即删除了元素值最大的结点。算法如下:

【算法2.6】

```
void delmaxnode(LinkList *&L)
{
    LinkList *p=L->next, *pre=L, *maxp=p, *maxpre=pre;
    while (p! =NULL)   /* 用p扫描整个单链表L,pre始终指向其前驱结点 */
    {   if(maxp->data<p->data) /* 若找到一个更大的结点 */
        {  maxp=p;                   /* 更改maxp */
```

```
            maxpre = pre;                 /* 更改 maxpre */
        }
        pre = p;                          /* p、pre 同步后移一个结点 */
        p = p->next;
    }
    if(maxp! = NULL)
    { maxpre->next = maxp->next;   /* 删除 * maxpx 结点 */
      free(maxp);}
}
```

2.3.3　循环链表

循环链表(circular linked list)是另一种形式的链式存储结构。循环链表的特点是:在循环链表中也设置一个头结点,表中最后一个结点的指针域指向头结点,整个链表形成一个环。由此,从表中任一结点出发均可以找到表中其他的结点。

在有些应用问题中,使用循环链表可以使操作更加方便灵活。空循环链表仅由一个头结点组成,并自成循环。带头结点的循环链表如图 2.10 所示。

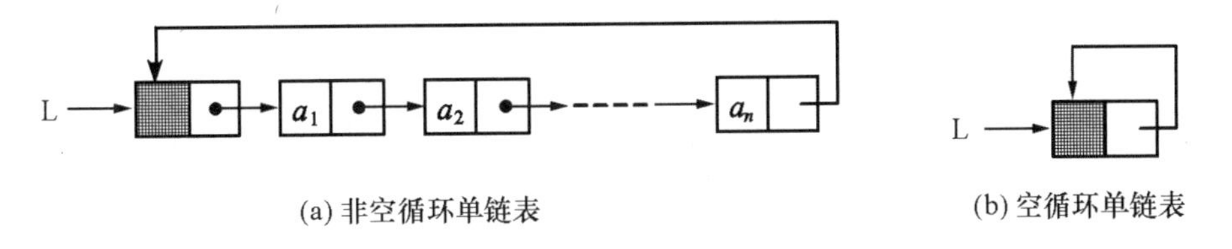

(a) 非空循环单链表　　(b) 空循环单链表

图 2.10　带头结点的循环链表

循环链表的操作和单链表的操作基本一致,差别仅在于算法中的循环条件不是 p 或 p->next 是否为 NULL,而是它们是否等于头指针(p = L 或 p->next = L)。

例 2.7　有一个带头结点的循环单链表 L,设计一个算法统计其数据域为 x 的结点个数。

分析:扫描整个循环单链表,用 n 累计数据域为 x 的结点个数,其算法如下:

【算法 2.7】

```
void count(LinkList *L,ElemType x)
{    int n=0;
     LinkList *p=L->next;        /* p 指向第一个数据结点,n 置为 0 */
     while (p! = L)         /* 扫描循环单链表 L */
     {   if(p->data = = x) /* 若找到数据域为 x 的结点 */
             n++;                     /* 找到值为 x 的结点后 n 增 1 */
         p=p->next;
     }
     returm n;
}
```

在很多实际问题中，链表的操作常常是在表的首尾位置上进行的，此时用图 2.10 所示的循环链表就显得不够方便。如果在循环链表中设置尾指针 rear 而不设头指针，就可以使某些操作简化，如图 2.11 所示。例如，查找开始结点，可以由 rear－>next－>next 获得；查找终端结点，可以由 rear 获得。显然，查找时间都是 O(1)。因此，经常采用尾指针表示循环链表。

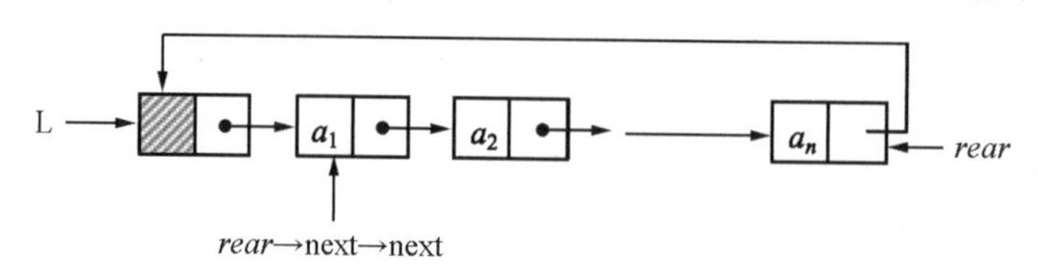

图 2.11 带尾指针的循环链表

2.3.4 双向链表

在单链表结构或循环链表结构的结点中，只有一个指示直接后继结点的指针域，因此，从某个结点出发只能顺指针寻查其他结点。如果要查找结点的直接前驱结点，则需要从表头指针重新出发。换句话说，在单链表或循环链表中，求“后继”的执行时间为 O(1)，而求“前驱”的执行时间为 O(n)。为了克服单链表或循环链表这种单向性的缺点，可以使用双向链表，简称双链表(double linked list)。

1. 双向链表的存储表示

在双向链表中，每个结点包括 3 个部分：存放结点本身的数据值的数据域，指向其直接前驱前向指针域，指向其直接后继的后向指针域。

```
/* 线性表的双向链表的存储表示 */
typedef struct DuLNode
{
  ElemType          data;
  struct DuLNode    *prior;
  struct DuLNode    *next;
}DuLinkList;
```

其结构如图 2.12 所示。

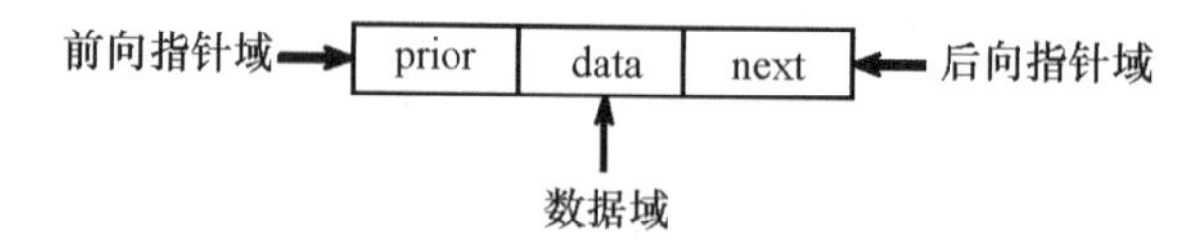

图 2.12 双向链表的结点结构

在双向链表的第一个结点之前也附加一个同结构的结点，称之为头结点。头结点的数据域可以不存储任何信息，也可以存储如线性表的长度等附加信息。

如果头结点的前向指针域存储指向最后一个结点的指针，后向指针域存储指向第一个结点的指针；最后一个结点的后向指针域存储指向头结点的指针，称这样的双向链表为双向循环链表，如图 2.13(a)所示。

当头结点的前向指针域和后向指针域均指向头结点自己的时候，称为空双向循环链表，如图 2.13(b)所示。

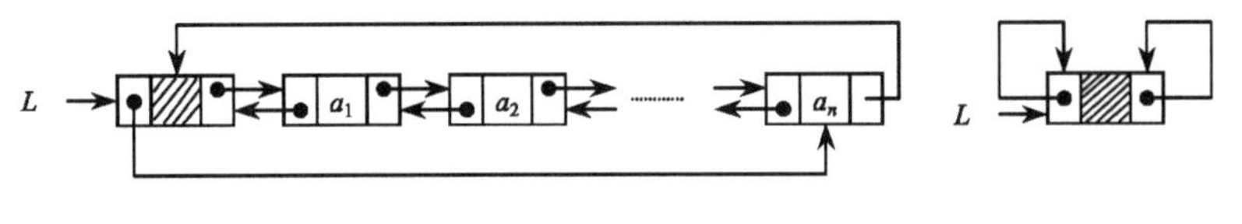

(a) 非空双向循环链表　　(b) 空双向循环链表

图 2.13　带头结点的双向循环链表

在双链表中，设 d 为指向链表中某一个结点的指针，显然有：

d->next->prior == d->prior->next == d

在双链表中，有些操作例如 ListLength、GetElem 和 LocateElem 等仅需要涉及一个方向的指针，则它们的算法描述和单链表的操作相同，但是在插入和删除数据元素时有很大的不同，在双链表中需要同时修改两个方向上的指针。在对双链表操作之前，要先建立双链表。

2. 建立双向链表

建立双链表也有两种方法，头插法和尾插法，头插法建立双链表的算法如下：

```
void CreateListF_DuL(DuLinkList *&L, ElemType a[],int n)
{/* 头插法建立双链表 */
    DuLinkList *s;
    int i;
        L=(DuLinkList *)malloc(sizeof(DuLinkList));
        L->prior=L->next=NULL; /* 创建头结点 */
        for(i=0;i<n;i++)
        {   s=(DuLinkList *)malloc(sizeof(DuLinkList)); /* 生成新结点*s */
            s->data=a[i];  /* 使新结点数据域的值为 a[i] */
            s->next=L->next;  /* 将新结点插入到头结点之后 */
            if(L->next!=NULL) /* 若 L 存在数据结点，修改 L->next 的前驱指针 */
                L->next->prior=s;
            L->next=s;
            s-> prior=L;
    }
}
```

与尾插法建立单链表算法类似，采用尾插法建立双链表的算法如下：

```
void CreateListR_DuL(DuLinklist *&L, ElemType a[],int n)
{ /* 尾插法建立双链表 */
    DuLinklist *s, *r;
    int i;
```

```
    L=(DuLinkList *)malloc(sizeof(DuLinkList)); /* 创建头结点 */
    L->prior=L->next=NULL;
    r=L; /* r始终指向尾结点,开始时指向头结点 */
    for(i=0;i<n;i++)
    {   s=(DuLinkList *)malloc(sizeof(DuLinkList)); /* 生成新结点 */
        s->data=a[i];  /* 使新结点数据域的值为a[i] */
        r->next=s;s->prior=r;  /* 将*s插入*r之后*/
        r=s;
    }
    r->next=NULL;      /* 尾结点next域置为NULL*/
}
```

3.双向链表的插入运算

在双向链表中进行插入操作时,必须同时修改两个方向上的指针。图2.14显示了插入结点时指针修改的过程。

```
bool ListInsert_DuL(DuLinkList *&L, int i, ElemType e)
{  /* 在双向链表L中第i个结点插入元素e,1≤i≤表长+1 */
   int j=0;
   DuLinkList *p=L,*s;   /* p指向头结点,j设置为0 */
   while(j<i&&p! =NULL)  /* 查找第i个结点 */
   {    j++;
        p=p->next;
   }
   if(p==NULL)
        return false;   /* 未找到第i个结点,返回false */
   else                 /* 找到第i个结点*p,在其前插入新结点*s */
   {  s=(DuLinkList *)malloc(sizeof(DuLinkList)); /* 生成新结点 */
      s->data=e;  /* 将数据放入新结点的数据域 */
      s->prior=p->prior;  /* 将p的前驱结点指针放入新结点的前向指针域 */
      s->next=p;  /* 将p放入新结点的后向指针域 */
      p->prior->next=s;  /* 修改p的前驱结点的后向指针 */
      p->prior=s;  /* 修改p的前向指针 */
      return true;
   }
}
```

该算法的时间复杂性为O(n),其中n为双向链表中数据结点的个数。

4.双向链表的删除运算

在双向链表中进行删除操作时,必须同时修改两个方向上的指针。图2.15显示了删除结

```
}
```

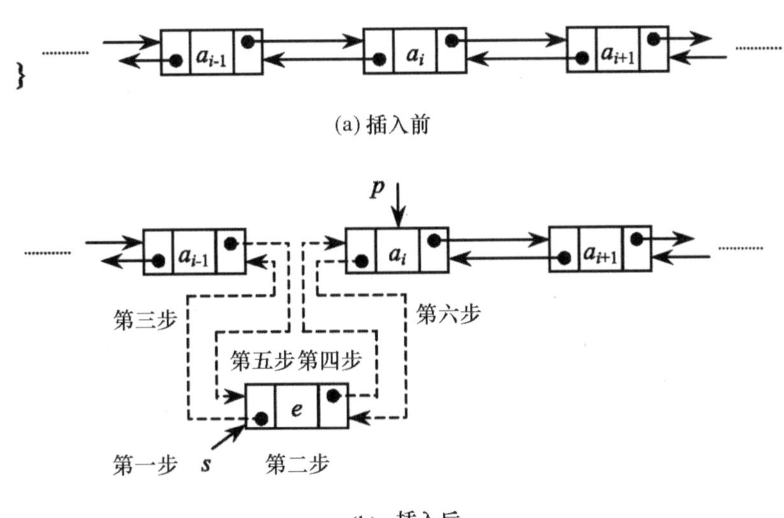

图 2.14　在双向链表中插入一个结点时指针的变化状况

点时指针修改的过程。

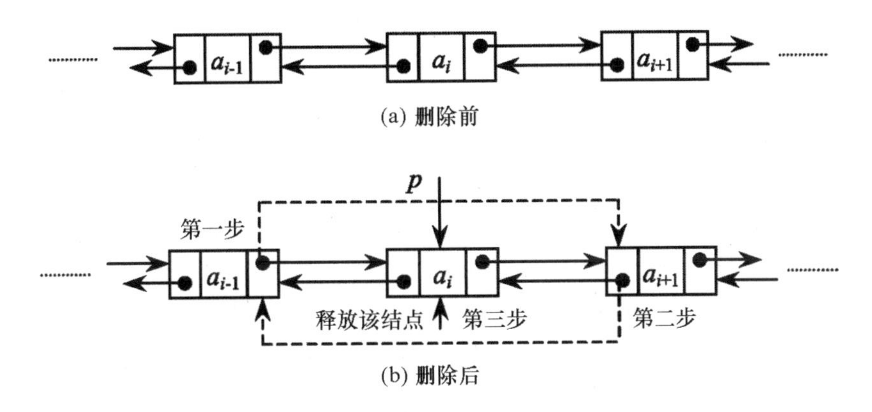

图 2.15　在双向链表中删除一个结点时指针的变化状况

```
bool ListDelete_DuL(DuLinkList *&L, int i, ElemType &e)
{   /* 在双向链表 L 中删除第 i 个元素,并将元素值返回,1≤i≤表长 */
    int j=0;
    DuLinkList *p=L, *s;    /* p 指向头结点,j 设置为 0 */
    while(j<i&&p!=NULL)    /* 查找第 i 个结点 */
    {   j++;
        p=p->next;
    }
    if(p==NULL)
        return false;    //未找到第 i 个结点,返回 false
    else
```

```
    {   e=p->data;                          /* 将p指向的结点数据域中的值取出 */
        p->prior->next=p->next;             /* 修改p的前驱结点的反向指针 */
        p->next->prior=p->prior;            /* 修改p的后继结点的前向指针 */
        free(p);                            /* 释放p结点 */
        return true;
    }
}
```

该算法的时间复杂性为O(n),其中n为双向链表中数据结点的个数。

例2.8 有一个带头结点的双链表L(至少有一个数据结点),设计一个算法使其数据递增有序排列。

分析:由于双链表L中至少有一个数据结点,先构造只含一个数据结点的有序表。然后扫描双链表L余下的结点*p(直到p==NULL为止),在有序表中通过比较找到插入*p结点的前驱结点*pre结点,然后在*pre之后插入*p结点。算法如下:

【算法2.8】

```
void sort_DuL(DuLinkList *&L)  /* 双链表结点排序 */
{
 DuLinkList *p, *pre, *q;
 p=L->next->next;   /* p指向L的第2个数据结点 */
 L->next->next=NULL;   /* 构造只含有一个数据结点的有序表 */
 while(p!=NULL)
 {   q=p->next;   /* q保存*p结点后继结点的指针 */
     pre=L;          /* 从有序表开头进行比较,pre指向插入*p的前驱结点 */
     while(pre->next!=NULL&&pre->next->data<p->data)
          pre=pre->next;  /* 在有序表中插入*p的前驱结点*pre */
     p->next=pre->next;  /* 在*pre之后插入*p结点 */
     if(pre->next!=NULL)
         pre->next->prior=p;
     pre->next=p;
     p->prior=pre;
     p=q; /*扫描原双链表余下的结点*/
 }
}
```

2.3.5 静态链表

单链表、双链表的创建和撤销及其他操作都涉及指针和内存的动态申请和回收,但有的程序设计语言没有指针,可借用数组来模拟指针及结点的创建和撤销。

1.静态链表的存储表示

使用一维数组来描述链表。数组中的一个分量(元素)表示一个结点,同时使用游标(指示器 cur)代替指针指示结点在数组中的相对位置。数组中的第 0 个分量(下标为 0 的元素)可以看成头结点,其指针域指向链表的第一个结点,表尾结点的游标值为 -1,表示链表结束。这种存储结构仍然需要预先分配一个较大空间,但是在进行线性表的插入和删除操作时不需要移动元素,仅需要修改“指针”,因此仍然具有链式存储结构的主要优点。图 2.16 给出了一个静态链表的示例。图 2.16(a)是一个静态链表初始状态,图 2.16(b)是在“Zhou”之前插入数据元素“Shi”和删除数据元素“Zheng”之后的静态链表。称这种用数组描述的链表为静态链表(static linked list)。

	数据域	游标域
0		1
1	Zhao	2
2	Qian	3
3	Sun	4
4	Li	5
5	Zhou	6
6	Wu	7
7	Zheng	8
8	Wang	-1
9		
10		

(a) 初始状态

	数据域	游标域
0		1
1	Zhao	2
2	Qian	3
3	Sun	4
4	Li	**9**
5	Zhou	6
6	Wu	**8**
7	Zheng	8
8	Wang	-1
9	Shi	**5**
10		

(b) 插入、删除后的状态

图 2.16　静态链表示例

```
/* 线性表的静态链表的存储表示 */
#define MAXSIZE  1000
typedef struct {
  ElemType  data;
  int  cur;
} SlinkList[MAXSIZE];
```

2. 静态链表的操作实现

假设 S 为 SlinkList 型变量,S[0]为头结点,S[0].cur 指示第一个结点在数组中的位置,如果设 i=S[0].cur,那么 S[i].data 存储线性表的第一个数据元素,且 S[i].cur 指示第二个结点在数组中的位置。一般情况下,如果数组的第 j 个分量表示链表的第 k 个结点,那么 S[j].cur 指示第 k+1 个结点的位置。因此,在静态链表中实现线性表的操作和动态链表相似,以整型游标 i 代替动态指针 p,i = S[i].cur 的操作即为指针后移(类似于 p = p->next)。下面给出静态链表定位操作的算法实现。

```
int LocateElem_SL(SlinkList S, ElemType e)
{      /* 在静态链表 S 中查找第 1 个值为 e 的元素,若找到,则返回它在 S 中的位序;否
```

```
则返回-1 */
    int i=0;
    i=S[0].cur;   /* 设置i指示静态链表S的第一个结点 */
    while (i! =-1 && S[i].data! =e)
      i=S[i].cur;   /* 在静态链表S中顺链查找 */
    return i;
  }
```

在该算法中,如果静态链表 S 的表长为 n,那么问题规模就是静态链表的“长度”n,基本操作是顺链“查找”数据元素,算法中的 while 执行次数与问题规模有关。因此该算法的时间复杂性为 O(n)。

2.3.6 案例分析

例 2.9 逆位序创建单链表。

线性表的链式存储结构的最大特点就是逻辑上相邻的两个元素在物理位置上不一定相邻;它和顺序表不同,是一种动态结构。因此,建立线性表的链式存储结构的过程就是一个动态生成单链表的过程,即从“空表”的初始状态起,依次建立各元素结点,并逐个插入到单链表中。

与头插法建立单链表的方法类似,这里输入 n 个元素的顺序是逆位序的,即假设 n 个元素保存在数组 a[n]中,建立单链表元素的输入顺序为 a[n-1]、a[n-2]、…a[1]、a[0]。如图 2.17 给出了按照逆位序建立单链表时指针的变化状况。

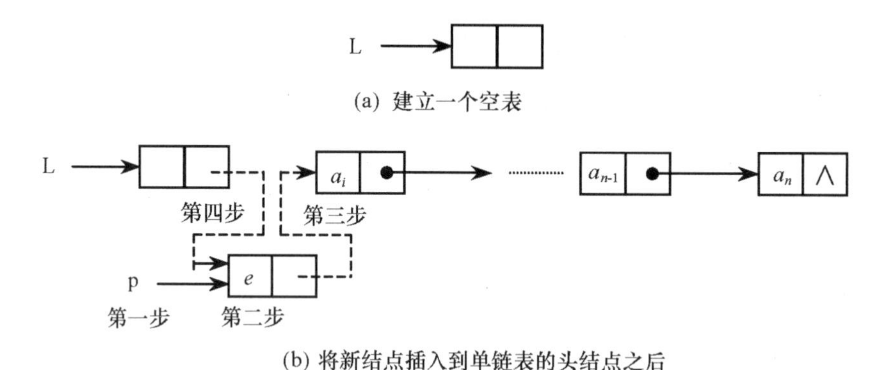

(b) 将新结点插入到单链表的头结点之后

图 2.17 按照逆位序建立单链表时指针的变化状况

【算法 2.9】

```
void CreateList_L(LinkList *&L, ElemType a[],int n)
{     /* 按照逆位序输入n个元素的值,建立单链表L */
  int i;
  LinkList *p;
  L=(LinkList *)malloc(sizeof(LinkList));
  L->next=NULL;                    /* 建立一个空链表 */
```

```
    for (i=n-1; i>=0; --i)
    {
    p=(LinkList *)malloc(sizeof(LinkList)); /* 生成新结点 */
    p->data=a[i];                           /* 按照逆位序输入元素值 */
    p->next=L->next;           /* 将新结点作为第一个结点插入到单链表 */
    L->next=p;                              /* 修改单链表头结点的指针域 */
    }
}
```

在该算法中,问题规模是待输入的“数据元素数”n,基本操作是按照逆位序循环给 n 个数据元素赋值,建立新结点,并将它作为第一个结点“插入”到单链表。因此算法的时间复杂度为 O(n)。

例 2.10　逆置循环链表。

逆置循环链表的操作可以通过修改链表中的指针来完成。

(1)设 L 指向循环链表的头结点,在顺链向后扫描的过程中,令 t 结点是 p 结点的前驱,q 结点是 p 结点的后继。并且令 t 的初值为 L,p 的初值为 t->next,q 的初值为 p->next。

(2)从原循环链表的第一个结点开始向后扫描,依次修改每个结点的 next 域指针,使之指向其结点的前驱。

(3)修改 L 的 next 域指针,使之指向新循环链表的第一个结点。

【算法 2.10】

```
void Contray_CirL(LinkList *&L)
{   /* 逆置循环链表 */
    t=L;                    /* 初始时,t 指向循环链表的头结点 */
    p=t->next;              /* 初始时,p 指向循环链表的第一个结点 */
    q=p->next;              /* 初始时,q 指向循环链表的第二个结点 */
    while (p!=L) {          /* 顺链向后扫描到原循环链表的最后一个结点 */
        p->next=t;          /* 修改 q 结点 next 域指针,指向其前驱 */
        t=p;                /* 顺链向后移动指针 t */
        p=q;                /* 顺链向后移动指针 p */
        q=p->next;          /* 顺链向后移动指针 q */
    }
    L->next=t;
    /* 修改 L 的 next 域指针,使之指向新循环链表的第一个结点 */
}
```

在该算法中,问题规模是待逆置的循环链表 L 的“长度”n,基本操作是“修改”和“移动”指针。算法中 while 循环的执行次数与问题规模有关,因此算法的时间复杂度为 O(n)。

例 2.11　逆置双向循环链表。

(1)设 L 指向双向链表的头结点,p 的初值为 L->next。

(2)从原双向链表的第一个结点开始向后扫描,依次修改每个结点的 next 和 prior 域指针,使之分别指向其结点的前驱和后继。在顺链向后扫描的过程中,令 q 结点是 p 结点的后继。

(3)修改 L 指针,使之指向新双向链表的第一个结点。

【算法 2.11】

```
void Contray_DuL(DuLinkList *&L)
{      /* 逆置双向循环链表 */
  p=L->next;                    /* 初始时,p 指向双向链表 L 的第一个结点 */
  while (p!=L)  {               /* 顺链向后扫描到原双向链表的最后一个结点 */
    q=p->next;                  /* q 结点是 p 结点的后继 */
    p->next=p->prior;           /* 修改 p 结点 next 域指针,指向其前驱 */
    p->prior=q;                 /* 修改 p 结点 prior 域指针,指向其后继 */
    p=q;                        /* 顺链向后移动指针 p */
  }
  q=L->next;
  L->next=p->prior;  /* 修改 L 的 next 域指针,指向新双向链表的第一个结点 */
  L->prior=q;     /* 修改 L 的 prior 域指针,指向新双向链表的最后一个结点 */
}
```

在该算法中,问题规模是待逆置的双向链表的“长度”n,基本操作是“修改”和“移动”指针。算法中 while 循环的执行次数为 n,因此算法的时间复杂度为 O(n)。

例 2.12 假设两个递增的有序单链表的头指针分别为 La 和 Lb。要求归并 La 和 Lb 得到一个递增有序单链表 Lc,并且 Lc 和 La 共用一个表头结点。

(1)设置初始状态。当单链表 La 和 Lb 非空时,指针 pa 和 pb 分别指向单链表 La 和 Lb 中的第 1 个元素;因为单链表 Lc 和 La 共用一个表头结点,所以指针 Lc 指向单链表 La 的头结点。

(2)在 Lc 中插入新结点,并修改指针。分两种情况:若 pa->data≤pb->data,则将 pa 所指向的结点链接到 pc 所指向的结点之后,同时修改 pc 和 pa;若 pa->data>pb->data,则将 pb 所指向的结点链接到 pc 所指向的结点之后,同时修改 pc 和 pb。

(3)当某一个表的所有结点都插入到 Lc 后,把另一个表的剩余结点插入 Lc。否则,返回(2)。

(4)释放单链表 Lb 的头结点。

【算法 2.12】

```
void MergeList_L(LinkList *&La, LinkList *&Lb, LinkList *&Lc)
{   /* 归并 La 和 Lb 得到新的有序单链表 Lc */
  LinkList *pa, *pb, *pc;
  pa=La->next;  pb=Lb->next;
  Lc=pc=La;  /* Lc 和 La 共用一个表头 */
  while (pa!=NULL && pb!=NULL)
```

```
    {
      if (pa->data<=pb->data)
      {
        pc->next=pa;   pc=pa;   pa=pa->next;
      }
      else  {  /* 若 pa->data>pb->data */
        pc->next=pb;   pc=pb;   pb=pb->next;
      }
    }
    pc->next=pa ? pa : pb;   /* 插入剩余部分 */
    free(Lb);
}
```

在该算法中,如果单链表 La 表长为 n,单链表 Lb 表长为 m,则问题规模是待归并的两个表的“长度和”n+m,基本操作是“修改”指针。算法执行次数依赖于问题规模,因此算法的时间复杂度为 O(n+m)。

该算法在归并两个单链表为一个单链表时,不需要另外建立新表的结点空间,只是将原来两个单链表中结点之间的关系解除,重新按元素值递增关系将所有结点链接成一个单链表即可。

例 2.13　有两个按升幂排列的一元多项式 PA 和 PB,采用如下链式存储结构存放系数非零项。

```
/* 一元多项式的单链表存储表示 */
typedef struct Term
{
  float  coef;
  int  expn;
  struct Term  *next;
} polynomial;
```

两个单链表的头指针分别为 Pa 和 Pb。要求进行多项式加法:Pa = Pa + Pb,利用两个多项式的结点构成“和多项式”,且“和多项式”与 Pa 共用一个头结点。

一元多项式相加的运算规则如下:

对于两个一元多项式中所有指数相同的项,对应系数相加,如果其和不为 0,则构成“和多项式”中的一项;对于两个一元多项式中所有指数不相同的项,则分别复制到“和多项式”中去。在“和多项式”链表中的结点不需要另外生成,而是应该从两个多项式的链表中摘取。

假设指针 qa 和 qb 分别指向多项式 A 和 B 中当前进行比较的某个结点。

比较两个结点中的指数项,有 3 种情况:

(1)当 qa->expn < qb->expn 时,应该摘取 qa 指针所指结点插入到“和多项式”链表中去;

(2)当 qa->expn > qb->expn 时,应该摘取 qb 指针所指结点插入到“和多项式”链表中去；

(3)当 qa－>expn ＝ qb－>expn 时，将两个结点中的系数域中的值相加。有两种情况：若相加的和数不为 0，则修改 qa 所指结点的系数值，同时释放 qb 所指结点；若相加的和数为 0，则从多项式 A 的链表中删除相应结点，并释放指针 qa 和 qb 所指结点。

【算法 2.13】

```
void AddPolyn(polynomial *&Pa, polynomial *&Pb)
{     /* 多项式加法:Pa = Pa + Pb,利用两个多项式的结点构成"和多项式" */
  float sum;
  polynomial *qa, *qb, *pre, *u;
  qa = Pa->next; /* qa 指向 Pa 中的当前结点,初始时指向 Pa 中的第一个结点 */
  qb = Pb->next; /* qb 指向 Pb 中的当前结点,初始时指向 Pb 中的第一个结点 */
  pre = Pa;        /* pre 指向 qa 的前驱结点,初始时指向 Pa 的头结点 */
  while (qa! = NULL && qb! = NULL)        /* qa 和 qb 为非空 */
  {
      if(qa->expn<qb->expn)      /* 多项式 Pa 中当前结点的指数小 */
        {
          pre->next = qa;
          pre = qa;
          qa = qa->next;
        }
      else if(qa->expn>qb->expn)
        {
            pre->next = qb;
            pre = qb;
            qb = qb->next;
        }
       else              /* 两个多项式中当前结点的指数相等 */
        {
            sum = qa->coef + qb->coef;
            if (fabs(sum)>1e-4)
            {
              qa->coef = sum; /* 修改多项式 Pa 中当前结点系数值 */
              pre->next = qa;
              pre = qa;
              qa = qa->next;
              u = qb;
              qb = qb->next;
              free(u);
            }
```

```
            else
            {   /* 删除多项式Pa、Pb中当前结点 */
                u=qa;
                qa=qa->next;
                free(u);
                u=qb;
                qb=qb->next;
                free(u);
            }
        }
    }
    pre->next=qa? qa:qb;
}
```

在该算法中,假设PA多项式有m项,PB多项式有n项,则问题规模是这两个多项式的“项数和”n+m,基本操作是指数“比较”、系数“相加”及指针“修改”。算法执行次数依赖于问题规模,因此算法的时间复杂度为O(n+m)。

小 结

线性表是最简单、最基本、最常用的数据结构,线性表的特点是数据元素之间存在一对一的线性关系,也就是说,除第一个和最后一个数据元素外,其余数据元素都有且只有一个直接前驱和直接后继。

线性表有两种不同的存储结构,即顺序存储结构和链式存储结构。顺序存储的线性表称为顺序表,顺序表中的存储单元是连续的,在计算机语言中用数组来实现顺序存储。链式存储的线性表称为链表,链表中的存储单元不一定是连续的,所以在一个结点有数据域存放数据元素本身的信息,还有地址域存放其相邻的数据元素的地址信息。单链表的结点只有一个地址域,存放其直接后继结点的地址信息,双向链表的结点有两个地址域,存放其直接前驱结点和直接后继结点的地址信息。循环链表的最后一个结点的地址域存放头结点的地址信息。

对线性表的基本操作有查找、插入、删除等操作。顺序表具有随机存储的特点,查找比较方便,效率很高,但插入和删除数据元素都需要移动大量的数据元素,效率很低。而链表的存储空间不要求是连续的,插入和删除数据元素的效率很高,但查找需要从头地址开始遍历链表,效率很低。线性表采用何种存储结构取决于实际问题,如果只是进行查找等操作而不经常插入和删除线性表中的数据元素,则线性表采用顺序存储结构;反之,采用链式存储结构。

下面从空间、时间和语言3个方面对线性表的两种存储结构进行比较。

1.基于空间的考虑

顺序表的存储空间是静态分配的,在程序运行之前必须明确规定它的存储规模。如果线性表的长度n变化较大,则存储规模难于预先确定:估计过大将造成空间浪费,过小又将使空间溢出机会增多。

静态链表中初始存储空间虽然也是静态分配的,但是如果同时存在若干个结点类型相同的链表，则它们可以共享空间，使得链表之间能够相互调剂余缺，减少溢出的机会。

动态链表的存储空间是动态分配的，在程序运行之中，只要内存空间有空闲，就不会产生溢出。链表中的每个结点，除了数据域外，还要额外设置指针（或游标）域从存储密度来讲是不经济的。

所谓存储密度(storage density)是指结点数据本身所占用的存储量和整个结点结构所占用的存储总量之比，即

存储密度＝结点数据本身所占用的存储量/结点结构所占用的存储总量

一般地，存储密度越大，存储空间的利用率就越高。显然，顺序表的存储密度为1，而链表的存储密度小于1。例如，如果单链表的结点数据均为整数，指针所占用的空间和整型量相同，此时单链表的存储密度仅为50%。因此如果不考虑顺序表中的备用空间，则顺序表的存储空间利用率为100%，而单链表的存储空间利用率为50%。

所以，在线性表的长度变化较大，预先难以确定的情况下，最好采用动态链表作为存储结构；当线性表的长度变化不大，易于事先确定其大小时，最好采用顺序表作为存储结构，这样比较节省存储空间。

2.基于时间的考虑

顺序表是随机存储结构，表中任一数据元素都可以通过计算直接得到地址进行存取，时间复杂度为O(1)。在顺序表中进行插入和删除数据元素时，平均要移动近一半的元素，尤其是当每个数据元素包含的信息量较大时，移动元素所花费的时间就相当可观。

动态链表是顺序存储结构，表中的任一结点都需要从头指针起顺链扫描才能取得，时间复杂度为O(n)(n为表长)。在动态链表中进行插入和删除结点时，不需要移动结点，只需要修改指针。

因此，若线性表的操作主要是查找和读取时，采用顺序存储结构为宜；若线性表的操作主要是插入和删除时，采用链式存储结构为宜。

3.基于语言的考虑

对于没有提供指针类型的高级语言，如果要采用链表结构，则可以使用游标实现的静态链表。虽然静态链表在存储分配上有不足之处，但是它和动态链表一样，具有插入和删除方便的特点。

值得指出的是，即使是对那些具有指针类型的高级语言，静态链表也有其用武之地，特别是当线性表的长度不变，仅需要改变结点之间的相对关系时，静态链表比动态链表可能更加方便。

习题2

2.1 线性表的两种存储结构各有哪些优缺点？

2.2 在什么情况下使用顺序表比链表好？

2.3 试描述头指针、头结点、开始结点的区别、并说明头指针和头结点的作用。

2.4 一个线性表L采用顺序存储结构，若其中所有元素为整数，编写算法将所有小于0的数据元素移到所有大于0的元素的前面，要求算法的时间复杂度为O(n)，空间复杂度为O(1)。

2.5 编写一个算法，一个线性表 L 采用顺序存储结构，若其中所有元素为整数，删除数据元素值在[x,y]之间的所有元素，要求算法的时间复杂度为 O(n)，空间复杂度为 O(1)。

2.6 编写一个算法，将一个带头结点的数据域依次为 a_1，a_2，…，a_n(n 大于等于 3)的单链表的所有结点逆置。

2.7 编写一个算法，将两个循环链表 $a=(a_1,a_2,\cdots a_{n-1},a_n)$和 $b=(b_1,b_2,\cdots b_{m-1},b_m)$合并为一个循环链表 c。

2.8 设有一个双链表，每个结点中除有 prior、data 和 next 三个域外，还有一个访问频度域 freq，在链表被起用之前，其值均初始化为零。每当进行 locatenode(h,x)运算时，令元素值为 x 的结点中 freq 域的值加 1，并调整表中结点的次序，使其按访问频度的递减序排列，以便使频繁访问的结点总是靠近表头。试写一符合上述要求的 LocateNode 运算的算法。

2.9 (华中科技大学)假定数组 A[n]的 n 个元素中有多个零元素，缩写算法将 A 中所有的非零元素依次移到 A 的前端。

2.10(武汉大学)设计一个算法 int increase(LinkList * L)，判定带头结点单链表 L 是否是递增的，若是返回 0。

2.11(同济大学)在某商店仓库中，欲对电视机按其价格从低到高的次序构造一个头指针为 head、不带表头结点的单循环链表，链表的每个结点指出同样价格的电视机的台数。现有 m 价格为 n 元的电视机入库，试编写出仓库电视机的进货算法。链表的结点类型表示如下：

```
typedef struct list{
    float price;
    int num;
    struct list  * next;
}Linklist;
```

2.12(中国科学技术大学)假设某循环单链表非空，且无表头结点也无表头指针，指针 p 指向该链表中的某结点。请设计一个算法将 p 所指结点的后继结点变为 p 所指结点的前驱结点。

第3章　栈和队列

学习要点

- 理解栈和队列的定义、特点
- 掌握顺序栈和链栈的组织方法、栈满、栈空的判断及其描述
- 掌握顺序队列、环形队列和链队的组织方法、队满、队空的判断及其描述

栈和队列是操作受限的线性表，它们是计算机科学中具有非常广泛应用的两种重要线性数据结构。栈和队列都有两种存储表示方法：顺序栈和链栈、顺序队列和链队。

栈的操作特点：插入和删除操作都在线性表的一端进行，即按“后进先出”的规则进行操作；

队列的操作特点：插入在线性表的一端进行，删除在线性表的另外一端进行，即按“先进先出”的规则进行操作。

3.1　栈和队列的定义和特点

3.1.1　栈的定义和特点

栈(stack)是一种特殊的线性表，它限定仅在线性表的一端进行插入和删除操作。无论是往栈中插入元素还是删除栈中元素，或者读取栈中的元素，都只能在线性表的一端进行，通常把栈的这一端称为栈顶(top)，栈的另一端称为栈底(bottom)。当栈中没有数据元素时称为空栈。

栈的数据集合S通常记为：$S = (a_1, a_2, \cdots, a_n)$，其中S是英文单词stack的第1个字母。设栈S中包含n个数据元素，a_1为栈底元素，a_n为栈顶元素，n为栈的长度，n = 0时栈为空。这n个数据元素按照$a_1, a_2, \cdots, a_n$的顺序依次入栈；全部元素入栈之后的出栈次序相反，a_n第一个出栈，a_{n-1}第二个出栈，依次出栈，a_1最后一个出栈。所以，栈的操作是按照后进先出(last in first out, LIFO)或先进后出(first in last out, FILO)的原则进行的，因此，栈又称为LIFO表或FILO表。栈S的操作示意图如图3.1所示。

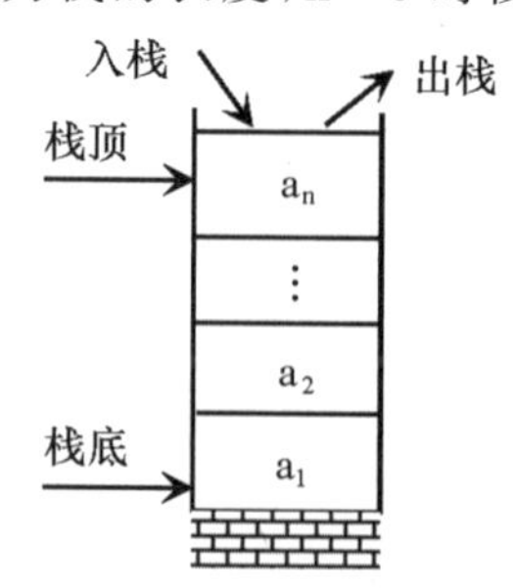

图3.1　栈的示意图

栈(stack)简记为S，它是一个二元组，其形式定义为：

$$S = (D, R)$$

式中:D是数据元素的有限集合;R是数据元素之间关系的有限集合。

尽管操作受限降低了栈的灵活性,但也正是因为如此而使得栈更有效且更容易实现,栈的应用非常广泛,在实际生活中有许多类似于栈的例子。比如,刷洗盘子的过程可以形象地描述栈的操作,如图3.2所示,左边是一摞脏盘子,中间是洗涤池,右边一摞是干净的盘子。洗盘子人员先从左边一摞取一个脏盘子,取的动作只能从最上面一个接一个地往下拿(如果把左边一摞盘子视作栈S1,每次取一个盘子相当于把元素出栈);每个盘子在洗涤池洗刷干净后,再把洗净的盘子一个接一个地往上放(如果把右边一摞盘子视作栈S2,每次放一个盘子相当于把元素入栈)。

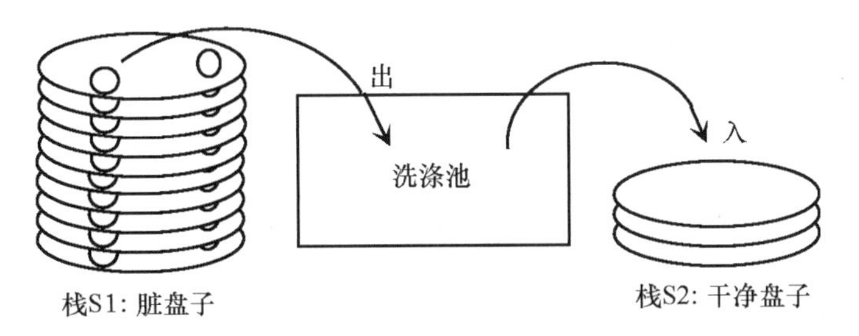

图3.2 洗盘子过程看作栈

由于栈只能在栈顶进行操作,所以栈不能在栈的任意一个位置插入或删除元素。因此,栈的操作是线性表操作的一个子集。栈的操作主要包括在栈顶插入元素和删除元素、取栈顶元素和判断栈是否为空等。

3.1.2 队列的定义和特点

在日常生活中,排队是司空见惯的,我们排队买饭、买车票,上下飞机都需要排队。从抽象层面上看,凡是两头开口的容器或通道都可以是队列。比如隧道、单行车道等等。队列的先进先出的特点在实际中体现公平的原则。对于计算机来说,队列无处不在,至少每个程序在等待被执行的时候都需要排队。因此,对生活现象进行归纳或模拟,或者在计算机中对应用程序进行管理就都涉及队列结构。

与栈类似,队列(queue)也是插入操作限定在表一端进行,而删除操作限定在表的另外一端进行的线性表。按照习惯,把队列中只允许进行插入操作的一端称为队尾(rear),插入操作称为入队(enquence);把队列中只允许进行删除操作的一端称为队首(front)或队头,删除操作称为出队(dequence)。当队列中没有数据元素时称为空队列。

队列的数据集合Q通常记为:$Q=(a_1,a_2,\cdots,a_n)$,其中Q是英文单词Queue的第1个字母。Q中包含n个数据元素,a_1为队首元素,a_n为队尾元素;n为队列的长度,$n=0$时队列为空。这n个元素是按照$a_1,a_2,\cdots,a_n$的次序依次从队尾入队的,出队的次序与入队相同:a_1第一个出队,a_2第二个出队,依次出队,a_n最后一个出队。所以,队列的操作是按照先进先出(first in first out,FIFO)或后进后出(last in last out,LILO)的原则进行的,因此,队列又称为FIFO表或LILO表。队列Q的操作示意图如图3.3所示。

队列queue简记为Q,它是一个二元组,其形式定义为:

$$Q=(D,\ R)$$

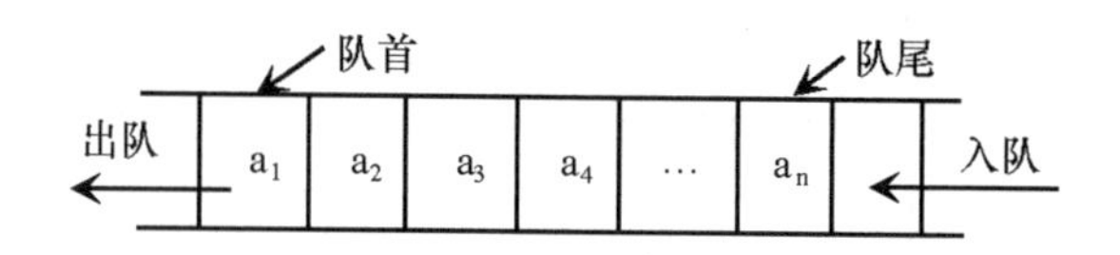

图 3.3 队列示意图

其中:D 是数据元素的有限集合;R 是数据元素之间关系的有限集合。

队列的操作是线性表操作的一个子集。队列的操作主要包括在队尾插入元素、在队头删除元素、取队头元素和判断队列是否为空等。

3.2 栈的表示和操作实现

3.2.1 栈的抽象类型定义

理论上讲,栈是一个线性表,具备了线性表的所有操作特性;由于它操作的特殊性,线性表的插入和删除操作称为入栈和出栈,类似于子弹压入弹匣和弹出弹匣的操作,一般用 Push 表示入栈,Pop 表示出栈,这样使操作更加容易理解。

栈的 ADT 描述如下:

ADT Stack {

数据对象:$D=\{a_i \mid a_i \in ElemSet,\ i=1,2,\cdots,n,\quad n\geqslant 0\}$

数据关系:$R1=\{<a_{i-1},a_i> \mid a_{i-1},\ a_i\in D,\ i=2,\ \cdots,\ n\}$

基本运算:

InitStack(&S)

操作结果:初始化栈操作,建立一个空栈 S。

DestroyStack(&S)

初始条件:栈 S 存在。

操作结果:销毁栈操作,将栈 S 中的所有元素清除,释放 S 所占的存储空间。

ClearStack(&S)

初始条件:栈 S 存在。

操作结果:弹出栈中所有元素,将 S 置为空栈。

StackEmpty(S)

初始条件:栈 S 存在。

操作结果:若 S 为空栈,则返回“真”,否则返回“假”。

StackFull(S)

初始条件:栈 S 存在。

操作结果:判断栈满,如果栈满则返回“真”,否则返回“假”。该操作仅仅适用于顺序栈。

Push(&S,e)

初始条件:栈 S 存在。

操作结果:压栈操作,将把 e 压入栈,使 e 为栈顶元素。

Pop (&S,&e)

初始条件：栈 S 存在且不为空。

操作结果：出栈操作，将栈顶元素赋值给参数 e 返回，并从栈中删除该栈顶元素。

GetTop(S,&e)

初始条件：栈 S 存在且不为空。

操作结果：获取栈顶元素操作，将栈顶元素赋值到参数 e 返回，不进行栈顶元素删除，栈不发生变化。

} ADT Stack

由于栈本身就是一个线性表，那么线性表的顺序存储和链式存储也适应于栈。

3.2.2 顺序栈的表示和实现

栈的顺序存储结构是利用内存中的一片起始位置确定的连续存储区域来存放栈中的所有元素，另外为了指示栈顶的准确位置，还需要引入一个栈顶指示变量 top，采用顺序存储结构的栈称为顺序栈(sequence stack)。设数组 data[MAXSIZE]为栈的存储空间，其中 MAXSIZE 是一个预先设定的常数，为允许进栈结点的最大可能数目，即栈的容量。初始时栈空，top 等于 0。当 top 不等于 0 时，data[0]为栈底元素，即为当前停留在栈中时间最长的元素；而 data[top-1]为最后入栈的元素，即为栈顶元素。当 top = = MAXSIZE 时，表示栈满，如果此时再有结点进栈，将发生称之为“上溢”(语法上表现为“数组越界”)的错误，而当 top = = 0 时再执行出栈操作，将发生称之为“下溢”的错误。图 3.4 给出了栈容量为 6 时，入栈、出栈操作以及栈空、栈满等几种典型的栈状态。

由于顺序存储结构多采用一维数组存放栈，因此必须特别注意“栈上溢”错误的发生；在实现入栈操作时，先判断是否栈满(stack full)，如果栈满，及时处理。

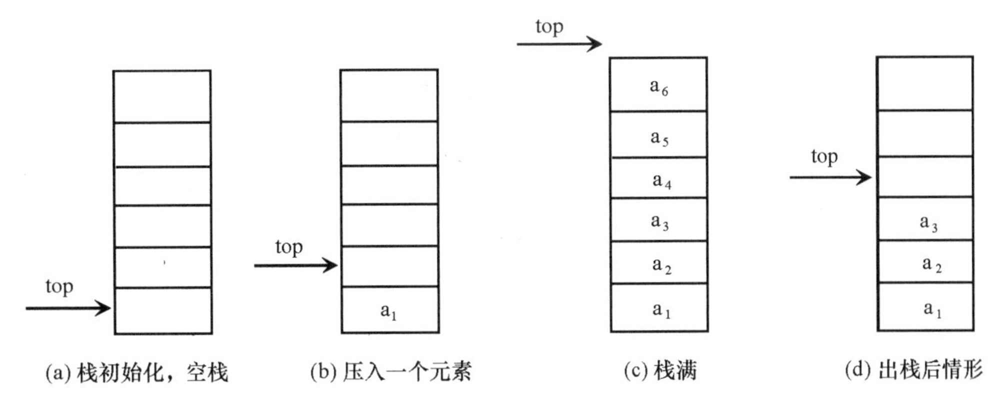

图 3.4　顺序栈操作的演变图

在 C 语言中，定义了一维数组就分配了一块可供用户使用的存储空间，顺序栈类型 SqStack 定义如下：

```
#define MAXSIZE 50
typedef struct
{  /* 栈类定义 */
    ElemType data[MAXSIZE];
```

```
    int top;
}SqStack;
```

下面给出顺序栈基本操作的实现：

1.初始化栈

该运算的结果是构造一个空栈 S,实际上只需分配栈的存储空间并将 top 设置为 0 即可。

```
void InitStack(SqStack *&S)
{   /* 初始化栈,将栈置空 */
    S=(SqStack *)malloc(sizeof(SqStack));     /* 分配栈的存储空间 */
    S->top =0;                                /* 令 top 为 0 表示栈为空 */
}
```

采用动态分配线性表的存储区域,可以更有效地利用系统的资源,当不需要该线性表时,可以使用销毁操作,及时释放掉占用的存储空间。

2.销毁栈

该运算的结果是释放栈 S 所占用的存储空间。

```
void DestroyStack(SqStack *&S)
{ /* 释放顺序栈 S 所占用的存储空间 */
    free(S);
}
```

3.判断栈是否为空

top 指示了栈顶,栈空条件为 top 的值等于 0。

```
bool StackEmpty(SqStack *S)
{   /* 判断栈是否为空。如果栈空,返回 true,否则返回 false */
    if(S->top == 0) return true;
    else return false;
}
```

4.判断栈是否为满

顺序栈中以 data[0]为栈底,当栈满时,栈顶元素存储在 data[MAXSIZE-1]之中,此时 top 的值为 MAXSIZE,所以栈满的条件为 top==MAXSIZE。

```
bool StackFull(SqStack *S)
{   /* 判断栈是否为栈满。如果栈满,返回 true,否则返回 false */
    if(S->top == MAXSIZE) return true;
    else return false;
}
```

5.压栈

在栈不满的条件下,先将插入元素存入 data[top],top 增 1;如果栈满则操作失败。

```
bool Push (SqStack *&S, ElemType e)
{   /* 将元素 e 压入到栈 S 中 */
    if(S->top == MAXSIZE)   /* 栈满则操作失败 */
        return false;
```

```
    S->data[S->top] = e;
    S->top++;
    return true;
}
```

6.出栈

在栈不空的条件下,top 减 1,将栈顶元素赋值给 e;如果栈空则操作失败。

```
bool Pop (SqStack *&S, ElemType &e)
{  /* 将栈 S 中的栈顶元素出栈 */
    if(S->top == 0)  /* 栈空则操作失败 */
        return false;
    S->top--;
    e = S->data[S->top];
    return true;
}
```

7.取栈顶元素

在栈不空的条件下,将栈顶元素赋值给 e,top 值不变化。

```
bool GetTop (SqStack *&S, ElemType &e)
{  /* 将栈 S 中的栈顶元素取出 */
    if(S->top == 0)  /* 栈空则操作失败 */
        return false;
    e = S->data[S->top-1];
    return true;
}
```

通常,一个顺序栈的容量是有限的,因此,为了防止顺序栈发生上溢,总是希望给栈尽可能多分配一些空间。由于内存容量是有限的,如果一个程序中有多个栈,不可能给每个顺序栈都保留一个很大的存储区。如图 3.5(a)所示定义了两个顺序栈,可能会出现一个栈出现溢出,另外一个栈还有空闲区域。最好的解决方法是让两个栈共享一个大的存储区,如图 3.5(b)所示,栈底在连续存储区域的两个边界,入栈向共同区域生长,这样不会出现(a)的情况,在一定的程度上节省了存储空间。

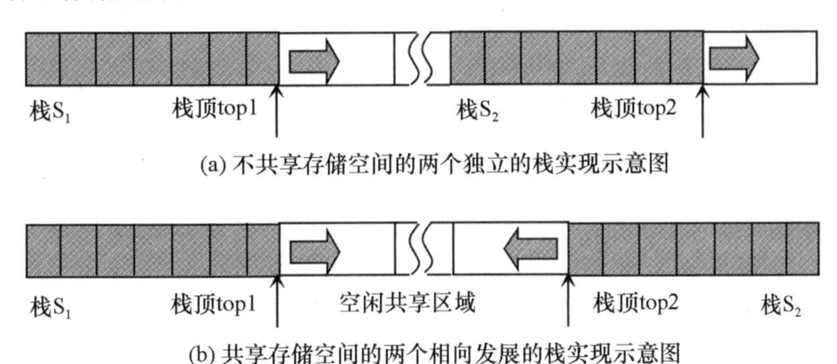

图 3.5 两个栈的实现方式对比示意图

除非这块空间中的空闲区域全部耗尽,才会出现栈满;否则由于两个栈独立地增长和收缩,因此就有可能更有效地利用所有可利用的空间。如果在实际问题中需要同时使用两个栈,虽然每个栈的具体容量不能确定,但能知道两个栈的容量之和为一定,对于这样的问题,使用第二种做法是最有效的,它能充分地利用内存空间。

表 3.1 相向栈的操作说明

操作(运算)	栈 1	栈 2
初始化	top1 = 0	top2 = MAXSIZE
判栈空	top1 = = 0	top2 = = MAXSIZE
判栈满	top1 = = top2	top1 = = top2
入栈	data[top1] = e; top1 + +;	top2 - -; data[top2] = e;
出栈	top1 - -; e = data[top1];	e = data[top2]; top2 + +;

用共享存储空间实现的相向栈(表 3.1)类型定义如下:

```
typedef struct
{   /* 栈类定义 */
    int data[MAXSIZE];
    int top1; /* 栈 1 的栈顶指针,初始值为 0 */
    int top2; /* 栈 2 的栈顶指针,初始值为 MAXSIZE */
} BiStack;
```

为了指明操作是施加在栈 1 或栈 2 上,在函数的形参中必须增加一个指示字,以表明是哪一个栈。

3.2.3 链栈的表示和实现

采用顺序存储表示的栈,必须预先分配固定大小内存空间。顺序栈都静态分配内存,分配多了容易出现空闲而浪费,分配太少容易出现上溢。如果采用链式存储,动态结点分配就可以消除存储空间上的这种限制,从而彻底摒弃了“栈上溢”错误。由于链式存储结构,压栈操作时才申请空间,出栈操作后立即归还给系统的特性,因此这种实现方式更能节省空间。采用链式存储结构实现的栈称为链栈,图 3.6 表示了栈的单链式存储结构,其中第一个结点为单链表的头结点,作为管理结点使用,表示了栈顶,S 为指针指向了头结点;当入栈时把压入结点插在头结点之后即可;出栈时仅仅从头结点之后的链表中取出第一个结点即可,如果头结点之后的链为空则为空栈。

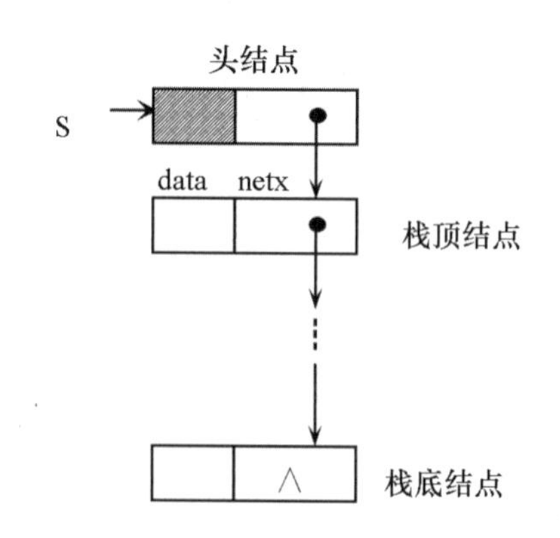

图 3.6 链式栈存储结构示意图

在使用该链式栈时,通常将其声明为“LinkStack *”类型。采用头结点的链式栈在实现 Push 和 Pop 操作时非常方便,也便于函数参数的传递。链式栈的数据结点的类型定义如下：

```
typedef struct LinkNode
{  /* 链栈结点类型定义 */
     ElemType data;
     struct LinkNode *next;
} LinkStack;
```

下面给出链栈基本操作的实现：

1.初始化栈

该运算的结果是构造一个空栈S，实际上只需分配栈的头结点存储空间并将next设置为NULL即可。

```
void InitStack(LinkStack *&S)
{  /* 初始化栈，将栈置空 */
    S=(LinkStack *)malloc(sizeof(LinkStack));    /* 分配栈的存储空间 */
    S->next = NULL;            /* 头结点的next为空表示空栈 */
}
```

2.销毁栈

该运算的结果是释放栈S所占用的全部存储空间，为此需要从头结点遍历链栈，逐步释放遍历的结点，栈底元素的next域为空作为遍历结束条件。

```
void DestroyStack(LinkStack *&S)
{ /* 释放链栈S所占用的存储空间 */
    LinkStack *q, *p=S;
    while(p != NULL)
    {  q = p;
       p = p->next;
       free(q);
    }
}
```

3.判断栈是否为空

头结点的next是否为NULL，表示栈是否为空栈。由于采用了链栈，判断栈是否为满的操作不再需要，因为通常情况下不考虑内存溢出的情况。

```
bool StackEmpty(LinkStack *S)
{  /* 判断栈是否为空。如果栈空，返回true，否则返回false */
    if(S->next == NULL)
        return true;
    else return false;
}
```

4.压栈

动态申请一个链结点，把它插入到头结点之后。为了与顺序栈保持一致，函数返回值也设为 bool 类型。

```
bool Push (LinkStack *&S, ElemType e)
{   /* 将元素 e 压入到栈 S 中 */
    LinkStack *p;
    p=(LinkStack *)malloc(sizeof(LinkStack));
    p->data = e;
    p->next = S->next;
    S->next = p;
    return true;
}
```

5. 出栈

在栈不空的条件下，取出栈顶元素，将栈顶元素的值赋给 e，再把栈顶元素后续的链连接到头结点，最后释放刚刚出栈的结点所占的内存空间；如果栈空则操作失败。

```
bool Pop (LinkStack *&S, ElemType &e)
{   /* 将栈 S 中的栈顶元素出栈 */
    LinkStack *p;
    if(S->next == NULL)  /* 栈空则操作失败 */
        return false;
    p = S->next;
    S->next = p->next;
    e = p->data;
    free(p);
    return true;
}
```

6. 取栈顶元素

在栈不空的条件下，将栈顶元素赋值给 e。

```
bool GetTop (LinkStack *&S, ElemType &e)
{   /* 将栈 S 中的栈顶元素取出 */
    if(S->next == NULL)  /* 栈空则操作失败 */
        return false;
    e = S->next->data;
    return true;
}
```

如果不采用头结点的链式存储结构来实现，上述函数仅作少量改动即可。

3.2.4 案例分析与实现

由于栈的“先进后出”特点，在很多实际问题中常用栈来处理具有递归结构问题的求解，下面通过几个例子进行说明。

例 3.1　把十进制整数转换为二至九之间的任一进制数。

由计算机基础知识可知，把一个十进制整数 N 转换为任一种 r 进制的整数 y，转换方法是逐次除基数 r 取余法。具体做法为：首先把十进制整数 N 除以基数 r，得到的整余数是 r 进制数的最低位 y_0，接着以 N 除以 r 的整数商作为被除数，用它除以 r 得到的整余数是 y 的次最低位 y_1，依次类推，直到商为 0 时得到的整余数是 y 的最高位 y_m，假定 y 共有 m+1 位。这样得到的 y 与 N 等值，y 的按权展开式为：

$$(N)_{10} = (y)_r = (y_m \cdots y_2 y_1 y_0)_r = y_0 \times r^0 + y_1 \times r^1 + y_2 \times r^2 + \cdots + y_m \times r^m$$

例如，若十进制整数为 3425，把它转换为八进制数的过程如图 3.7 所示。

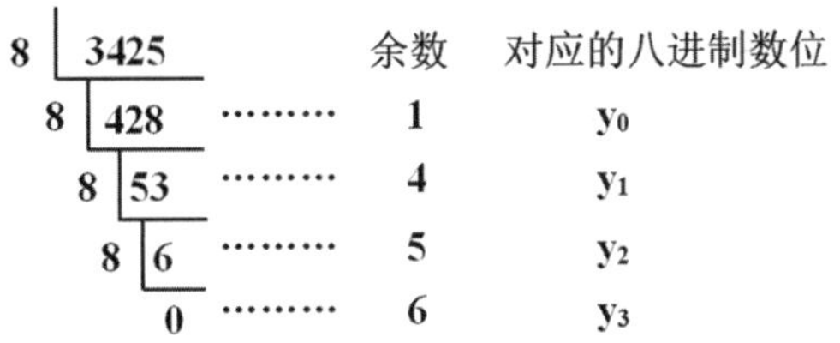

```
8 | 3425                 余数   对应的八进制数位
   8 | 428   ·········    1          y0
      8 | 53  ········    4          y1
         8 | 6 ·······    5          y2
             0 ·······    6          y3
```

图 3.7　十进制整数 3425 转换为八进制数的过程

最后得到的八进制数为 $(6541)_8$，它的十进制值为 $6 \times 8^3 + 5 \times 8^2 + 4 \times 8^1 + 1 \times 8^0 = (3425)_{10}$，即为被转换的十进制数，证明转换过程是正确的。

从十进制整数转换为 r 进制数的过程中，依次相除由低到高依次得到 r 进制数中的每一位数字，而输出时又需要由高到低依次输出每一位。所以此问题适合利用栈来解决，转换过程中每得到一位 r 进制数则进栈保存，转换完毕后依次出栈则正好是转换结果。

算法思想如下：当 N>0 时重复下面(1)和(2)步骤。

(1)若 N≠0，则将 N % r 压入栈 S 中，执行(2)；若 N=0，将栈 S 的内容依次出栈，算法结束；

(2)用 N / r 代替 N，循环到(1)。

采用顺序存储表示，实现数值转换算法 3.1(a)如下：

【算法 3.1(a)】

```
void conversion(int N, int r)
{ /* 数制转换问题 */
    ElemType e=0;
    SqStack *S;
    InitStack(S);
    printf("Number base 10 is %d, ", N);
    while(N != 0)
    {  Push(S, N%r);
       N = N/r;
    }
    printf("the same value by %d base is ", r);
    while (Pop(S, e))
```

```
        printf("%d", e);
    printf("\n");
    DestroyStack(S);
}
```

算法 3.1(a)是将对栈的操作抽象为模块调用,使问题的层次更加清楚。但是使用顺序栈,需要附加的存储单元、初始化撤销操作等等,整体效率不高。对于基于栈的简单应用,可以使用栈的思想,通过数组及其栈顶指针来模拟,效果会更好。比如定义一个整型数组 int S[L] 和栈顶指针 top,其中 L 是栈的容量,一般为宏定义,比如为 10;栈的初始化则是 top 赋值为 0;入栈为元素存入 S[top++];出栈为 S[--top];栈空为 top==0,栈满为 top==L。按照此思想,重新算法 3.1(a)设计为 3.1(b),其内容如下:

【算法 3.1(b)】

```
void conversion1(int N, int r)
{  /* 基于栈模拟的数制转换问题 */
    int  S[L],top;    /* 定义一个数组模拟栈,top 为栈定指针 */
    int  x;
    top = 0;          /* 初始化栈 */
    printf("Number base 10 is %d, ", N);
    while (N != 0)
    {
        S[top++]=N%r;         /* 余数入栈 */
        N= N/r;          /* 商作为被除数继续 */
    }
    printf("the same value by %d base is ", r);
    while(top!=0)
    {
        x=S[--top];
        printf("%d",x);
    }
    printf("\n");
}
```

往往初学者将栈视为一个很复杂的东西,不知道如何使用,通过这个例子可以消除栈的"神秘",当应用程序中需要"先进后出"的处理顺序时,就要立即想到栈。通常用顺序栈较多,因为很方便。

3.3 栈与递归

递归是计算机科学中的一个重要概念,对递归的研究是计算机科学领域中的一个重要课题。采用递归编写程序能使程序变得简洁和清晰。

3.3.1　采用递归算法解决的问题

若一个对象部分地包含它自己，或用它自己给自己定义，则称这个对象是递归的；若一个过程直接地或间接地调用自己，则称这个过程是递归的过程。递归方法是程序设计中的一个有效方法之一，大多数高级语言都提供了递归调用的功能。

有很多离散数学函数是递归定义的，例如阶乘可以递归定义如下：

$$factor(n)=\begin{cases}1 & n=0\\ n*factor(n-1) & n>0\end{cases}$$

计算规模为 n 的阶乘可以简化为计算规模为 n－1 的阶乘，计算规模为 n－1 的阶乘可以继续简化为计算规模为 n－2 的阶乘，…，这样直到 0 的阶乘为止。

由于问题的相似性，仅仅存在规模大小上的区别，采用递归设计方法能把复杂的问题化为简单的问题进行处理，因此递归容易被人们理解和使用。

下面是阶乘函数的递归实现，可以看到采用递归方法编写的算法，非常简洁而清晰，几乎和其数学定义形式一致。

```
int factor(int n)
{   /* 计算阶乘的函数，函数参数为 n  */
    if(n = = 0)
        return 1;
    else
        return n * factor(n-1);
}
```

还有一类问题，它没有明显的递归结构，但是采用递归求解比其他方法更加简单，比如汉诺塔、八皇后问题、迷宫问题。本书以汉诺塔为例，描述采用递归调用的实现。

在印度，有一个古老的传说：在世界中心贝拿勒斯的圣庙里，一块黄铜板上插着三根宝石针。印度教的主神梵天在创造世界的时候，在其中一根针上从下到上穿好了由大到小的64片金片，其他两根为空，这就是所谓的汉诺塔(Hanoi)，也叫梵塔。不论白天黑夜，总有一个僧侣在按照下面的规则移动这些金片：一次只移动一片，不管在哪根针上，小片必须在大片上面。梵天说，当把所有的金片从梵天穿好的那根针上移到另外一根针上时，世界将在一声霹雳中消灭，而梵塔、庙宇和众生也都将同归于尽。

例 3.2　试求出 Hanoi 问题中的 n 个金片移动顺序(图 3.8)。

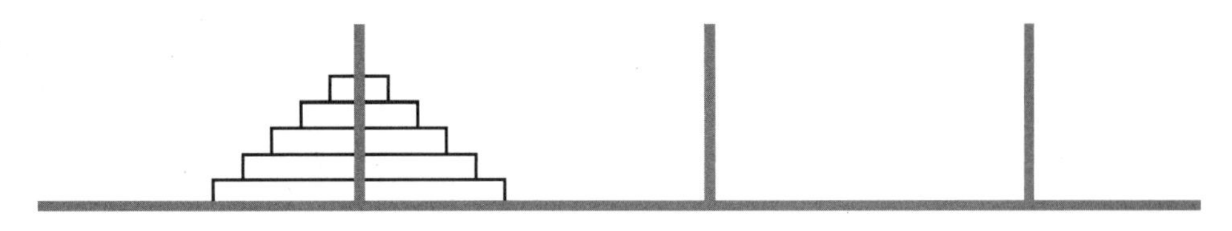

图 3.8　Hanoi 模型

将 Hanoi 问题中的三根柱子命名为字母 A，B，C，Hanoi 问题成为如何将 A 柱上的 n 个金片按其规则移动到 C 柱上，可以采用递归的方法实现将 n 个金片从 A 按其规则移动到 C 上，B 柱用来做临时存放金片的过渡柱。先将问题简单化，考虑：

(1)当任何柱上只有1个金片,目标柱子为空,可以采用直接移动的方式。即如果A上只有一个金片时:A→C,直接将金片从A移动到C上即可。

(2)当A柱上有2个金片时:可先将最上的1个金片采用方法(1)将其移动到B,第二步将最下的金片移动到C上,第三步将B柱上的金片采用方法(1)移动到C上,至此,2个金片移动到C柱上,这里B柱作为过渡柱;

(3)当A柱上有3个金片时:先将最上的2个金片采用方法(2)使用C柱作为过渡柱将上面的2个金片移动到B,第二步将A柱最下的金片移动到C上,第三步将B柱上的2个金片采用方法(2)使用A柱作为过渡柱将2个金片移动到C柱上,至此,3个金片全部移动到C柱上;

…………

(n)当A柱上有n个金片时:先将从上到下的n-1个金片以C为过渡柱移到B柱上,第二步将A柱剩余的最大金片直接移到C上,第三步将B柱上的n-1个金片按方法(n-1)以A柱为过渡柱移动C上,至此,n个金片全部移动到C柱上。

通过分析,对n=64个金片移动可以采用递归的方法来解,假设函数hanoi(char A, char B, char C, int n)是把A柱上的n个金片使用B柱作为过渡柱将A柱上n个金片移动到C柱上的函数。Hanoi算法设计思想如下所示:

(1)当n>1时,该算法可以通过三个步骤来实现:

①先将A柱上的n-1个金片使用C柱作为过渡柱移到B柱上;递归调用hanoi(A, C, B, n-1)函数;

②将A柱上最后一个大金片移动到C柱上;

③将B柱上的n-1个金片使用A柱作为过渡柱移动C柱上;递归调用hanoi(B, A, C, n-1)函数;

(2)当n=1时,只需要将A柱上的金片移动到C柱上即可。

为了汉诺塔函数的简化实现,可用字符'A'、'B'、'C'来表示柱子,用字符串显示"A---->C"表示从'A'柱上移动一个金片到'C'柱上。

```
#define n 3                          /*初始化为3个金片*/
void  main(void)
{
    void hanoi(char A,char B,char C,int n);   /* 函数说明 */
    hanoi('A','B','C',n);
}
void hanoi(char A,char B,char C,int n)
{  /*汉诺塔函数的实现,只考虑移动柱子上第一个金盘,不考虑移动的金盘大小或编码 */
    if (n>1)
    {
        hanoi(A,C,B,n-1);  /*从A柱把n-1个盘子移动到B柱上,C是临时工
作柱 */
        printf("%c---->%c\n",A,C);   /*此时A只有一个金盘,C柱为空,
```

```
可以直接移动 */
            hanoi(B,A,C,n-1);  /* 从 B 柱把 n-1 个盘子移动到 C 柱上,A 是临时工
作柱 */
        }else if (n==1)  /* 此时 A 只有一个金盘, C 柱为空,可以直接移动 */
            printf("%c---->%c\n",A,C);
    }
```

运行结果:

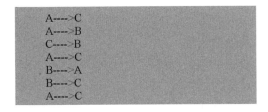

在这个例子中,hanoi 函数的定义中调用了 hanoi 函数,C 语言把这种自己调用自己的函数称为递归函数。读者尝试一下调整 N 的值,观察一下执行的时间,发现运行速度急剧变慢。按照对 hanoi 函数的分析,假设有 n 片,移动次数是 f(n)。显然 f(1)=1,f(2)=3,f(3)=7,且 f(k+1)=2*f(k)+1。此后不难证明 $f(n)=2^n-1$,汉诺塔函数的时间复杂度为 $O(2^n)$。n=64 时,假如每秒钟一次,共需多长时间呢?一个平年 365 天有 31536000 秒,闰年 366 天有 31622400 秒,平均每年 31556952 秒,移动 64 个金盘需要 18446744073709551615 秒,这表明移完这些金片需要 5 845.54 亿年以上,而地球存在至今不过 45 亿年,太阳系的预期寿命据说也就是数百亿年。真的过了 5 845.54 亿年,不说太阳系和银河系,至少地球上的一切生命,连同梵塔、庙宇等,都早已经灰飞烟灭。

3.3.2　递归过程与递归工作栈

程序设计中的函数调用就是一个典型的栈应用实例。不论何时调用一个函数,被调用函数必须知道怎样返回到调用者,因此要把返回地址压栈。如果发生一系列的嵌套式函数调用,则需要按后进先出的方式连续地将返回地址压栈,从而使每个函数结束时都正确地能返回到其调用处。图 3.9 表示了 N 个函数的嵌套调用情形。

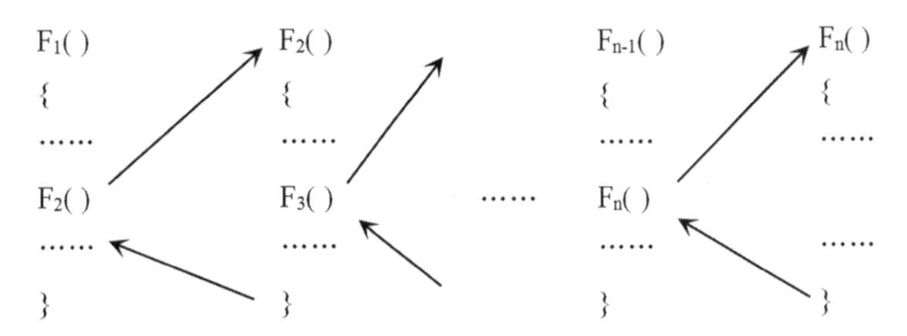

图 3.9　函数的嵌套调用示意图

F_1 的函数体中调用了函数 F_2,函数 F_2 调用函数 F_3,…,函数 F_{n-1} 调用函数 F_n,从而形成一个函数调用链。函数 F_{n-1} 在调用 F_n 之后,一直等待 F_n 执行完,则返回到 F_{n-1} 调用 F_n 函

数语句的下一条指令，这时 F_{n-1} 才继续后续程序代码的执行；F_{n-1} 执行完后，F_{n-1} 返回到被调用处的下一条指令时，F_{n-2} 才继续后续程序代码的执行；F_{n-3}，…，F_2 也具有类似的情形。当 F_1 等待 F_2 执行完后，才能继续执行后续代码。从前面对函数调用过程的分析中，不难看出最后被调用的函数 F_n 必须最先执行完，而最先执行的函数 F_1 却在最后结束。因此系统必须维持一个工作栈来存放函数的嵌套调用次序，以便嵌套调用的函数能正确地返回到调用处。

C 语言中函数是平行的，所有函数的地位相同，所以递归函数的调用完全等同于多个函数的嵌套调用，所不同的是调用者与被调用者都是一个函数。程序运行过程中调用一个函数时，系统通常需要做如下几件事情，以便在被调用函数执行完后能返回到正确的地方，并使调用者能正确地执行下去。

（1）将所有的实参、返回地址等信息传递给被调用函数；

（2）为被调用函数局部变量分配内存空间，设置临时工作区；

（3）将执行控制转移到被调用函数的入口处。

被调用函数执行完毕，返回时，系统也必须做如下几件事情：

（1）保存被调用函数的返回值；

（2）释放被调用函数的临时工作区；

（3）依照被调用函数的返回地址将控制转移给调用者。

如果有多个函数嵌套调用，必须按照“后调用先返回”的原则，这就和栈的后进先出特性十分吻合。因此系统将整个程序运行时所需的数据空间安排在一个递归工作栈中，每当调用一个函数时，就为它在栈顶分配一个存储区，作为一个活动记录（Active Record）存储本次调用的实参、返回地址、局部变量等信息；每当执行完一个函数时，即一次递归调用结束时，则工作栈出栈，就释放本次递归调用建立的临时存储区，即当前运行函数的数据区一直保持在工作站的栈顶。下面以求 3! 为例说明执行调用时工作栈中的状况。

本例采用标号定义的形式给出了函数执行完后下一条语句地址；为了方便理解，将求阶乘程序进行了如下的修改：

```
void main ()
    { int m,n= 3 ;
    m = fact (n) ;
    R1:
        printf (“%d! = %d\n”,n,m) ;
        }
    int fact (int n)
    {   int  f ;
        if (n = =0)   f=1 ;
        else f = n * fact (n-1) ;
    R2:
        return f;
    }
```

	参数	返回地址
fact(0)	0	R2
fact(1)	1	R2
fact(2)	2	R2
fact(3)	3	R1

图 3.10 函数的递归调用

其中标号 R1 为主函数调用 fact 时返回点地址，R2 为 fact 函数中递归调用 fact (n-1) 时返回点地址，如图 3.10 所示。程序的执行过程可用图 3.11 来示意。

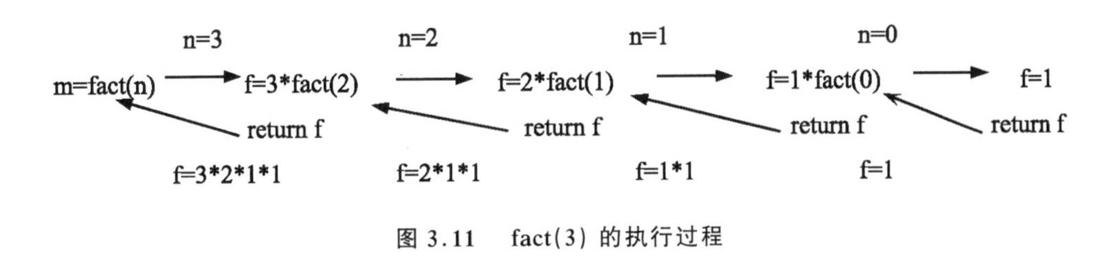

图 3.11　fact(3) 的执行过程

3.3.3　递归算法的效率分析

1. 时间复杂度的分析

递归在解决某些问题的时候使得我们思考的方式得以简化，代码也更加精炼，容易阅读。直接分析递归算法的时间复杂度不容易，但可以转化为一个递归方程求解，其中迭代法就是递归方程求解的一种。迭代法是迭代地展开递归方程的右端，使之成为一个非递归的和式，然后通过对和式的估计来达到对方程左端的估计。以阶乘函数 fact 为例进行分析。

设 fact(n)的执行时间为 T(n)，其中递归函数 n 等于 1 为终止条件，它的时间复杂度为 O(1)，递归调用 fact(n－1) 的执行时间为 T(n－1)，所以 fact(n)函数体中递归调用的执行时间为 O(1)＋ T(n－1)，设常数 a 和 b，则 T(n)的值为：

$$T(n)=\begin{cases} a & n=0 \\ b+T(n-1) & n\geqslant 0 \end{cases}$$

当 n>2 时，迭代展开 $T(n-1) = b + T(n-2)$，再代入上式为 $T(n)=2*b + T(n-2)$；

当 n>3 时，迭代展开 $T(n-2) = b + T(n-3)$，再代入上式为 $T(n)=3*b + T(n-3)$；

依次类推，当 n>i 时有 $T(n) = i*b + T(n-i)$；

当 i=n 时，$T(n) = n*b+T(0) = n*b + a$；

所以递归求解：$T(n)=O(n)$；

采用迭代的方法可以求出 Hanoi 问题的递归算法的时间复杂度为 $O(2^n)$。

2. 空间复杂度的分析

递归调用需要使用栈来完成递归，如图 3.11 所示的 3 的阶乘求解过程，需要 4 次工作区域在栈上的增加，所以阶乘函数的空间复杂度为 O(n)。分析递归算法的空间复杂度需要分析存储活动记录的工作站大小，如果递归工作栈中活动记录的个数与问题规模 n 的函数关系为 f(n)，则空间复杂度为 O(f(n))，从而 Fibonacci 数列和 Hanoi 问题的递归算法的空间复杂度为 O(n)。

3.3.4　将递归转换为非递归的方法

虽然阶乘递归函数的时间复杂度是 O(n)，但是函数的调用，需要入栈和出栈操作，还需要跳转等，隐含执行的代码较多，以完成用户级上下文切换，这样时间效率就比较低了。递归的本质是通过栈来保存当前的工作状态，然后再次调用自己进入新的工作状态，函数返回时回到了上次保存的状态。可以通过对递归过程的模拟，可以利用栈，把递归函数转换为非递归函数来提高函数执行效率。

将递归算法转换为非递归算法有两种方法，一种是直接求值，不需要回溯；另一种是不能直接求值，需要回溯。前者使用一些变量保存中间结果，称为直接转换法；后者使用栈保存中间结果，称为间接转换法，下面分别讨论这两种方法。

1. 直接转换法

直接转换法通常用来消除尾递归和单向递归，将递归结构用循环结构来替代。

(1)尾递归：尾递归是指在递归算法中，递归调用语句只有一个，而且是处在算法的最后。例如求阶乘的递归算法：

```
long fact(int n) {
    if (n==0) return 1;
    else return n * fact(n-1);
}
```

当递归调用返回时，是返回到上一层递归调用的下一条语句，而这个返回位置正好是算法的结束处，所以，不必利用栈来保存返回信息。对于尾递归形式的递归算法，可以利用循环结构来替代。例如求阶乘的递归算法可以写成如下循环结构的非递归算法：

```
long fact(int n) {
    int s=1;
    for (int i=1; i<=n;i++)
        s=s*i; /* 用 s 保存中间结果 */
    return s;
}
```

(2)单向递归：单向递归是指递归算法中虽然有多处递归调用语句，但各递归调用语句的参数之间没有关系，并且这些递归调用语句都处在递归算法的最后。显然，尾递归是单向递归的特例。例如求 Fibonacci 数列的递归算法如下：

```
int f(int n) {
    if (n==1 || n==0) return 1;
    else return f(n-1)+f(n-2);
}
```

对于单向递归，可以设置一些变量保存中间结构，将递归结构用循环结构来替代。例如求 Fibonacci 数列的算法中用 s1 和 s2 保存中间的计算结果，非递归函数如下：

```
int f(int n) {
    int i, s;   int s1=1, s2=1;
    for (i=2; i<=n; ++i)
    {
        s=s1+s2;
        s2=s1;       /* 保存 f(n-2)的值 */
        s1=s;        /* 保存 f(n-1)的值 */
    }
    return s;
}
```

2.间接转换法

对于一般性的递归,递归算法转化为非递归就需要模拟栈的行为。具体做法为:定义一个栈,用于记录信息,包括所有局部变量的值,函数执行完毕要跳转的地址;首先将局部变量初始化为开始的状态,然后进入一个循环执行代码,遇到递归调用就把工作状态压栈保存,然后更新局部变量进入下一层递归调用;如果一个调用结束了,就要返回上层调用函数的工作状态,直接将栈里的记录弹出更新为当前状态即可;如果某个调用结束时栈为空则所有调用都结束,退出主循环,非递归的函数执行结束。

该方法使用栈保存中间结果,一般需根据递归函数在执行过程中栈的变化得到。其一般过程如下:

```
将初始状态 s0 进栈
while (栈不为空) {
    退栈,将栈顶元素赋给 s;
    if (s 是要找的结果) 返回;
    else   {
        寻找到 s 的相关状态 s1;
        将 s1 进栈;
    }
}
```

间接转换法在数据结构中有较多实例,如后面章节的二叉树遍历算法的非递归实现、图的深度优先遍历算法的非递归实现等等。

使用非递归方式实现递归问题的算法程序,不仅可以节省存储空间,而且可以极大地提高算法程序的执行效率。本文将递归问题分成简单递归问题和复杂递归问题;简单递归问题的非递归实现采用递推技术加以求解,复杂递归问题则根据问题求解的特点采用两类非递归实现算法,辅助了栈予以实现。

递归算法的优点:结构清晰,可读性强,而且容易用数学归纳法来证明算法的正确性,因此它为设计算法、调试程序带来很大的方便。

递归算法的缺点:递归算法的运行效率较低,无论是耗费的计算时间还是占用的储存空间都比非递归算法要多。

仅仅是机械地模拟还不能达到减少计算时间和存储空间的目的。因此,还需要根据具体程序和调用特点对递归调用的工作栈进行简化,尽量减少栈的操作,压缩栈存储以达到节省计算时间和存储空间的目的。

3.4　队列的表示和操作实现

3.4.1　队列的抽象类型定义

队列的操作与栈的操作类似,也是操作受限的线性表。与栈不同的是队列在一端插入操作,在另外一端删除操作。由于队列的特殊性,其插入和删除操作称为入队和出队。

队列的 ADT 描述如下:

ADT Queue {

数据对象:$D=\{a_i \mid a_i \in ElemSet, i=1,2,\cdots,n, \quad n\geq 0\}$

数据关系:$R1=\{<a_{i-1}, a_i> \mid a_{i-1}, a_i \in D, i=2,\cdots,n\}$

基本运算:

InitQueue(&Q)

操作结果:初始化队列操作,建立一个空队列 Q。

DestroyQueue(&Q)

初始条件:队列 Q 存在。

操作结果:销毁队列操作,将队列中的所有元素清除,释放 Q 所占的存储空间。

ClearQueue(&Q)

初始条件:队列 Q 存在。

操作结果:将队列中所有元素出队,将 Q 置为空队列。

QueueEmpty(Q)

初始条件:队列 Q 存在。

操作结果:若 Q 为空队列,则返回"真",否则返回"假"。

QueueFull(Q)

初始条件:队列 Q 存在。

操作结果:判断队列满操作,如果队列满则返回"真",否则返回"假"。该操作仅仅适用于顺序队列。

EnQueue(&Q,e)

初始条件:队列 Q 存在。

操作结果:入队操作,将元素 e 插入到队列 Q 中,并使 e 成为新的队尾元素。

DeQueue(&Q,&e)

初始条件:队列 Q 存在且不为空。

操作结果:出队操作,赋值队首元素给 e,删除队首元素。

GetHead(Q,&e)

初始条件:队列 Q 存在且不为空。

操作结果:如果队列 Q 非空,仅仅获取队首元素的值,赋给参数 e,队列不发生变化。

} ADT Queue

与栈类似,队列也有两种存储表示:顺序表示和链式表示。

3.4.2 循环队列——队列的顺序表示和实现

和顺序存储表示栈相比,顺序存储方式表示队列要困难一些。队列不仅需要一个数组 data[MAXSIZE]来存放队列元素,其中 MAXSIZE 是一个预先设定的常数,为允许进队列结点的最大可能数目,即队列的容量。同时还需要一个队首指针 front 和一个队尾指针 rear,指示队首和队尾下一个元素位置。初始时,队列中没有任何元素(即空队列),front 等于 rear。向队列中插入一个元素时,rear 指针增 1,删除一个元素时,front 指针增 1。不难看出队列在不停地向地址空间的高端方向缓慢移动,而当 rear 等于 MAXSIZE 时,再无空间可以容纳下一个元素了,此时若执行入队操作,则发生队列满错误。如图 3.12 所示,队列的容量为 8,即

MAXSIZE 为 8。

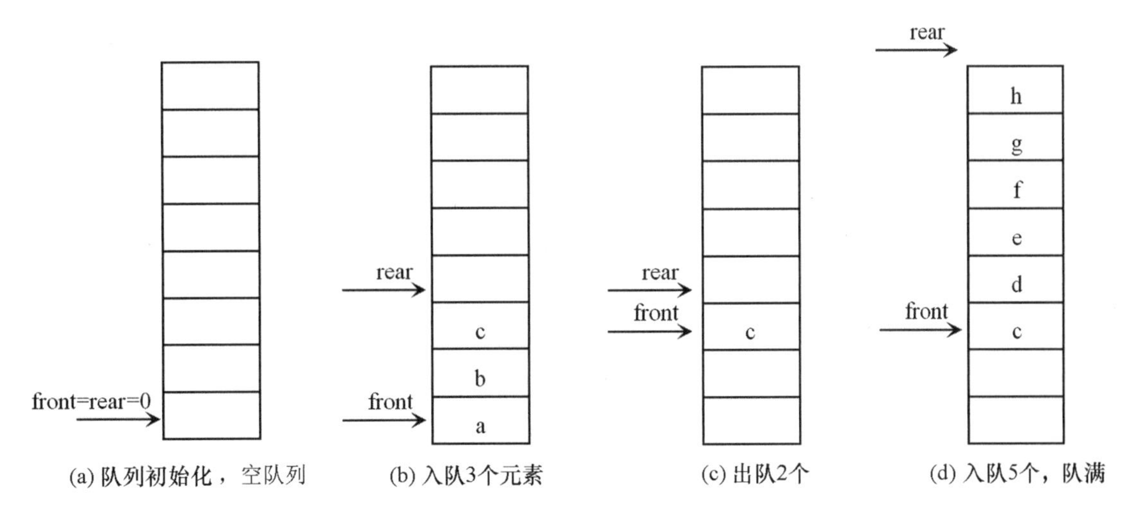

(a) 队列初始化，空队列 (b) 入队3个元素 (c) 出队2个 (d) 入队5个，队满

图 3.12 顺序队列执行过程

在图 3.12(d)情况下，虽然有 2 个空位，但是队列已满不能再入队了，这种情况称为“假溢出”，是由队列的出队和入队操作造成的。如何解决这种假溢出问题呢？一个巧妙的办法是将顺序队列在逻辑上变为一个环状的空间，即存储队列数据的数组首尾相连，这就是循环队列，3.12(d)情况可以变为图 3.13(a)所示循环队列。

由于循环队列的头、尾指针以及队列元素的关系不变，只是在循环队列中，头、尾指针“增加 1”操作之后进行关于 MAXSIZE 的模运算，以实现循环队列。如图 3.13(a)所示，rear 的值为 8，进行 rear%MAXSIZE 之后值变为 0，即数组起始的位置；这时可以进行入队操作，比如 i 入队，rear 变化如图 3.13(b)所示。虽然图 3.13(b)显示队列中还有一个空的存储单元，如果再入队操作，rear 的值就与 front 的值相同，与队列初始化为空队列的情况类似，为了进行区别，需要设置一个标志位，来区分当前是“空队列”或者是“满队列”。通常循环队列采用少存储一个元素的形式来表示满队列，队满的判断条件为(rear + 1)%MAXSIZE = = front；队列为空的条件为 rear = = front，如果图 3.13(c)所示。本书是采用后面的方法来表示满队列。

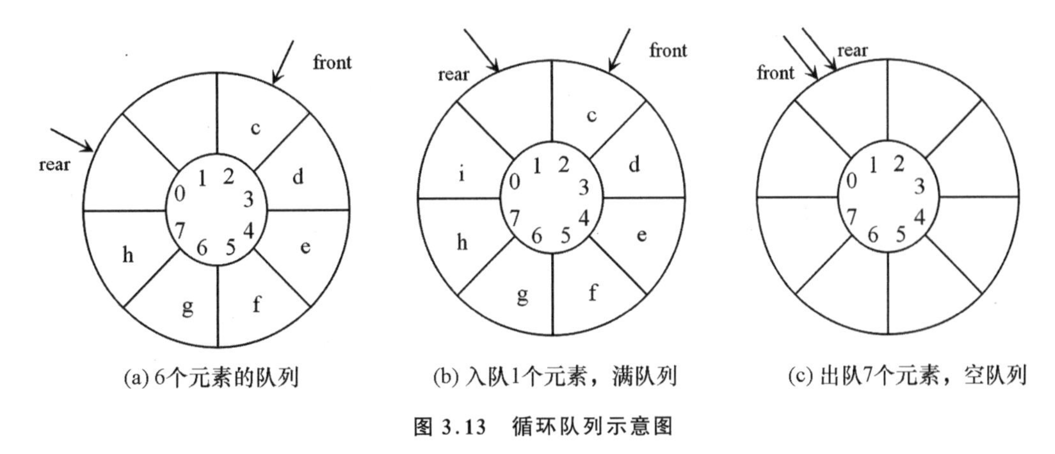

(a) 6个元素的队列 (b) 入队1个元素，满队列 (c) 出队7个元素，空队列

图 3.13 循环队列示意图

循环队列的队列类型定义：

```
#define MAXSIZE 50
typedef struct
{  /* 队列类定义 */
    int data[MAXSIZE];
    int front; /* 队首指针 */
    int rear; /* 队尾指针 */
}SqQueue;
```

循环队列的基本操作实现为：

1.初始化队列

该运算的结果是构造一个空队列，实际上只需分配队列头存储空间并将 front 和 rear 设置为 0 即可。

```
void InitQueue(SqQueue *&Q)
{  /* 初始化循环队列，将队列置为空 */
    Q=(SqQueue *)malloc(sizeof(SqQueue));   /* 分配队列的存储空间 */
    Q->front = Q->rear = 0;                  /* 令 front 和 rear 为 0 */
}
```

采用动态分配循环队列的存储区域，可以更有效地利用系统资源，当不需要该队列时，可以使用销毁操作及时释放占用的存储空间。

2.销毁队列

该运算的结果是释放队列所占用的存储空间。

```
void DestroyQueue(SqQueue *&Q)
{ /* 释放循环队列 所占用的存储空间 */
    free(Q);
}
```

3.判断队列是否为空

若队列 Q 满足 Q->front == Q->rear 条件表示队列为空，否则为不空。

```
bool QueueEmpty(SqQueue *Q)
{  /* 判断队列是否为空。如果队列空，返回 true，否则返回 false */
    if(Q->front == Q->rear)
        return true;
    else  return false;
}
```

4.判断队列是否为满

若队列 Q 满足 Q->front == (Q->rear+1)%MAXSIZE 条件表示队列为满，否则为不满。

```
bool QueueFull(SqQueue *Q)
{  /* 判断队列是否为满。如果队列满，返回 true，否则返回 false */
    if(Q->front == (Q->rear+1)%MAXSIZE)
```

```
        return true;
    else    return false;
}
```

5.入队

在队列不满的条件下,把数据元素赋给 rear 指示的存储单元,rear 加 1 再进行 MAXSIZE 的模运算,实现循环队列;如果队列满则操作失败。

```
bool EnQueue(SqQueue *&Q, ElemType &e)
{   /* 将元素 e 压入到队列 Q 中 */
    if(  Q->front == (Q->rear+1)%MAXSIZE)   /* 队列满则操作失败 */
        return false;
    Q->data[Q->rear] = e;
    Q->rear = (Q->rear +1) % MAXSIZE ;
    return true;
}
```

6.出队

在队列不空的条件下,先将 front 指示的存储单元的值赋给 e,然后 front 加 1 再进行 MAXSIZE 的模运算,实现循环队列;如果队列空则操作失败。

```
bool DeQueue(SqQueue *&Q, ElemType &e)
{   /* 将队列 Q 中的队首元素删除 */
    if(Q->front == Q->rear)   /* 队列空则操作失败 */
        return false;
    e = Q->data[Q->front];
    Q->front = (Q->front+1) % MAXSIZE;
    return true;
}
```

7.取队首元素

在队列不空的条件下,将 front 指示的存储单元的值赋给 e,front 值不变化;如果队列空则操作失败。

```
bool GetHead(SqQueue *&Q, ElemType &e)
{   /* 获取队列 Q 中的队首元素 */
    if(Q->front == Q->rear)   /* 栈空则操作失败 */
        return false;
    e = Q->data[Q->front];
    return true;
}
```

从上面程序的分析可知,循环队列的各个操作的时间复杂度和空间复杂度都是 O(1)。

3.4.3 链队——队列的链式表示和实现

由于循环队列采用顺序存储,采用了数组的方式存储数据,数组的长度设置大了容易出现存储空间浪费，数组的长度设置小了容易出现满队列的情况，采用链式存储就可以避免这种情况。采用链式存储结构实现的队列称为链队，通常链队采用单链表来表示。设置链队的头结点，通过其 front 和 rear 指针指向队列的队首和队尾，如图 3.14 所示。

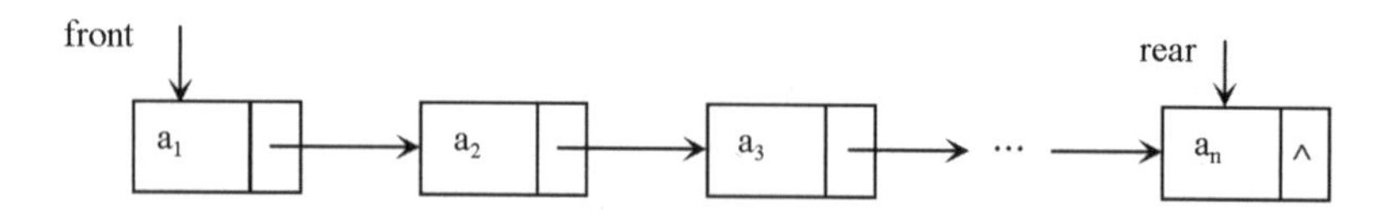

图 3.14　链式存储的队列的一般形式

定义队列结点的类型和头结点的类型：

```
typedef struct QNode
{  /* 队列结点类型定义 */
    ElemType data;
    struct QNode *next;
}QNode, *QueuePtr;
typedef struct
{  /* 队列头结点类型定义 */
    QNode *front;      /* 队列的队首指针 */
    QNode *rear;       /* 队列的队尾指针 */
}LinkQueue;
```

采用上述结构创建一个链式队列 Q，队列的变化情况如图 3.15 所示。空队列时 Q－>front 和 Q－>rear 都为空指针，如图 3.15(a)所示。输入数据元素 a、b、c、d 后，Q－>front 指向队列的首元素存储 a 的结点地址，Q－>rear 指向了队列的尾元素存储 d 的结点地址，必须保证队尾结点的 next 指针域为空指针，即 Q－>rear－>next＝＝NULL，如图 3.15(b)所示。当出队两个数据元素时，数据元素 c 所在的存储结点为队列的首元素，Q－>rear 不变，如图 3.15(c)所示。

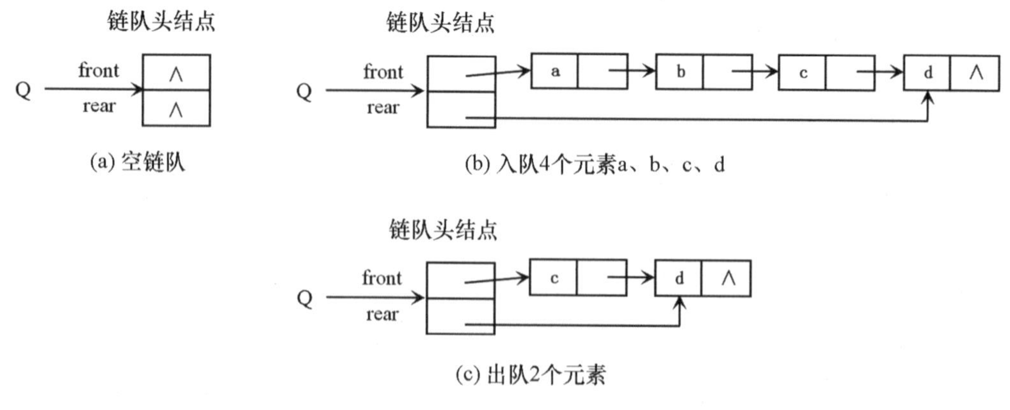

图 3.15　链式队列指针变化情况

链式队列基本操作的实现：

1.初始化队列

该运算的结果是构造一个空队列，实际上只需分配队列头的存储空间，并将其 front 和 rear 域设置为 NULL 即可。

```
void InitQueue(LinkQueue *&Q)
{   /* 初始化链队列，将队列置为空 */
    Q=(LinkQueue *)malloc(sizeof(LinkQueue)); /* 分配队列的存储空间 */
    Q->front = Q->rear = NULL;           /* 令 front 和 rear 域为 NULL */
}
```

采用动态分配链式队列的存储区域，可以更有效地利用系统资源，当不需要该队列时，可以使用销毁操作及时释放占用的存储空间。

2.销毁队列

该运算的结果是释放队列头结点以及队列所有元素结点所占用的存储空间。

```
void DestroyQueue(LinkQueue *&Q)
{ /* 释放链队列所占用的存储空间 */
    QNode *p=Q->front, *q;
    while (p != NULL)  /* 释放队列中所有的结点 */
    {   q = p->next;
        free(p);
        p = q;
    }
    free(Q);  /* 释放队列的头结点 */
}
```

3.判断队列是否为空

若队列 Q 满足 Q->rear == NULL 条件表示队列为空，否则为不空。

```
bool QueueEmpty(SqQueue *Q)
{   /* 判断队列是否为空。如果队列空，返回 true，否则返回 false */
    if(Q->rear == NULL)
        return true;
    else
        return false;
}
```

4.入队

动态创建队列 Qnode 类型结点，并且 p 指向该结点，为结点数据域赋值为 e；由于要插到队尾，指针域赋值为 NULL。如果为空队列，则 Q 的 front 和 rear 都指向 p 指向的结点；如果不为空队列，则 p 连接到 Q->rear 结点的后面。

```
bool EnQueue(LinkQueue *&Q, ElemType &e)
{   /* 将元素 e 压入到队列 Q 中 */
    QNode *p;
```

```
    p = (QNode *)malloc(sizeof(QNode));
    p->data = e;
    p->next = NULL;
    if (Q->rear == NULL)
        Q->front = Q->rear = p;
    else
    {   Q->rear->next = p;
        Q->rear = p;
    }
    return true;
}
```

5. 出队

在队列不空的条件下,设置指针 p 指向队列首结点。如果当前队列只有一个结点,则 Q 的 front 和 rear 域都设为 NULL,表示出队一个元素后队列为空。如果队列有多个结点,则 Q->front 设为 p->next,表示 p 指向的结点从队列中删除;把 p->data 值赋给 e,释放 p 指向的存储单元。如果队列空则操作失败。

```
bool DeQueue(LinkQueue *&Q, ElemType &e)
{   /* 将队列 Q 中的队首元素删除 */
    QNode *p;
    if(Q->rear == NULL)   /* 队列空则操作失败 */
        return false;
    p = Q->front;
    if(Q->front == Q->rear)
        Q->front = Q->rear = NULL;
    else
        Q->front = p->next;
    e = p->data;
    free(p);
    return true;
}
```

6. 取队首元素

在队列不空的条件下,把 Q->front 指向的结点数据域的值赋给 e;如果队列空则操作失败。

```
bool GetHead(LinkQueue *&Q, ElemType &e)
{   /* 获取队列 Q 中的队首元素 */
    if(Q->rear == NULL)   /* 队列空则操作失败 */
        return false;
    e = Q->front->data;
    return true;
}
```

从上面程序的分析可知，链队列的各个操作的时间复杂度和空间复杂度都是 O(1)。

3.4.4　其他队列

除了栈和队列之外，还有一些限定性数据结构，它们是双端队(Doble Deque)、输出受限双队(Output - restricted Deque)、输入受限双队(Input - restricted Deque)和优先队列(Priority Queue)。

若所有的插入和删除工作都在线性表的两端进行，则称这种线性表为双端队列。双端队列可以看成是底元素连在一起的两个栈，它们与前面所讨论的两个栈一样共享存储空间。但与图 3.5 不同的是，两个栈的栈顶指针是往两端延伸的。由于双端队列允许在两端进行插入和删除元素，因此需要设立 E1 和 E2 两个指针，它们分别指着双端队列中两端的元素。图 3.16 展示了一个有 5 个元素的双端队列。

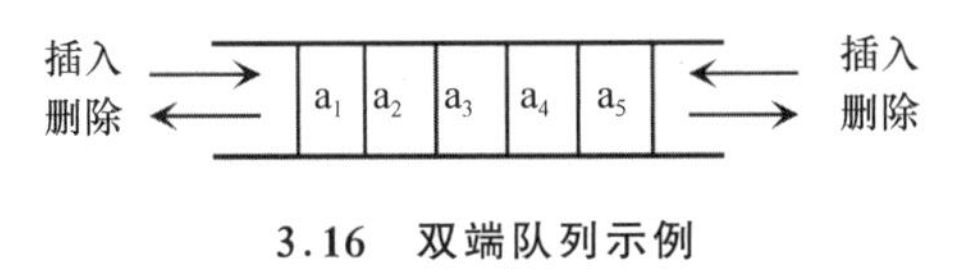

3.16　双端队列示例

允许在一端进行插入和删除，另一端只允许插入的双端队列称为输出受限双端队列；允许在一端进行插入和删除，另一端只允许删除的双端队列称为输入受限双端队列。其示意图如图 3.17 所示。

图 3.17　输入和输出受限双端队列示例

在实际问题求解中，还可以借助优先队列来描述，如图 3.18 所示。优先队列是这样一种数据结构：对要求入队的每个数据元素都规定一个优先级，同时将一个队列划分为若干个子队列，每个子队列也对应一个优先级。当执行插入操作时，元素进入相应子队列的队尾，而不是整个队列的队尾，而删除操作仍然在队首进行。也就是说，优先级相同，则严格按照先进先出的原则，优先级不同，则被删除的元素总是优先级最高的。在多道程序的系统中，可以用优先队列组织系统的输入和输出。优先级取决于程序运行的时间，程序占用资源的情况和所付的费用等许多因素。可将链式队列稍加修改得到优先队列。

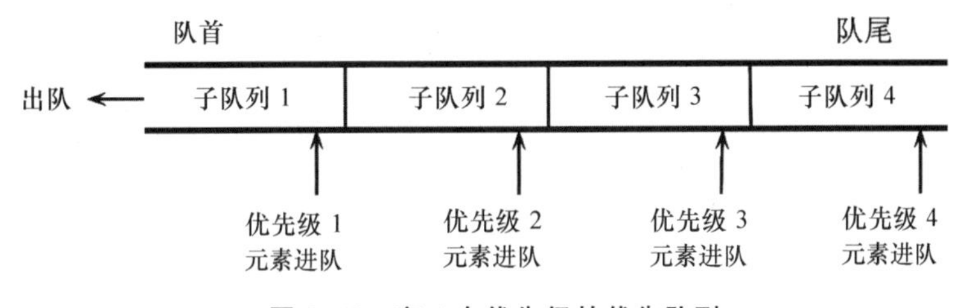

图 3.18　有 4 个优先级的优先队列

这些特殊队列的存储和运算，在此不作深入的讨论。

3.5 典型栈和队列案例分析与实现

3.5.1 栈的典型案例

由于栈的“先进后出”特点，在很多实际问题中常把栈用来处理具有递归结构问题的求解，下面通过几个例子进行说明。

例 3.3 迷宫探索的求解。

迷宫内设置了很多障碍，也有很多路，但通常只有两个门，一个叫作入口，另一个叫作出口。例如图 3.19 所示的迷宫，将一只老鼠放在迷宫的入口处，在迷宫的出口处放置了一块奶酪，吸引老鼠在迷宫中寻找通路以到达出口吃到奶酪。规定老鼠只能在迷宫内贴近地面移动，不能跳越过障碍。

图 3.19 迷宫

由于老鼠不能看到全局的路径，只能根据味道的方向，尝试从不同路口进入，如果路不通，则返回上一个路口继续新的探索，这就是回溯法，采用了不断试探并且及时纠正错误的搜索方法。具体的过程是从入口出发，按某一方向向前探索，若能走通(向前一个位置没有障碍而且是未走过的方向，即某处可以到达)，这样可以到达新点，否则试探下一个未探测的方向；若向前所有的方向均没有通路，则沿原路返回前一点，换下一个新方向再继续试探，直到所有可能的通路都探索到，或找到一条通路，或无路可走又返回到入口点。

在求解过程中，为了保证在到达某一点后不能向前继续行走(无路)时，能正确返回前一点以便继续从下一个方向向前试探，则需要用一个栈保存所能够到达的每一点的新探索方向。

假设路径必须为简单路径，即在求得的路径上不能重复出现已经走过的路。表示的迷宫采用栈如何来求解呢？在求解之前首先需要解决多个问题：如何表示迷宫的墙和通路？如何从当前点去试探未探索过的路？栈数据元素的含义是什么？如何防止走回头路？

1. 表示迷宫的数据结构

首先设一个整型的 M×N 二维数组来表示迷宫图，二维数组元素为迷宫的方块。对于每个方块，如果方块为空白表示通道，其元素值为 0；如果方块为阴影表示墙，其元素值为 1。为使问题简单化处理。需要定义 maze[M+2][N+2]二维数组来表示迷宫，而迷宫的四周的值全部为 1 表示墙。

为了方便分析，本例采用简化了迷宫，如图 3.20 表示的迷宫是一个 6×8 的迷宫。迷宫的入口坐标为(1,1)，出口坐标为(6,8)。

入口(1,1)

	0	1	2	3	4	5	6	7	8	9
0	1	1	1	1	1	1	1	1	1	1
1	1	0	1	1	1	0	1	1	1	1
2	1	0	0	1	0	0	1	1	1	1
3	1	0	0	0	0	0	0	0	1	1
4	1	0	1	1	1	0	1	1	1	1
5	1	1	0	0	0	0	0	0	0	1
6	1	0	1	1	0	0	1	1	0	1
7	1	1	1	1	1	1	1	1	1	1

出口(6,8)

图 3.20　用 maze[m+2][n+2]表示的迷宫

迷宫的定义如下：

```
#define   M   6   /* 迷宫的实际行 */
#define   N   8   /* 迷宫的实际列 */
int maze [M+2][N+2] =
{ {1,1,1,1,1,1,1,1, 1,1},
  {1,0,1,1,1,0,1,1, 1,1},
  {1,0,0,1,0,0,1,1, 1,1},
  {1,0,0,0,0,0,0,0, 1,1},
  {1,0,1,1,1,0,1,1, 1,1},
  {1,1,0,0,0,0,0,0, 0,1},
  {1,0,1,1,0,0,1,1, 0,1},
  {1,1,1,1,1,1,1,1, 1,1} };
```

2. 栈的设计

迷宫的求解经常采用"穷举求解"的方法，即从入口出发，顺某一个方向向前试探，如果能走通，则继续向前走，否则沿原路返回，换一个方向再继续试探，直至所有可能的通路都试探完为止。为了保证在任何位置上都能沿原路退回，则需要一个栈来保存从入口到当前位置的路径。

在上述表示迷宫的情况下，每个点有 4 个方向去试探，如当前点的坐标(i, j)，与其上下左右相邻的 4 个点的坐标都可根据与该点的相邻方位而得到，如图 3.21 所示。因为出口(m,n)在迷宫的下方，规定上方的方位为 0，并按顺时针方向递增编号。

为此设计栈的数据元素类型：

```
typedef struct
{   int i;          /* 当前方块的行号 */
    int j;          /* 当前方块的列号 */
    int di;         /* di 是下一个可走的相邻的方块的方位号 */
}ElemType;
```

根据当前坐标中(i, j)和下一个方向 di 的值,可以比较方便地求出新的坐标值(x, y):

(1)di 为 0 时:x = i-1, y = j;

(2)di 为 1 时:x = i, y = j+1;

(3)di 为 2 时:x = i+1, y = j;

(4)di 为 3 时:x = i, y = j-1;

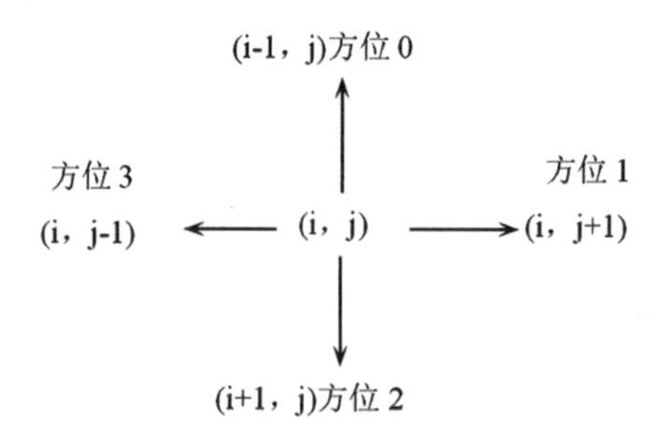

图 3.21 点(x,y)相邻的 4 个点及坐标

3.防止重复到达某点以避免发生死循环

在迷宫求解中,为了防止走回头路,可以另外设置一个标志数组 mark[M+2][N+2],它的所有元素都初始化为 0,一旦到达了某一点(x, y)之后,使 mark[x][y]置 1,下次再试探这个位置时就不能再走了。另一种方法是当到达某点(x,y)后使 maze[x][y] 置 -1,以便区别未到达过的点,同样也能起到防止走重复点的目的,本书采用后者,算法结束前可恢复原迷宫。

迷宫求解 3.3 算法思想如下:

(1)栈初始化;

(2)将入口点坐标(xi, yi)及下一个可走的相邻方块的方向(设为 -1),构造 ElemType 元素入栈;maze[xi][yi]设为 -1;

(3)while (栈不空)

{ 取栈顶元素,赋值给 point;

如果point 为出口坐标(xe,ye),则栈内点集为路径的逆序,同时返回值 true;

根据 point 及其 di 值,找下一个可走的方块;

如果找到了修改栈顶的 di 值为当前值,并把新可走点入栈;没有找到则弹出元素,并修改该点对应的 maze 的值为 0,为其他通路使用。

}

(4)如果栈空,返回值 false,表示迷宫没有通路。

根据算法 3.3,编写 MazePath 函数,参数为入口的坐标和出口坐标,如果找到路径则输出并返回 true,没有找到路径则返回 false。本例从入口到出口的路径输出是从栈底到栈顶的数据元素顺序输出,但是这样违背了栈的封装使用的规则。其实本例也可以采用数组和一个指针模拟栈的行为,输出的时候可以避免不安全的处理。

【算法 3.3】

```
bool MazePath(int xi, int yi, int xe, int ye)
{ /* MazePaht 是迷宫探索函数,入口点为(xi, yi),出口点为(xe, ye) */
  int i, j, di, find,k;
  ElemType etop, e;
  SqStack *st;                              /* 定义一个顺序栈 st */
  InitStack(st);                            /* 初始化栈 st */
  e.i = xi; e.j = yi; e.di = -1; /* 入口点初始化数据元素 e 压栈 */
  Push(st, e);                              /* e 压栈 */
  maze[xi][yi] = -1;                        /* 防止重复寻找 */
  while(! StackEmpty(st))                   /* 栈不为空则循环 */
  {  GetTop(st, etop);                      /* 获取栈定元素 */
     if(etop.i == xe && etop.j == ye)       /* 找到出口了,输出路径 */
     {  printf("The maze path: \n");
     /* 五个点一行,五个点一行输出点集 */
     for(k=0; k<st->top; k++)
     {  printf("\t(%d, %d)", st->data[k].i, st->data[k].j);
         if((k+1)%5 == 0)
           printf("\n");
     }
     printf("\n");
     return true;
  }
  find = 0;
  di = etop.di;    /* 找下一个可走方块 */
  while(di<4 && find==0)
  {  di++;            /* 按照 0、1、2、3 的顺序去寻找 */
     switch(di)   /* 根据方向 i,求出下一个相邻可走方块 */
     {
         case 0: i= etop.i-1; j= etop.j  ; break;
         case 1: i= etop.i  ; j= etop.j+1; break;
         case 2: i= etop.i+1; j= etop.j; break;
         case 3: i= etop.i  ; j= etop.j-1; break;
     }
     if(maze[i][j]==0)  /* 找到了下一个相邻可走方块 */
       find=1;
     }
     if(find==1)
     {
```

```
            Pop(st,e);
            e.di=di;          /* 修改栈定元素的 di 值,需要弹出再压入 */
            Push(st,e);
            e.i=i;e.j=j,e.di=-1;  /* 用找到的下一个相邻可走方块的信息初始化 e */
            Push(st,e);  /* 把新的点压入栈 */
            maze[i][j]=-1;     /* 新压入的点的 maze 设为-1,避免重复走到该方块 */
        }
    else  /* 没有找到了下一个相邻可走方块 */
        {
            Pop(st,e);              /* 弹出栈元素,当前位置已经没有路可以探索了 */
            maze[e.i][e.j]=0;  /* 恢复当前的 maze 点为可走,方便其他路径使用 */
        }
    }
    DestroyStack(st);              /* 顺序栈使用完毕,撤销栈 */
    return false;
}
```

使用当前 maze 数组的值,调用 MazePath(1, 1, 6, 8)可输出迷宫的路径,求解的结果如下:

```
The maze path: resolve
          (1, 1)  (2, 1)  (2, 2)  (3, 2)  (3, 3)
          (3, 4)  (2, 4)  (2, 5)  (3, 5)  (4, 5)
          (5, 5)  (5, 6)  (5, 7)  (5, 8)  (6, 8)
```

例 3.4　表达式求值。

扫描字符串表示的整数表达式,按照算术四则运算求值。表达式求值是程序设计语言编译中的一个基本问题,它的实现也是栈应用的一个典型例子。本书仅介绍“算符优先算法”,这种算法简单、直观且使用广泛。

“算符优先算法”是用运算符的优先级来确定表达式的运算顺序,从而对表达式进行求值。在机器内部,任何一个表达式都是由操作数(operand)、运算符(operator)和分界符(delimiter)组成的。操作数和运算符是表达式的主要组成部分,分界符标志了一个表达式的结束。根据表达式的类型,表达式分为 3 类,即算术表达式、关系表达式和逻辑表达式。为简化问题,本书仅讨论整数四则算术运算表达式,并且假设一个算术表达式中只包含加、减、乘、除、左圆括号和右圆括号等符号,并假设'#'是分界符。

要把一个表达式翻译成正确求值的一个机器指令序列,或者直接对表达式求值,首先要能够正确解释表达式,这需要了解算术四则运算的规则。算术四则运算的规则如下:

(1)先乘除后加减。

(2)先括号内后括号外。

(3)同级别时先左后右。

人们把运算符和分界符统称为算符。根据上述 3 条运算规则,在任意相继出现的运算符 θ_1 和 θ_2 之间至多是下面 3 种关系之一:

(1)$\theta_1 < \theta_2$，θ_1 的优选权低于 θ_2；

(2)$\theta_1 = \theta_2$，θ_1 的优选权等于 θ_2；

(3)$\theta_1 > \theta_2$，θ_1 的优选权高于 θ_2。

表 3.2 定义了运算符之间的这种优先关系，为了使算法简洁，在表达式的最左右两边也虚设一个'#'构成整个表达式的一对括号。

表 3.2　运算符之间的优先级关系

θ_1 \\ θ_2	+	-	*	/	(	)	#
+	>	>	<	<	<	>	>
-	>	>	<	<	<	>	>
*	>	>	>	>	<	>	>
/	>	>	>	>	<	>	>
(	<	<	<	<	<	=	
)	>	>	>	>		>	>
#	<	<	<	<	<		=

由表 3.2 可知：

(1)'# '的优先级最低，当'#'='#'时表示整个表达式结束。

(2)同级别的算符同时出现时，左边算符优先级高于右边算符优先级，如左'+'与右'+'、左'-'与右'-'、左'+'与右'-'。

(3)'('在左边出现时，其优先级低于右边出现的算符，如'+'、'-'、'*'等，'('=')'表示括号内运算结束；'('在右边出现时，其优先级高于左边出现的算符，如'+'、'-'、'*'等。

(4)')'在左边出现时，其优先级高于右边出现的算符，如'+'、'-'、'*'等；')'在右边出现时，其优先级低于左边出现的算符，如'+'、'-'、'*'等。

(5)')'与'('、'#'与')'、'('与'#'之间无优先关系，表达式中不允许相继出现，如果出现则认为是语法错误。

两个算符进行比较，只要把左边的算符作为 θ_1，右边的算符作为 θ_2，去查询表 3.2 即可，但是该表较大，为了简化操作，设计了一个算符函数，通过求解的值比大小获得算符的优先级，如表 3.3 所示的运算符的优先级算符函数。如果是左算符，通过左算符函数 lpri(ch)查询第一行获得整数值，如果是右算符，通过右算符函数 rpri(ch)查询第二行获得一个整数值，比较这两个整数值即可。但是该方法不能处理两个不能相邻的运算符的异常情况，为了简化处理假设本算法处理的表达式都是合法的数据表达式。

表 3.3　运算符优先函数

运算符	#	(	+	-	*	/	)
lpri(ch)	0	1	3	3	5	5	6
rpri(ch)	0	6	2	2	4	4	1

为了表示函数参数与值的映射，采用数组来存储：

```
#define MaxOp 7        /* 运算符的种类数 */
struct
{ char ch;             /* 运算符 */
  int pri;             /* 优先级的值 */
} lpri[]={{'#',0}, {'(',1}, {'+',3}, {'-',3}, {'*',5}, {'/',5}, {')',6} },
  rpri[]={{'#',0}, {'(',6}, {'+',2}, {'-',2}, {'*',4}, {'/',4}, {')',1} };
```

为了便于运算符的比较,设计了三个函数,分别用于求解左运算符的优先级数、右运算符的优先级数和左右运算符的比较函数。另外设计一个函数来判断

```
int leftpri(char op) /*求左运算符 op 的优先级 */
{ int i;
  for (i=0;i<MaxOp;i++)
  if (lpri[i].ch==op) return lpri[i].pri;
}
int rightpri(char op)/*求右运算符 op 的优先级
{ int i;
  for (i=0;i<MaxOp;i++)
  if (rpri[i].ch==op) return rpri[i].pri;
}
int Precede(char op1,char op2)  /* op1 和 op2 运算符优先级的比较结果 */
{ /* 左边大于右边为 1,左边小于右边为-1,相等为 0 */
  if (leftpri(op1)==rightpri(op2))
       return 0;
  else if (leftpri(op1)<rightpri(op2))
       return -1;
  else
       return 1;
}
```

本案例中使用了两个栈:一个存放算符,叫 optr;另一个存放操作数和运算的结果数,叫 opnd。算法 3.4 思想如下:

(1)首先置 opnd 为空,将'#'入 optr,做为栈底;

(2)依次读入表达式中的每个记号(即整数、运算符和分隔符),若是操作数则直接将该记号压入 opnd;若是算符,则和 optr 栈顶算符比较优先级,若 optr 栈顶算符优先级高,则将 opnd 栈中的两个操作数和 optr 栈顶算符出栈,然后将操作结果入 opnd;若 optr 栈顶算符优先级低,则将该算符入 optr;若两者优先级相等,则将 optr 栈顶算符出栈并读入下一个记号;

(3)当运算符栈 optr 栈顶元素为'#',当前运算符也是'#',则 opnd 的值为计算的结果值。

本例程序处理常数为整数,如果程序能够识别实数,只不过把类型改为实数等相应类型即可。

表达式求值的 C 语言程序采用了顺序栈,为了避免栈函数调用,仅仅使用了顺序栈的思想。同时设计了两个个辅助函数,一个函数 InOp 判断字符是否为运算字符;另外一个函数

comp2OpndResult 实现两个浮点数值运算结果值求解,根据字符表示的运行符进行运算,返回运算的结果值。这两个函数实现如下：

```
#define MaxSize 100
int InOp(char ch)          /* 判断 ch 是否为运算符 */
{  if (ch=='(' || ch==')' || ch=='+' || ch=='-' || ch=='*' || ch=='/' || ch
=='#')
     return 1;
     else   return 0;
}
float comp2OpndResult(float opnd1, char op, float opnd2)
{ /* 根据字符表示的计算含义,进行两个浮点数的运算,返回计算结果 */
   if(op=='+')
   return (opnd1 + opnd2);
   else if (op == '-')
   return (opnd1 - opnd2);
   else if (op == '*')
   return (opnd1 * opnd2);
   else if (op == '/')
   return (opnd1 / opnd2);
}
```

算法 3.4 实现函数 CompExpValue 是计算中缀表达式的值,计算以 # 为结束的字符串表达式的值,这些函数 C 程序的实现如下：

【算法 3.4】

```
float CompExpValue(char *exp)        /* 计算中缀表达式的值 */
{
   int intval;                       /* 扫描出来的整数值 */
   char op;                          /* 表示一个运算符 */
   float opn1, opn2;                 /* 表示两个操作数 */
   struct
   {  float data[MaxSize];           /* 存放数值 */
   int top;                          /* 栈指针 */
   } opnds;                          /* 定义数值栈 */
   struct
   {  char data[MaxSize];            /* 存放运算符 */
   int top;                          /* 栈指针 */
   } optrs;                          /* 定义运算符栈 */
   opnds.top = 0;                    /* 数值栈初始化 */
   optrs.top = 0;                    /* 运算符栈初始化 */
   optrs.data[optrs.top]='#';
```

```
optrs.top++;                    /*将'#'进运算符栈栈,作为栈底元素 */
while (*exp! ='\0')  /*  *exp为当前字符,当没有扫描到#时表示没有结束 */
{  if (! InOp(*exp))                /*为数字字符的情况 */
{
intval = 0;                         /*求扫描的整数值 */
while (*exp>='0' && *exp<='9')   //判定为数字 */
{  intval = intval*10 + (*exp-'0');
exp++;                              /*取表达式的下一个字符为当前字符 */
}
opnds.data[opnds.top] =(float) intval; //求得的整数值放入数值栈 */
opnds.top++;
}
else  /*为运算符的情况 */
switch(Precede(optrs.data[optrs.top-1],*exp))
{  case -1:  /*当前运算比栈顶运算符的优先级高,当前运算符压入运算符栈 */
optrs.data[optrs.top]=*exp; optrs.top++;
exp++;  /*继续扫描下一个字符 */
break;
case 0:  /*括号和#满足这种情况 */
optrs.top--;  /*将(和#即可退栈 */
exp++;  /*继续扫描下一个字符 */
break;
case 1:
optrs.top--;  /*当前运算符比栈顶运算符优先级低,运算符退栈到 op */
op=optrs.data[optrs.top];
opnds.top--;
opn2=opnds.data[opnds.top];/*数值栈弹出一个数值 */
opnds.top--;
opn1=opnds.data[opnds.top];/*再从数值栈弹出一个数值 */
opn1=comp2OpndResult(opn1, op, opn2); /*进行两个操作数按照运算符含义计算*/
opnds.data[opnds.top] = opn1;/*结果压入数值栈 */
opnds.top++;
break;
}
}
return opnds.data[opnds.top-1];
}
```

当使用"316+289*(46-72/8)-5#"字符串为参数,调用 CompExpValue 函数,计算的结果数值为 11004。

3.5.2　队列的典型案例

由队列的“先进先出”特点，在很多公平原则处理的实际问题的事务时，常常采用队列做一个辅助的数据结构，可以用来暂时存储需要按照一定次序依次处理但尚未处理的元素，下面通过求迷宫最短路径的例子进行说明。

例 3.5　求迷宫的最短路径

用队列求解迷宫路径问题，由于先进先出的行为特征可以求解出最短的路径。队列数据元素由三个域组成：i，j 和 pre，其中(i，j)为所走空方块的位置，pre 为前驱点在 sq 队列中的下标，作为一个静态链域来使用，指示了路径的逆序信息。队列的头结点，不仅有数据元素的数组，还有队首、队尾指针：front 和 rear 用来指向队首和队尾元素。

队的定义如下：

```
typedef   struct
{   int i,j;             /* 方块的位置 */
    int pre;             /* 搜索路径的上一个方块在队列中的位置 */
}ElemType;
typedef   struct
{   ElemType data[MAXSIZE];         /* 顺序队列的数据存储区 */
    int front,rear;                 /* 队列的头尾指针 */
}SqQueue;
```

虽然采用顺序队列，但是不采用循环队列的方式，因为在最短路径中，每个结点最多走一次，为此可以设置 MAXSIZE 为 M * N，设队列为 qu，通过 front 向后移动出队，rear 向后移动入队，迷宫的所有的方块都可以在队列中存放。当找到出口时，可以根据设定的 pre 域，找到迷宫的逆路径。

算法 3.5 设计是从入口点(xi，yi)搜索到出口点(xe，ye)的最短路径：

(1)入口点(xi，yi)进队；

(2)队列不为空时进行循环：

①出队一个数据元素 e 为当前方块；

②如果 e 为出口，则找到路径，循环结束；

③如果 e 不是出口，则按照图 3.21 所示顺时针找所有可走的相邻方块，设置这些模块的 pre 域为当前方块在 qu 的下标值，并将这些方块都入队；这些方块相应的 maze 方块位置设为 -1，以避免重复搜索。

(3)如果队列为空，则没有找到路径，自然也没有最短路径。

本算法是从(xi，yi)开始，利用队列的特点，一层一层地向外扩展可走的点，直到找到出口点为止，类似于雷达搜索一样。本方法就是图的广度优先搜索算法。采用 C 语言实现 MazeShortestPath 函数：

【算法 3.5】

```
bool MazeShortestPath(int xi, int yi, int xe, int ye)
{   /* 搜索从(xi, xj)到(xe, ye)的最短路径 */
```

```
    int i, j, di;
    ElemType e;
    SqQueue qu;  /* 定义一个顺序队列 */
    qu.front=qu.rear=0; /* 初始顺序队列 */
    e.i = xi; e.j = yi; e.pre = -1; /* 入口点初始化数据元素 e 入队 */
    qu.data[qu.rear]=e;
    qu.rear++;
    maze[xi][yi]=-1;  /* 防止重复寻找 */
    while(qu.front! =qu.rear)    /* 队列不为空时循环 */
    {  e = qu.data[qu.front];        /* 出队一个元素,赋值给 e */
       qu.front++;
         if(e.i == xe && e.j == ye) /* 找到出口了,输出路径 */
       {  print(qu, qu.front -1); /* 通过 pre 为 -1,找到了一个逆向的路径,变正向
输出 */  return true;
       }
       for(di=0; di<4; di++)
       {  switch(di)  /* 根据方向 i,求出下一个相邻可走方块 */
          {
             case 0: i= e.i-1; j= e.j  ; break;
             case 1: i= e.i  ; j= e.j+1; break;
             case 2: i= e.i+1; j= e.j;   break;
             case 3: i= e.i  ; j= e.j-1; break;
          }
          if(maze[i][j] == 0)  /* 找到了下一个相邻可走方块,入队 */
          {  qu.data[qu.rear].i=i; qu.data[qu.rear].j=j;
             qu.data[qu.rear].pre = qu.front-1;
             qu.rear++;
             maze[i][j] = -1;  /* 新入队的点的 maze 设为 -1,避免重复走到该方
块 */
           }
        }
      }
      return false;
  }
```

由于通过 qu 的每个结点 pre 指向了父结点,从出口点可以非常容易地找到通向入口的逆向最短路径;而人们一般所说的路径为入口到出口。所以设计一个 print 函数来完成逆向路径的顺序处理。其中函数 print 的第一个参数为搜索的队列,第二个参数为出口在队列中的位置。由于队列中保存着一个从出口位置通过 pre 这个静态链连接的最短路径,遍历该通路,把访问过的结点入栈,反复循环到入口结点;这时把栈顺序弹出,输出的序列即为入口结点到

出口结点的路径：

```
void print(SqQueue qu, int cur)
{   int i = cur, ns = 0;
    /* 定义一个动态数组为栈,保存逆向路径,根据分析路径最长为 cur 个结点 */
    ElemType * stack = (ElemType *)malloc(sizeof(ElemType) * cur);
    int top = 0;   /* 初始化栈 */
    do             /* 沿着逆向路径向上遍历,把路过的结点的 pre 为 -1 保存到栈 */
    {  stack[top++] = qu.data[i];
        i = qu.data[i].pre;
    } while(i != -1);  /* 遍历到入口结点结束 */
    printf("The maze path:\n");
    while(top != 0)   /* 出栈输出结点信息,直到栈为空 */
    {  ns++;
       top = top - 1;
       printf("\t(%d, %d)", stack[top].i, stack[top].j);
       if((ns)%5 == 0)    /* 一行 5 个点输出 */
           printf("\n");
    }
    printf("\n");
    free(stack);      /* 释放栈的空间 */
}
```

按照图 3.19 的数据进行初始化,调用 MazePath1(1,1,6,8)函数,输出的信息如下：

```
The maze path:
        (1,1)  (2, 1)  (2, 2)  (3, 2)  (3, 3)
        (3,4)  (3, 5)  (4, 5)  (5, 5)  (5, 6)
        (5,7)  (5, 8)  (6, 8)
```

这是最短的路径,它是 12 步,而采用栈的搜索是 14 步。

小　结

本章主要介绍了两种广泛使用的操作受限的线性表:栈和队列。栈是一种先进后出表,所有的操作均集中在栈顶进行。栈可以用顺序存储的形式表示,还可以用链式存储表示。如果栈中元素的个数可以预见,并且栈中元素个数比较恒定,那么采用顺序存储的栈时,存储利用率会高些。不论采用何种方式存储栈,在执行出栈操作时,必须检查栈中是否有元素可以出栈(即栈非空)。而对于入栈操作,仅需对顺序存储的栈进行检查栈是否已满。

队列是一种先进先出表,入队操作在队尾进行,出队操作在队首进行。同样地,队列既可以用顺序存储表示,也可以用链式存储表示。随着队列中元素不断地被删除(出队),队列也会不停地向前(存储空间的高端方向)移动,最终会消耗完给定的顺序存储空间而产生一种虚假的“空间不足”错误,因此采用顺序存储表示队列时,一般采用循环队列。不论采用何种方式存储队列，在执行出队操作时，必须检查队列中是否有元素可以出队（即队列非空）。而对于入队操作，仅需对顺序存储的队列进行检查队列是否已满。

栈和队列是在计算机科学中使用最为普遍的两种数据结构，本章分别以迷宫问题求解和表达式值计算为例，给出了它们的应用。结合本章的学习，读者也可以举一反三地找到很多栈和队列的应用实例。

栈和递归是互相等价的，能用栈描述的问题一定可以找到其递归描述算法，反之亦然。本章给出了梵塔问题的栈实现和递归实现程序。不难看出，采用栈描述的算法具有清晰明了、概念性强、易于理解等优点，但其运行效率较低，空间开销也很大，因此读者可以在实际应用中自行选择一种适合自己的描述方式。

习题 3

3.1 试比较栈和队列两种数据类型的异同点。

3.2 当函数 P 递归调用自身时，函数 P 内部定义的局部变量在函数 P 的 2 次调用期间是否占用同一数据区？为什么？

3.3 对于输入数据依次为 1,2,3 的栈操作，已经在栈中的数可以任意时刻输出，试写出所有可能得到的输出序列。

3.4 论述简单的顺序栈的局限性及解决的方法？

3.5 在四则算术运算表达式中，可以包含圆括号和方括号，而且还允许它们嵌套出现。试编写一个算法实现括号匹配。

3.6 编程判断一个字符串是否是回文。回文是指一个字符序列以中间字符为基准两边字符完全相同，如字符序列“ACBDEDBCA”是回文。

3.7 整数的算术四则运算的中缀表达式的转后缀表达式。

第4章　串、数组和广义表

学习要点

- 熟练掌握串的定义、运算及其三种存储结构
- 掌握数组和广义表的定义和存储结构
- 理解数组和广义表的不同特点及其应用场合

文本，是由字符构成的“串”，是计算机处理的最常见非数值对象之一。从结构形式看，串是一种线性表，但串的操作与一般线性表有很大不同，值得将其从前面线性表章节分离出来单独介绍。

对于具有固定多维矩形结构，且其中数据元素类型相同的数据对象，如矩阵、财务报表等，在计算机程序中常用多维数组表示，多维数组可看作是线性表的推广。

广义表是线性表的另一种推广形式，其表中元素允许为单个数据元素或广义表。

4.1　串的定义

4.1.1　串的定义

在计算机应用中，文本信息常用串表示。给定符号集合 $\sum$，由 $\sum$ 中元素构成的有限序列称为串(string)。$\sum$ 中元素是允许在文本中出现的符号，通常为字母、数字或其他字符。

串是一种特殊的线性表，因为表中每个元素为单个字符，故串又常称为字符串。串的表示方式与普通线性表的不同，一般记作：$s = "c_1 c_2 \cdots c_n"$，其中：$c_i \in \sum\ (0 < i < n+1)$，s 是串名；用双引号""括起来的字符序列是串的值；串中字符的数目 n 称为串的长度。长度为 0 的串称为空串(empty string)。注意，空串不等同于空格串，含有空格的串的长度是不为 0 的。由一个或多个空格组成的串称为空格串(blank string)，它的长度为串中空格字符的个数。如：空串 $s_1 = ""$长度为零；空格串 $s_2 = "□"$长度为 1('□'代表符号空格)。为了清楚起见，以后我们用符号 Φ 来表示“空串”。

设 $s = "c_1 c_2 \cdots c_n"$，$s' = "a_1 a_2 \cdots a_m"$。如存在 i 满足条件 C：$a_1 = c_i$，$a_2 = c_{i+1}$，…，$a_m = c_{i+m-1}$ $(i \geq 1, n \geq i+m-1)$，则称 s'为 s 的一个子串，s 为 s'的主串，称满足条件 C 的最小 i 为子串 s'在 s 中出现的位置，当最小 i 等于 1 时，称 s'为 s 的一个前缀，当存在 i 满足条件 C 和 $n = i + m - 1$，则称 s'为 s 的一个后缀。称 s 与 s'相等当且仅当 $m = n$ 且对任意 $0 < i < n+1$，$c_i = a_i$。

下面是串的一些例子：

a = "speak english"
b = "string"
c = "speak"
d = "ing"
e = "□□"　　　　　　　/＊空格串＊/
f = ""　　　　　　　　/＊空串＊/

其中串 a、b、c、d、e、f 的长度分别是 13、6、5、3、2、0，c 是 a 的子串，在 a 中出现的位置是 1，是 a 的前缀，d 是 b 的子串，在 b 中出现的位置是 4。

例 4.1　琪琪最近迷上了学英语。琪琪妈妈制作了一批卡片，每个卡片上用大写字母写了一个单词，用这些卡片妈妈和琪琪玩游戏，以帮助琪琪学单词。她们玩的游戏有两个：一个是拼单词：琪琪要在卡片中找这样的一组组卡片，每组三张，其中前两张卡片上的单词拼起来正好和第三张卡片上的单词一样，例如：琪琪找到的三张卡片上的单词分别为"HOME"、"WORK"和"HOMEWORK"，则妈妈会告诉她“找对了”。另一个游戏是猜单词：妈妈每次随机抽出一张卡片，让琪琪猜卡片上写的是什么，琪琪每次可以猜一个字母串，妈妈会告诉琪琪卡片上有没有包含这个字母串，直到琪琪最后猜出卡片上写的英文，例如：妈妈抽到的卡片为"HOMEWORK"，当琪琪猜"HOP"时，妈妈回答“没有”，当琪琪猜"HOME"时，妈妈回答“有”，当琪琪猜"HOMEWORK"时，则妈妈回答“猜对了”。

现要求编写两个程序来代替妈妈帮琪琪玩游戏。那么，程序需处理的数据对象及对其操作又有哪些呢？

显然，程序需处理的数据对象是由英文字母构成的串，对这些数据对象的操作包括：

(1)串的连接、串长度计算和串比较等：这些操作分别用于拼接单词、计算单词长度和单词比较等，由于在各种串的应用中频繁使用，这类操作通常被视作串的基本运算；

(2)串的模式匹配：猜单词程序设计的关键问题是如何判断琪琪猜的字母串是否在读入的卡片中出现，解决该问题要用到所谓的串模式匹配算法，模式匹配算法通常返回特定子串在一个串中首次出现的位置，在计算机文本编辑查找中被广泛应用。

由例 4.1 可见，串的常用操作与一般线性表的操作有很大不同，因此值得将其从前面线性表章节分离出来单独介绍。

下面在给出串的抽象数据类型描述后，于 4.2 节将分别就几种不同的串存储结构介绍部分串基本运算的实现算法，以及串的模式匹配算法。在掌握这些知识后，例 4.1 程序设计就变得比较简单了，故将其留作学生的课后练习。

4.1.2　串的抽象数据类型描述

ADT String {

数据对象：$D=\{a_i \mid a_i \in CharSet,\ i=1,2,\cdots,n,\quad n\geq 0\}$

数据关系：$R1=\{<a_{i-1}, a_i> \mid a_{i-1}, a_i \in D,\ i=2,\cdots,n\}$

基本运算：

StrAssign (&a, b)：

　　初始条件：b 存在，为串名或串值。

操作结果：串的赋值运算，若 b 是串名则把 b 的值赋给 a，若 b 是串值，则将 a 的值设为 b。

StrConCat(&c, a, b)：

初始条件：a，b 存在。

操作结果：串的连接运算，返回新串 c，其值由串 b 值紧接串 a 值末尾构成。

StrLen(s)：

初始条件：s 存在。

操作结果：求串长，返回串 s 中的字符个数。

StrSub(s, m, n, &sub)：

初始条件：s 存在。

操作结果：求子串，返回 sub，sub 值为串 s 中从第 m 个字符开始到第 n 个字符截止的连续字符子序列。

StrIndex(a, b)：

初始条件：a，b 存在。

操作结果：子串定位，如 b 为 a 的子串，返回 b 在 a 中出现的位置，否则返回 -1。

StrEqual(a, b)：

初始条件：a，b 存在，a 和 b 为串名或串值。

操作结果：判别两串是否相等，相等返回 0，否则返回 -1。

StrPlace(&a, b, c)：

初始条件：b，c 存在。

操作结果：串置换，若 b 是 a 子串，用 c 去取代 a 中所有的 b；否则运算后 a 保持不变。

StrCmp (s, t)：

初始条件：s，t 存在。

操作结果：串比较，比较串 s 和 t，如果 s<t 则返回值小于 0，如果 s>t 则返回值大于 0，否则返回 0。

StrInsert (&s, i, t)：

初始条件：s，t 存在。

操作结果：串插入，在串 s 的第 i 个字符之前插入串 t，返回 s。

StrDelete(&s, i, j)：

初始条件：s 存在。

操作结果：串删除，将串 s 中从第 i 个到第 j 个字符全部删除，返回 s。

} ADT String

在串的运算中，如赋值、联结、求串长、求子串、串比较等，这些操作不可能利用其他串操作来实现，这些操作称为串的基本操作。另外一些操作，如求子串在主串中的序号以及置换等，它们可借助于串的基本操作来实现。

4.2　串的存储结构及其运算

串的存储方式取决于对串所进行的运算，如果串的运算仅仅是输入或输出一个字符序列，则只要根据字符的排列次序顺序存入存储器即可，这就是串值的存储。一个字符序列还可以赋给一个串变量，从而可对串变量进行各种运算，这时作为变量的内容，就得通过变量名进行访问。串被看成是一种由单个字符依次排列而成的特殊的线性表。因此，线性表所使用的存储结构基本上都可以应用到串上，这里所说的串是指串值。下面介绍串的几种常用存储结构。

串在计算机中有三种表示方法，最简单的处理方法是将串定义成字符型数组，称为定长顺序存储表示。在此，数组名即为串名，从而实现了从串名直接访问串值。用这种方法处理，串的存储空间是在编译阶段完成的，其大小不能更改。另一种处理方法被称为堆分配存储表示。这种表示法的特点是，仍然用一组地址连续的存储单元来依次存储串中的字符序列，但串的存储空间是在程序运行时根据串的实际长度动态分配的。串也可以采用链式结构表示，即块链存储表示。

4.2.1 串的定长顺序存储结构

串的定长顺序存储结构也称为静态存储分配的顺序表，它就是把串所包含的字符序列相继存入一组连续的存储单元中。目前大多数计算机是以字节为存取单位的，而一个字符通常又恰好占用一个字节，这自然就形成了每个存储单元存放一个字符的分配方式。在这一方式中，可不存储串长的值，而以特定的字符作为结束符，例如，以字符'\0'为串结束符，并约定它不出现在各串变量的串值中；也可专门设定一个单元来存储串的长度。

串的定长顺序存储结构定义如下：

```
#define STRMAXSIZE   80
typedef unsigned char SString [STRMAXSIZE+1];      /* 0号单元用来存放串长 */
```

在以上定义中，0 号单元可以专门存放串长的，串值从 1 号单元开始存放，故用户定义串的最大长度是 80，串的实际长度可在这个范围内任意变化。为简化算法，假设在运算过程中出现串长超过 80，则算法给出出错信息。

也可以以如下 C struct 结构类型定义 SString：

```
#define STRMAXSIZE 512
typedef struct {
     char   str[STRMAXSIZE+1];
     int length;   /* 串长 */
} SString;
```

用这种 C struct 存储串，通常串值从 str 数组的 0 号单元开始存放，不过为了便于讨论，本章将 str[0]放弃不用，从 str[1]开始存放串值，因此 str 可以存放的串的实际最大长度还是 STRMAXSIZE。

下面用后一种方式作串的定长顺序存储结构，讨论串的连接和求子串运算的实现。

1. 串的连接运算算法

设 a，b，c 都是 SString 类型的变量，且 c 为连接 a 和 b 之后得到的串。a. length 和 b. length 为 a，b 串的当前长度。该算法的功能是，当串 a 与串 b 的长度之和小于 STRMAXSIZE 时，将 a 和 b 的串值按先后顺序拷贝到 c 的相应位置上，如图 4.1 所示。如果在运算中出现串值长度超过规定值时，则给出错误信息。

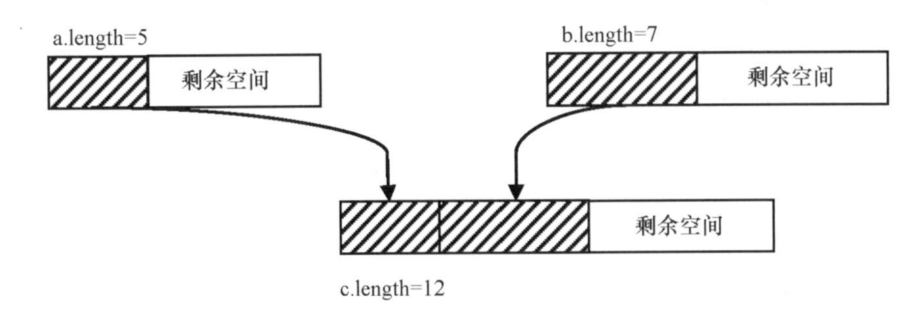

图 4.1　串的连接运算示意图

【算法 4.1】

```
int StrConcat_s(SString &c, SString a, SString b)
{   /* 基于定长顺序存储结构的串连接:串 a,b 连接,结果由参数 c 带回。成功返回 1,否则返回 0 */
    int k;
    if (a.length + b.length <= STRMAXSIZE) {   /* 连接后长度未超过有效范围 */
        for (k = 1; k <= a.length; k++)          /* 复制串 a 到串 c */
            c.str[k] = a.str[k];
        for (k = 1; k <= b.length; k++)          /* 复制串 b 到串 c */
            c.str[a.length + k] = b.str[k];
        c.length = a.length + b.length;     /* 串 c 的长度等于串 b 和串 c 长度之和 */
        return 1;
    }
    return 0;
}
```

2. 求子串运算算法

求子串的过程即为复制字符串的过程。其作用是将串 s 中从第 m 个字符开始至第 n 为止的子串赋给串 sub。通常执行本操作时串长不会超出规定范围,但有可能用户给出的实在参数是非法的,所以在算法中需要对实在参数的合法性进行检查。

【算法 4.2】

```
int StrSub_s(SString s, int m, int n, SString &sub)
{/* 基于定长顺序存储结构的求子串:拷贝串 s 中第 m 至第 n 个字符之间的子串,结果由参数 sub 带回。成功返回 1,否则返回 0。*/
    int k,j;
    if (m<1 || n>s.length || m>n)            /* 参数非法 */
        return 0;
    else {
        sub.length = n - m + 1;              /* 求得子串的长度 */
```

```
        j=1;
        for (k=m; k<=n; k++) {
            sub.str[j]=s.str[k];
            j++;
        }
        return 1;
    }
}
```

串的定长顺序存储表示适用于求串长、求子串等运算。但这种存储结构有两个缺点:一是需预先定义一个串允许的最大长度,当该值估计过大时串的存储密度就会降低,浪费较多的存储空间;二是由于限定了串的最大长度,使串的某些运算,如置换、连接等受到一定限制。

4.2.2 串的堆分配存储结构

堆分配存储结构的实现方法是提供一个足够大的连续存储空间,作为串的可利用空间,用它来存储各串的串值。每当建立一个新串时,系统就从这个可利用空间中划分出一个大小和新串长度相等的空间给新串,若分配成功则返回一个指向起始地址的指针。为操作方便,将每个串的长度信息也作为存储结构的一部分。可使用 C 语言中动态分配函数库中的 malloc()和 free()函数来管理可利用空间。虽然这种存储表示仍以一组地址连续的存储单元存放串值,但它不同于定长顺序分配,而属于一种动态分配方式,所以也称为动态存储分配的顺序表。

串的堆分配存储结构描述如下,图 4.2 展示了串的堆分配存储结构示例。

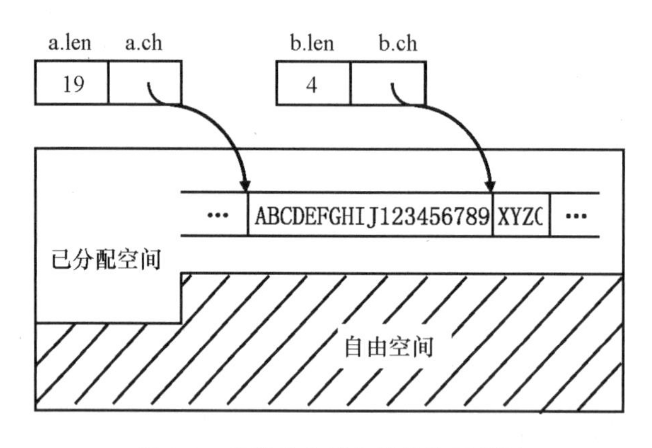

图 4.2 串的堆分配存储结构示例图

```
typedef struct
{
    int  len;        /* len 存放串长 */
    char *ch;        /* ch 存放串的首地址,若是空串,则 ch 的值为 NULL */
  } HString;
```

下面介绍在该存储结构下实现的一些算法,为了和前面区分,在算法名后面增加了一个_h 后缀。

1. 串的赋值运算

【算法 4.3】

```
int StrAsssign_h(HString &t, char * chars)
{  /* 基于堆分配存储结构的串赋值:生成值等于 chars 的串 t。 */
    int i = 0,k;
    if(t.ch! = NULL)  free(t.ch);          /* 释放 t 的原有空间 */
    if (chars! = NULL)
        for(; chars[i]! = 0; i + +);       /* 求字符串 chars 的长度 */
    if(i = = 0)  {                         /* 若 chars 的长度为 0,则复制完毕 */
        t.ch = (char * )NULL;
        t.len = 0;
    }
    else {                                 /* chars 的长度大于 0 */
        if(! (t.ch = (char * )malloc(i * sizeof(char))))
            return 0;                      /* 空间申请失败,返回失败标志 */
        for(k = 0; k< = i - 1; k + +)      /* 一个个元素复制 */
            t.ch[k] = chars[k];
        t.len = i;                         /* 保存串的长度 */
    }
    return 1;                              /* 成功 */
}
```

2. 求子串运算

【算法 4.4】

```
int SubStr_h (HString s, int m, int n, HString &sub)
{  /* 基于堆分配存储结构的求子串:返回值为 s 第 m 至第 n 个字符之间的字符序列的
串 sub。 */
    int k,j;
    if (sub.ch! = NULL) free(sub.ch);           /* 释放旧空间 */
    if (m<0 || n>s.len - 1 || m>n)
        return 0;                               /* 参数非法 */
    else {
    k = n - m + 1;                              /* 求得子串的长度 */
    sub.ch = (char * )malloc(k * sizeof(char)); /* 为子串 sub 申请存储空间 */
    if (! sub.ch)
        return 0;                               /* 申请空间失败 */
    j = 0;                            /* 从子串 sub 的第 0 个位置开始存放 */
    for (k = m; k< = n; k + +) {
        sub.ch[j] = s.ch[k];
```

```
        j++;
    }
        sub.len = n-m+1;                        /* 保存子串的长度 */
        return 1;
    }
}
```

3.串比较运算

【算法 4.5】

```
int StrCmp_h(HString s, HString t)
{   /* 基于堆分配存储结构的串比较:s<t 则返回值小于 0,s>t 则返回值大于 0,否则返回 0。 */
    int i;
    for(i=0;i<s.len && i<t.len; ++i)
        if(s.ch[i]!=t.ch[i])                   /* 比较两个串对应字符 */
            return s.ch[i]-t.ch[i];
    return s.len-t.len;                        /* 对应字符都相同,则比较长度 */
}
```

4.串的连接运算

【算法 4.6】

```
int StrConCat_h(HString &t, HString s1, HString s2)
{   /* 基于堆分配存储结构的串连接:生成 t,其值等于串 s1,s2 连接值 */
    int k,j;
    if(t.ch!=NULL)  free(t.ch);       /* 释放 t 原有的空间 */
    if (!(t.ch=(char *)malloc((s1.len+s2.len)*sizeof(char))))
           /* 为串 t 申请存储空间 */
        return 0;                     /* 申请空间失败 */
    for (k=0; k<=s1.len-1; k++)       /* 复制串 s1 到串 t */
        t.ch[k]=s1.ch[k];
    t.len=s1.len+s2.len;              /* 串 t 的长度等于串 s1 和串 s2 长度之和 */
    for (j=0; k<t.len; k++) {         /* 复制串 s2 到 t,s2 接在 s1 之后 */
        t.ch[k]=s2.ch[j];
        j++;
    }
    return 1;
}
```

堆分配存储结构的串既有顺序存储结构的特点,简单,处理方便,操作中对串长又没有任何限制,非常灵活,因此在串处理中经常被采用。

4.2.3 串的块链存储结构

串的块链式分配结构是把可利用存储空间分成一系列大小相同的结点，每个结点有两个域：data 域和 next 域。data 域用来存放字符，next 域用来存放指向下一结点的指针。图 4.3(a) 和 4.3(b)分别显示出了结点大小为 1 及结点大小为 4 的两个链表，每个链表表示一个串。

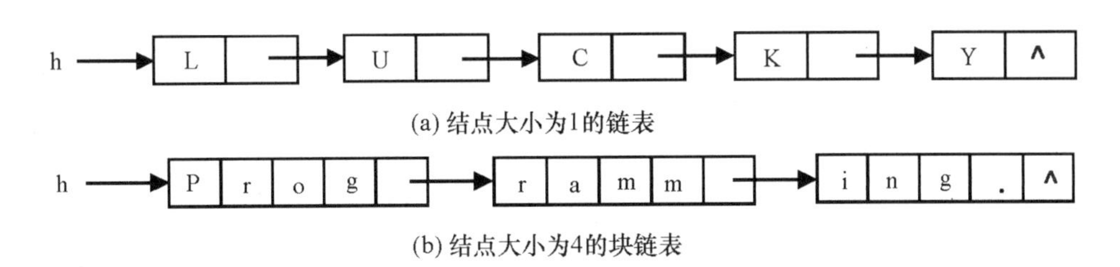

(a) 结点大小为1的链表

(b) 结点大小为4的块链表

图 4.3 串的块链分配示意图

用单链表存放串，若每个结点仅存放一个字符则存储密度小，占用较多空间。存储密度定义为：

$$存储密度 = \frac{串值所占存储空间}{实际分配的存储空间}$$

为了提高存储密度，结点的大小一般大于 1，所以称为块链结构。通常将结点数据域存放的字符个数定义为结点的大小，如采用块链结构的文本编辑系统中，一个结点可存放 80 个字符，此时结点的大小是 80。

当结点的大小大于 1 时，存放一个串需要的结点数目不一定是整数，而分配结点时总是以完整的结点为单位进行分配的，因此，为使一个串能存放在整数个结点里，应在串的末尾填上不属于串值的特殊字符，以表示串的终结。若链表设置表头结点，则可将串的长度存放在表头结点的 data 域中。

大小为 1 的结点和链表定义如下：

```
typedef struct node
{
    char data;              /* data 用来存放字符 */
    struct node * next;     /* 指向下一结点的指针 */
  } node, * LString;
```

一个链串由头指针唯一确定。这种结构便于进行插入和删除运算。

对于结点大小大于 1 的块链，其类型定义只需对上述的结点类型做简单的修改即可：

```
#define NODESIZE 80
typedef struct
{
    char data[NODESIZE];
    struct node * next;
```

```
} node;  /* 结点类型定义 */
typedef struct
{
    int length;
    struct node * next;
} hnod, * bLString;      /* 头结点类型定义 */
```

下面讨论结点大小为 1 的链串的联接算法的实现，假设链串具有表头结点，表头结点记录了串的长度。同样的，为了和前两种存储结构相区别，在算法名后面增加了一个_b 后缀。

【算法 4.7】

```
void StrConCat_b(LString &s, LString s1, LString s2)
{  /* 基于块链存储结构的串联接：生成 s，其值等于串 s1，s2 连接值 */
    LString p,q,f;
    int i=0;
    s=(LString)malloc(sizeof(node));         /* 建立一个头结点 */
    q=s;
    p=s1;
    while (p != NULL) {                       /* 将 s1 串复制给 s */
        f=(LString)malloc(sizeof(node));  /* 产生一个与 s1 当前结点相同的结
点 */
        f->data=p->data;
        q->next=f;
        q=f;                                  /* q 总是指向 s 的最后一个结点 */
        p=p->next;
        i++;
    }
    p=s2;
    while (p != NULL) {                       /* 将 s2 串复制给 s */
        f=(LString)malloc(sizeof(node));  /* 产生一个与 s2 当前结点相同的结
点 */
        f->data=p->data;
        q->next=f;
        q =f;
        p=p->next;
        i++;
    }
    q->next=(LString)NULL;
    s->data=i;                                /* 保存串长 */
}
```

4.2.4　串的模式匹配算法

子串定位运算又称为模式匹配(pattern matching)或串匹配(string matching),此运算的应用非常广泛。例如,在文本编辑程序中,经常要查找某一特定单词在文本中出现的位置,采用高效的模式匹配算法能极大地提高查找的响应速度。

在串匹配中,一般将主串称为目标串,子串称为模式串。设 s = "$s_1s_2\cdots s_n$"为长度为 n 的目标串, t = "$t_1\cdots t_m$"为长度为 m 的模式串。在本节下文中,用 s[i..i + m]表示目标串 s 中第 i 至第 i + m 个字符之间的子串,类似地模式串可表示为 t[1..m],串的匹配实际上是对 $1\leqslant i\leqslant n-m+1$,将 s[i..i + m]与 t[1..m]的对应元素逐个进行比较:

(1)若 s[i..i + m] = t[1..m],则称从位置 i 开始的匹配成功,亦称模式 t 在目标 s 中出现;

(2)若 s[i..i + m]≠t[1..m],则称从位置 i 开始的匹配失败。

上述的位置 i 又称为位移:

1)当 s[i..i + m] = t[1..m]时,i 称为有效位移;

2)当 s[i..i + m]≠t[1..m]时,i 称为无效位移。

这样,串匹配问题可简化为找出某给定模式 t,在一给定目标 s 中首次出现的有效位移。

串匹配的算法很多,在此介绍两种算法,并设串均采用顺序存储结构。

1. Brute-Force 算法

Brute-Force 简称为 BF 算法,也称为简单匹配算法。算法思想如下:首先将 s_1 与 t_1 进行比较,若不同,就将 s_2 与 t_1 进行比较,. . . ,直到 s 的某一个字符 s_i 和 t_1 相同,再将它们之后的字符进行比较,若也相同,则如此继续往下比较,当 s 的某一个字符 s_i 与 t 的字符 t_j 不同时,则 s 返回到本趟开始字符的下一个字符,即 s_{i-j+2},t 返回到 t_1,继续开始下一趟的比较,重复上述过程。若 t 中的字符全部比完,则说明本趟匹配成功,s 中 t 子串出现的起始位置是 i - j + 1 或 i - t. length,否则,匹配失败。

设主串 s = "ababcabcacbab",模式 t = "abcac",匹配过程如图 4.4 所示。

```
            ↓ i=3
第一趟  a b a b c a b c a c b a b
        a b c
            ↑ j=3

          ↓ i=2
第二趟  a b a b c a b c a c b a b
          a
          ↑ j=1

                    ↓ i=7
第三趟  a b a b c a b c a c b a b
            a b c a c
                    ↑ j=5

              ↓ i=4
第四趟  a b a b c a b c a c b a b
              a
              ↑ j=1

                ↓ i=5
第五趟  a b a b c a b c a c b a b
                a
                ↑ j=1

                            ↓ i=11
第六趟  a b a b c a b c a c b a b
                  a b c a c
                            ↑ j=6
```

图 4.4　简单模式匹配的匹配过程

依据这个思想,算法描述如下:

【算法 4.8】

```
int  StrIndex_BF(SString s,SString t)
{  /* 简单模式匹配:从 s 的首字符开始找与 t 相等的子串,找到返回子串位置,否则返回 - 1。 */
    int i = 1,j = 1;   /* i,j 初值为 1 */
    while (i< = s.length&& j< = t.length)
            /* i,j 未到 s,t 串尾 */
        if (s.str[i] = = t.str[j]) {
        i+ + ;j+ + ;   /* i,j 右移,继续 */
        }
        else{
```

```
            {/ * 到下一字符出开始下一次的比较 * /
         i = i - j + 2; j = 1;
       }
   if (j>t.length)
       return i - t.length;   / * 匹配成功,返回存储位置 * /
   else
       return -1;
}
```

下面分析 BF 算法的时间复杂度,设串 s 长度为 n,串 t 长度为 m。首先,匹配成功的情况下,考虑两种极端情况:

(1)在最好情况下,每趟不成功的匹配都发生在第一对字符比较时:

例如:s = "aaaaaaaaaabc"

t = "bc"

设匹配成功发生在 s_i 处,则字符比较次数在前面 i - 1 趟匹配中共比较了 i - 1 次,第 i 趟成功的匹配共比较了 m 次,所以总共比较了 i - 1 + m 次,所有匹配成功的可能共有 n - m + 1 种,设从 s_i 开始与 t 串匹配成功的概率为 p_i,在等概率情况下 $p_i = 1/(n - m + 1)$,因此最好情况下平均比较的次数是:

$$\sum_{i=1}^{n-m+1} pi \times (i - 1 + m) = \sum_{i=1}^{n-m+1} \frac{1}{n-m+1} \times (i - 1 + m) = \frac{(n+m)}{2}$$

即最好情况下的时间复杂度是 O(n + m)。

(2)在最坏情况下,每趟不成功的匹配都发生在 t 的最后一个字符:

例如:s = "aaaaaaaaaaab"

t = "aaab"

设匹配成功发生在 s_i 处,则在前面 i - 1 趟匹配中共比较了(i - 1) * m 次,第 i 趟成功的匹配共比较了 m 次,所以总共比较了 i * m 次,因此最坏好情况下平均比较的次数是:

$$\sum_{i=1}^{n-m+1} pi \times (i \times m) = \sum_{i=1}^{n-m+1} \frac{1}{n-m+1} \times (i \times m) = \frac{m \times (n-m+2)}{2}$$

即最坏情况下的时间复杂度是 O(n * m)。

上述算法中匹配是从 s 串的第一个字符开始的,有时算法要求从指定位置开始,这时算法的参数表中要加一个位置参数 pos:StrIndex(shar * s,int pos,char * t),比较的初始位置定位在 pos 处。算法 4.8 是 pos = 1 的情况。

2.KMP 算法

BF 算法简单但效率较低,为此许多人提出了效率更高的改进算法。其中,KMP 算法由克努特(Knuth),莫里斯(Morris)和普拉特(Pratt)提出,较 BF 算法有较大改进,该算法消除了主串指针的回溯,从而使算法效率有了某种程度的提高。

(1)KMP 算法的思想:分析算法 4.8 的执行过程,造成 BF 算法速度慢的原因是回溯,即在某趟的匹配过程失败后,对于 s 串要回到本趟开始字符的下一个字符,t 串要回到第一个字符。而有些回溯并不是必要的。如图 4.4 所示的匹配过程,在第三趟匹配过程中,s_3 ~ s_6 和

$t_1 \sim t_4$ 是匹配成功的，$s_7 \neq t_5$ 匹配失败，因此有了第四趟，其实这一趟是不必要的：由图可看出，因为在第三趟中有 $s_4 = t_2$，而 $t_1 \neq t_2$，肯定有 $t_1 \neq s_4$。同理第五趟也是没有必要的，所以从第三趟之后可以直接到第六趟，进一步分析第六趟中的第一对字符 s_6 和 t_1 的比较也是多余的，因为第三趟中已经比过了 s_6 和 t_4，并且 $s_6 = t_4$，而 $t_1 = t_4$，必有 $s_6 = t_1$，因此第六趟比较可以从第二对字符 s_7 和 t_2 开始进行，这就是说，第三趟匹配失败后，指针 i 不动，将模式串 t 向右“滑动”，用 t_2“对准”s_7 继续进行，依此类推。这样的处理方法指针 i 是无回溯的。

综上所述，希望某趟在 s_i 和 t_j 匹配失败后，指针 i 不回溯，模式串 t 向右“滑动”至某个位置上，使得 t_k对准 s_i 继续向右进行。显然，现在问题的关键是模式串 t“滑动”到哪个位置上？不妨设位置为 k，即 s_i 和 t_j 匹配失败后，指针 i 不动，模式串 t 向右“滑动”，使 t_k 和 s_i 对准继续向右进行比较，要满足这一假设，就要有如下关系成立：

$$"t_1\ t_2 \cdots\ \ t_{k-1}" = "s_{i-k+1}\ s_{i-k+2} \cdots\ \ s_{i-1}" \tag{4.1}$$

(4.1)式左边是 t_k 前面的 $k-1$ 个字符，右边是 s_i前面的 $k-1$ 个字符。

而本趟匹配失败是在 s_i 和 t_j 之处，已经得到的部分匹配结果是：

$$"t_1\ t_2 \cdots\ \ t_{j-1}" = "s_{i-j+1}\ s_{i-j+2} \cdots\ s_{i-1}" \tag{4.2}$$

因为 $k<j$，所以有：

$$"t_{j-k+1}\ t_{j-k+2} \cdots\ \ t_{j-1}" = "s_{i-k+1}\ s_{i-k+2} \cdots\ s_{i-1}" \tag{4.3}$$

(4.3)式左边是 t_j 前面的 $k-1$ 个字符，右边是 s_i前面的 $k-1$ 个字符，

通过(4.1)和(4.3)得到关系：

$$"t_1\ t_2 \cdots\ \ t_{k-1}" = "t_{j-k+1}\ t_{j-k+2} \cdots\ \ t_{j-1}" \tag{4.4}$$

结论：某趟在 s_i 和 t_j 匹配失败后，如果模式串中有满足关系(4.4)的子串存在，即：模式串中的前 $k-1$ 个字符与模式串中 t_j 字符前面的 $k-1$ 个字符相等时，模式串 t 就可以向右“滑动”至使 t_k 和 s_i 对准，继续向右进行比较即可。

(2)next 函数：模式串中的每一个 t_j 都对应一个 k 值，由(4.4)式可知，这个 k 值仅依赖于模式串 t 本身字符序列的构成，而与主串 s 无关。我们用 next[j]表示 t_j 对应的 k 值，根据以上分析，next 函数有如下性质：

①next[j]是一个整数，且 $0 \leqslant next[j] < j$。

②为了使 t 的右移不丢失任何匹配成功的可能，当存在多个满足(4.4)式的 k 值时，应取最大的，这样向右“滑动”的距离最短，“滑动”的字符为 $j-next[j]$个。

③如果在 t_j 前不存在满足(4.4)式的子串，此时若 $t_1 \neq t_j$，则 $k=1$；若 $t_1 = t_j$，则 $k=0$；这时“滑动”得最远，为 $j-1$ 个字符，即用 t_1 和 s_{j+1} 继续比较。

因此，next 函数定义如下 ：

$$next[j] = \begin{cases} 0 & 当\ j=1 \\ \max(K) & j>1, K=\{k \mid 1<k<j\ 且 "t_1\ t_2 \cdots t_{k-1}" = "t_{j-k+1}\ t_{j-k+2} \cdots\ t_{j-1}"\}非空 \\ 1 & j>1, 当不存在上面的\ k\ 且\ t_1 \neq t_j \\ 0 & j>1, 当不存在上面的\ k\ 且\ t_1 = t_j \end{cases}$$

设有模式串：t = "abcaababc"，则它的 next 函数值为：

j	1	2	3	4	5	6	7	8	9
模式串	a	b	c	a	a	b	a	b	c
next[j]	0	1	1	0	2	2	3	2	3

(3)KMP 算法:在求得模式的 next 函数之后,匹配可如下进行:假设以指针 i 和 j 分别指示主串和模式中的比较字符,令 i 的初值为 pos,j 的初值为 1。若在匹配过程中 $s_i = t_j$,则 i 和 j 分别增 1,若 $s_i = t_j$匹配失败后,则 i 不变,j 退到 next[j]位置再比较,若相等,则指针各自增 1,否则 j 再退到下一个 next 值的位置,依此类推。直至下列两种情况:一种是 j 退到某个 next 值时字符比较相等,则 i 和 j 分别增 1 继续进行匹配;另一种是 j 退到值为零(即模式的第一个字符失配),则此时 i 和 j 也要分别增 1,表明从主串的下一个字符起和模式重新开始匹配。

设主串 s= "abcdbabcaabcaababc",子串 t= "abcaababc",图 4.5 是一个利用 next 函数进行匹配的过程示意图。

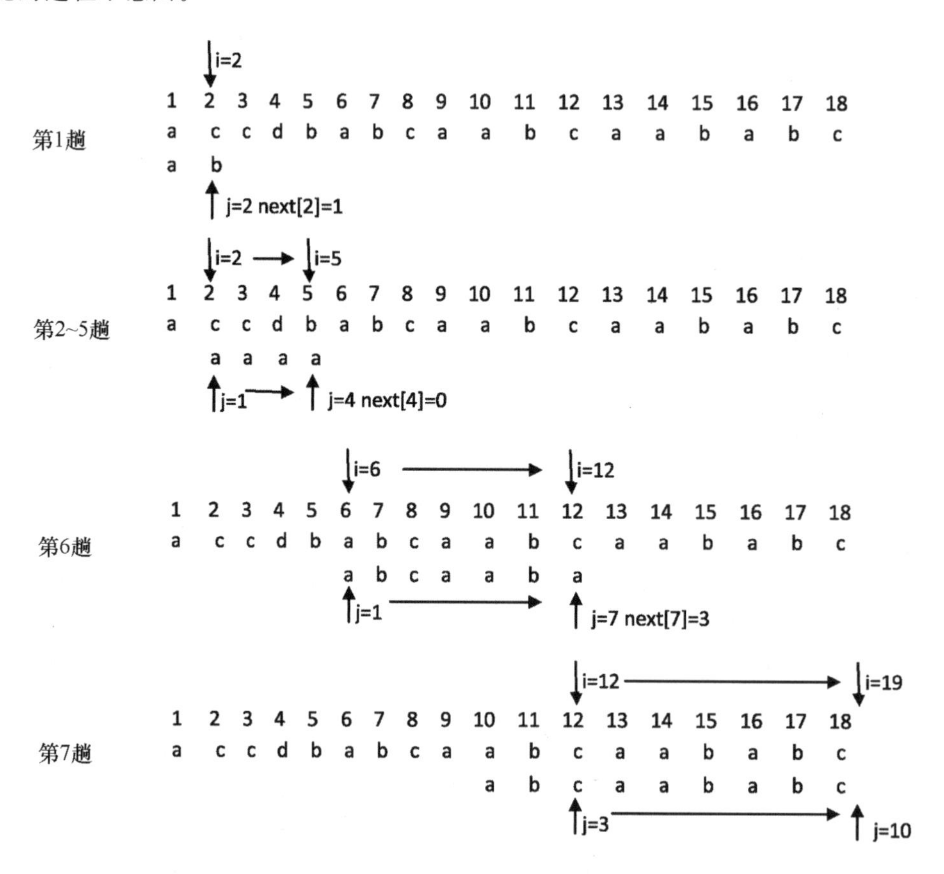

图 4.5 利用模式 next 函数进行匹配的过程示例

在假设已有 next 函数情况下,KMP 算法如下:

【算法 4.9】

int StrIndex_KMP(SString s,SString t,int pos)

{ /* KMP 算法:从 s 的第 pos 个字符开始找与 t 相等的子串,找到返回子串位置,否则返回 -1。*/

```
    int i = pos, j = 1, next[STRMAXSIZE];
    GetNext(t, next);
    while (i<= s.length && j<= t.length)          /* 未到 s,t 串尾 */
        if (j= =0||s.str[i]= =t.str[j]) {
            i++; j++;
        }
        else
            j = next[j];                          /* 回溯 */
    if (j>t.length)
        return  i - t.length;                     /* 匹配成功,返回存储位置 */
    else
        return  -1;
}
```

(4)如何求 next 函数:由以上讨论知,next 函数值仅取决于模式本身而和主串无关。我们可以从分析 next 函数的定义出发用递推的方法求得 next 函数值。

由定义知:

$$next[1] = 0 \tag{4.5}$$

设 next[j] = k,即有:

$$"t_1\ t_2 \cdots\ t_{k-1}" = "t_{j-k+1}\ t_{j-k+2} \cdots\ t_{j-1}" \tag{4.6}$$

next[j+1] = ?,可能有两种情况:

第一种情况:若 $t_k = t_j$ 则表明在模式串中

$$"t_1\ t_2 \cdots\ t_k" = "t_{j-k+1}\ t_{j-k+2} \cdots\ t_j" \tag{4.7}$$

这就是说 next[j+1] = k+1,即

$$next[j+1] = next[j] + 1 \tag{4.8}$$

第二种情况:若 $t_k \neq t_j$ 则表明在模式串中

$$"t_1\ t_2 \cdots\ t_k" \neq "t_{j-k+1}\ t_{j-k+2} \cdots\ t_j" \tag{4.9}$$

此时可把求 next 函数值的问题看成是一个模式匹配问题,整个模式串既是主串又是模式,而当前在匹配的过程中,已有(4.6)式成立,则当 $t_k \neq t_j$ 时应将模式向右滑动,使得第 next[k]个字符和“主串”中的第 j 个字符相比较。若 next[k] = k',且 $t_{k'} = t_j$,则说明在主串中第 j+1 个字符之前存在一个最大长度为 k'的子串,使得

$$"t_1\ t_2 \cdots\ t_k" = "t_{j-k'+1}\ t_{j-k'+2} \cdots\ t_j" \tag{4.10}$$

因此有:

$$next[j+1] = next[k] + 1 \tag{4.11}$$

同理若 $t_k \neq t_j$,则将模式继续向右滑动至使第 next[k']个字符和 t_j 对齐,依此类推,直至 t_j

和模式中的某个字符匹配成功或者不存在任何 k'（1< k'<k <…<j）满足(4.10)，此时若 $t_1 \neq t_{j+1}$，则有：

$$next[j+1]=1 \tag{4.12}$$

否则若 $t_1 = t_{j+1}$，则有：

$$next[j+1]=0 \tag{4.13}$$

综上所述，求 next 函数值过程的算法如下。

【算法 4.10】

```
void GetNext(SString t,int next[])
{   /* 求模式 t 的 next 值并存入 next 数组中 */
    int j=1,k=0;
    next[1]=0;
    while (j<t.length) {
        while (k>0&&t.str[j]! =t.str[k])   /* 对 t_{j+1}，反复右移求满足(4.4)的最长子串长度，见(4.9-4.10) */
            k=next[k];   /* k'=next[k] */
        j++;  k++;
        /* 此时，已找到满足(4.4)子串的长度，k>1；或不存在该类子串，k=1 */
        if (t.str[j]==t.str[k] && k=1)    /* 如 t_{j+1}= t_k 且 k=1，则 next[j+1]=0；*/
            next[j]=0;
        else    /* 否则，如 k=1，则 next[j+1]=k=1 */
        next[j]=k;  /* 对 K>1，next[j+1]=k */
    }
}
```

算法 4.10 的时间复杂度是 O(m)；所以算法 4.9 的时间复杂度是 O(n * m)，但在一般情况下，实际的执行时间是 O(n+m)。

4.3 数组

4.3.1 数组的类型定义

数组(array)是一种常用的数据结构，可以看作线性表的推广，它在数值处理和非数值处理中都有十分广泛的应用。

数组作为一种数据结构其特点是结构中的元素本身可以是具有某种结构的数据，但属于同一数据类型，比如：一维数组可以看作一个线性表，二维数组可以看作“数据元素是一维数组”的一维数组，三维数组可以看作“数据元素是二维数组”的一维数组，依此类推多维数组可以看成是由多个线性表组成。图 4.6 是一个 m 行 n 列的二维数组。

$$A=\begin{pmatrix} a_{11} & a_{12} & \cdots & a_{1n} \\ a_{21} & a_{22} & \cdots & a_{2n} \\ \vdots & \vdots & \cdots & \vdots \\ a_{m1} & a_{m2} & \cdots & a_{mn} \end{pmatrix}$$

图 4.6　m 行 n 列的二维数组

数组是一个具有固定格式和数量的数据有序集，每一个数据元素由唯一的一组下标来标识。通常在各种高级语言中数组一旦被定义，每一维的大小及上下界都不能改变。在数组中通常做下面两种操作：

取值操作：给定一组下标，读对应的数据元素。

赋值操作：给定一组下标，存储或修改与其相对应的数据元素。

数组用于描述表格等具有多维矩形结构的数据非常自然，通过以下例子 4.2 可以看出。

例 4.2　表 4.1 记录了某小学三年级学生的上半学年期末考试各班级的平均成绩：

表 4.1　某小学三年级上半学年期末考试平均成绩表

	三一班	三二班	三三班	三四班	三五班	三六班
数学	90.1	89.7	91.2	87.3	88.4	88.3
语文	87.2	84.3	85.5	83.8	85.8	85.2
英语	93.5	94.3	92.1	91.6	93.2	91.3

表中数据明显呈二维矩形结构，考虑用行下标(0,1,2)分别表示(数学，语文，英语)，用列下标(0,1,..,5)分别表示(三一班，三二班，…，三六班)，则可用以下 C 语句构建二维数组 avg_scores 来描述表 4.1 中数据：

```
float avg_scores[3][6] = {{90.1,89.7,91.2,87.3,88.4,88.3},
                          {87.2,84.3,85.5,83.8,85.8,85.2},
                          {93.5,94.3,92.1,91.6,93.2,91.3}};
```

4.3.2　数组的顺序存储

在计算机中表示数组最普遍的方式是采用一组连续的存储单元顺序的存放数组元素。只要确定了数组的维数和各维的上、下界，数组中数据元素的个数也就确定了，这时我们可以按照某种次序将这些数据元素依次存放在一片连续的存储空间里，并且只要给定一组下标值，就可以唯一的确定相应数据元素的存储位置。对于一维数组按下标顺序分配即可。这里，我们主要讨论对于多维数组的顺序存储表示。

对多维数组分配时，要把它的元素映象存储在一维存储器中，一般有两种存储方式：一是以行为主序(或先行后列)的顺序存放，如 BASIC、PASCAL、COBOL、C 等程序设计语言中用的是以行为主序的分配顺序，即一行分配完了接着分配下一行。另一种是以列为主序(先列后行)的顺序存放，如 FORTRAN 语言中，用的是以列为主序的分配顺序，即一列一列地分配。以行为主序的分配规律是：最右边的下标先变化，即最右下标从小到大，循环一遍后，右边第二个下标再变，…，从右向左，最后是左下标。以列为主序分配的规律恰好相反：最左边的下标先变化，即最左下标从小到大，循环一遍后，左边第二个下标再变，…，从左向右，最后是右下标。

例如一个 2×3 的二维数组，逻辑结构可以用图 4.7 表示。以行为主序的内存映象如图 4.8(a)所示。分配顺序为：a_{11}，a_{12}，a_{13}，a_{21}，a_{22}，a_{23}，以列为主序的分配顺序为：a_{11}，a_{21}，a_{12}，a_{22}，a_{13}，a_{23}，它的内存映象如图 4.8(b)所示。

a_{11}	a_{12}	a_{13}
a_{21}	a_{22}	a_{23}

图 4.7　2×3 数组的逻辑状态

a_{11}
a_{12}
a_{13}
a_{21}
a_{22}
a_{23}

(a) 以行为主序

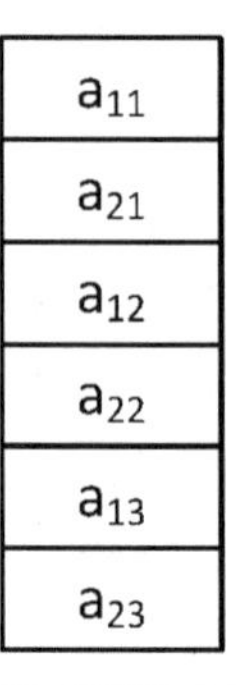

(b) 以列为主序

图 4.8　2×3 数组的物理状态

设有 m×n 二维数组 A_{mn}，下面我们看按元素的下标求其地址的计算：

以"以行为主序"的分配为例：设数组的基址为 $LOC(a_{11})$，每个数组元素占据 l 个地址单元，那么 a_{ij} 的物理地址可用一线性寻址函数计算：

$$LOC(a_{ij}) = LOC(a_{11}) + ((i-1) * n + (j-1)) * l$$

这是因为数组元素 a_{ij} 的前面有 i－1 行，每一行的元素个数为 n，在第 i 行中它的前面还有 j－1 个数组元素。

在 C 语言中，数组中每一维的下界定义为 0，则：

$$LOC(a_{ij}) = LOC(a_{00}) + (i * n + j) * l$$

推广到一般的二维数组：$A[c_1..d_1][c_2..d_2]$，则 a_{ij} 的物理地址计算函数为：

$$LOC(a_{ij}) = LOC(a_{c1c2}) + ((i - c_1) * (d_2 - c_2 + 1) + (j - c_2)) * l$$

同理对于三维数组 A_{mnp}，即 m×n×p 数组，对于数组元素 a_{ijk} 其物理地址为：

$$LOC(a_{ijk}) = LOC(a_{111}) + ((i-1) * n * p + (j-1) * p + k - 1) * l$$

推广到一般的三维数组：$A[c_1..d_1][c_2..d_2][c_3..d_3]$，则 a_{ijk} 的物理地址为：

$$LOC(a_{ijk}) = LOC(a_{c1c2c3}) + ((i - c_1) * (d_2 - c_2 + 1) * (d_3 - c_3 + 1) + (j - c_2) * (d_3 - c_3 + 1) + (k - c_3)) * l$$

4.3.3 特殊矩阵的压缩存储

二维数组也称为矩阵，特殊矩阵是指非零元素的分布有一定规律的矩阵。对于一个矩阵结构显然用一个二维数组来表示是非常恰当的，但在有些情况下从节约存储空间的角度考虑，这种存储是不太合适的，可以利用特殊矩阵的规律，对它们进行压缩存储。所谓压缩存储就是对数组中的多个相同的非零元素共享同一个存储单元，对零元素不分配存储空间。下面从这一角度来考虑这些特殊矩阵的存储方法。特殊矩阵的主要形式有对称矩阵、三角矩阵和稀疏矩阵等。

1. 对称矩阵

对称矩阵的特点是：在一个 n 阶方阵中，有 $a_{ij}=a_{ji}$，其中 $1\leqslant i,j\leqslant n$。在对称矩阵中，由于位置对称于主对角线的元素值都相同，因此，只需为每一对对称元素分配一个存储单元即可。也就是说，我们没必要用二维数组存储其所有元素，而只需用一维数组存储其包括主对角线在内的上三角(或下三角)中的元素。这样，n 阶对称矩阵中的 n^2 个元素就压缩存储到 n(n+1)/2 个存储单元中，节约了 n(n−1)/2 个存储单元，当 n 较大时，这是相当可观的一部分存储资源。

如何只存储下三角部分呢？对下三角部分以行为主序顺序存储到一个向量中去，在下三角中共有 n(n+1)/2 个元素，因此，不失一般性，设存储到向量 SA[n(n+1)/2]中，存储顺序可用图 4.9 示意，这样，原矩阵下三角中的某一个元素 a_{ij} 则具体对应一个 sa_k，下面的问题是要找到 k 与 i、j 之间的关系。

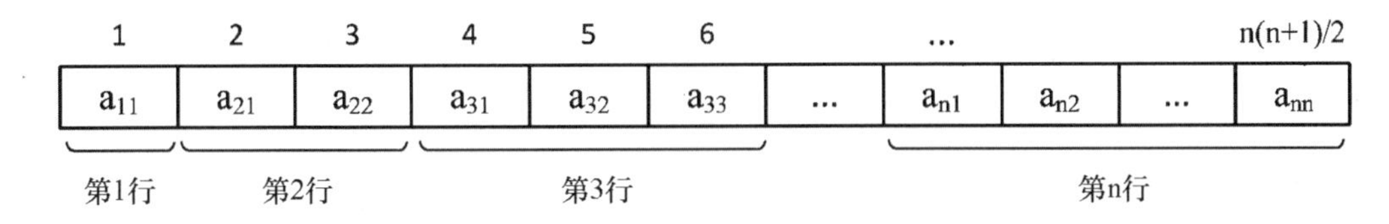

图 4.9　一般对称矩阵的压缩存储

对于下三角中的元素 a_{ij}，其特点是：$i\geqslant j$ 且 $1\leqslant i\leqslant n$，存储到 SA 中后，根据存储原则，它前面有 i−1 行，共有 $1+2+\cdots+(i-1)=i*(i-1)/2$ 个元素，而 a_{ij} 又是它所在的行中的第 j 个，所以在上面的排列顺序中，a_{ij} 是第 $i*(i-1)/2+j$ 个元素，因此它在 SA 中的下标 k 与 i、j 的关系为：

$$k=i*(i-1)/2+j \quad (1\leqslant k\leqslant n*(n+1)/2)$$

若 $i<j$，则 a_{ij} 是上三角中的元素，因为 $a_{ij}=a_{ji}$，这样，访问上三角中的元素 a_{ij} 时则去访问和它对应的下三角中的 a_{ji} 即可，因此将上式中的行列下标交换就是上三角中的元素在 SA 中的对应关系：

$$k=j*(j-1)/2+i \quad (1\leqslant k<\leqslant n*(n+1)/2)$$

2. 三角矩阵

如图 4.10 的矩阵称为三角矩阵，其中 c 为某个常数。(a)为下三角矩阵，主对角线以上的数据元素(不包括对角线)均为同一个常数；(b)为上三角矩阵，主对角线以下的数据元素(不包括对角线)均为同一个常数。

三角矩阵的压缩存储方法和对称矩阵类似，不同之处在于存完下三角中的元素之后，紧接着存储对角线上方的常量(0 元素不分配存储空间)，因为是同一个常数，所以存一个即可，这样一共存储了 n(n+1)/2+1 个元素，设存入向量 SA[n(n+1)/2+1]中(图 4.11)，这种存储方式可节约 n(n−1)/2−1 个存储单元，sa_k 与 a_{ij} 的对应关系为：

$$k=\begin{cases} i*(i-1)/2+j & 当\ i\geqslant j \\ n*(n+1)/2+1 & 当\ i<j \end{cases}$$

对于上三角矩阵，当然也可采用类似的压缩存储，也可推出其任意元素与对应的一维数组下标的变换关系。

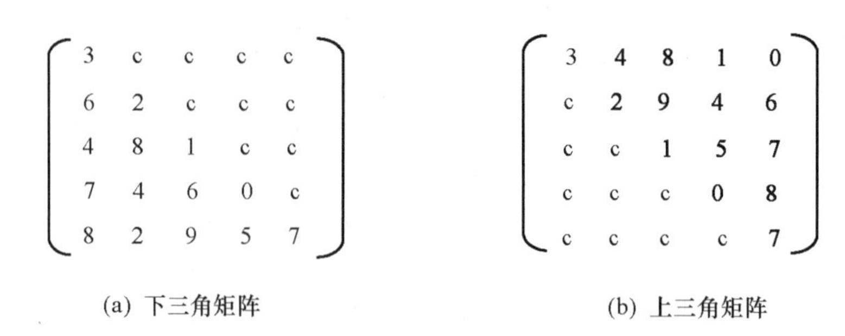

图 4.10 三角矩阵

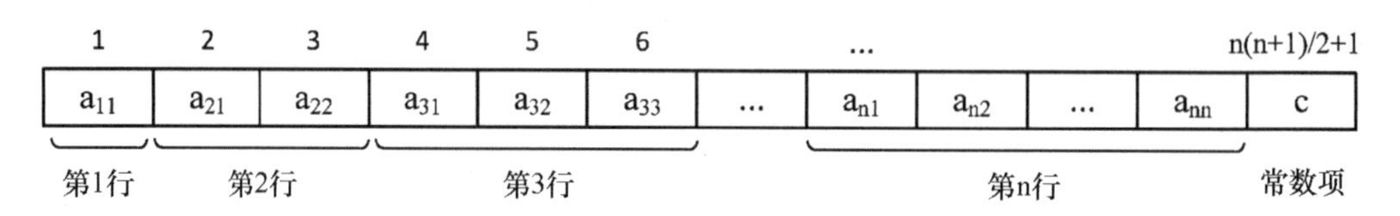

图 4.11 下三角矩阵的压缩存储

3.稀疏矩阵

设 m * n 矩阵中有 t 个非零元素且 t<<m * n,这样的矩阵称为稀疏矩阵。例如,对于如图 4.12 所示的矩阵 A,其中 20 个矩阵元素中只有 5 个非零元素,其余 15 个元素都是零元素,我们可以认为它是一个稀疏矩阵。

按照压缩存储的基本思想,只需存储稀疏矩阵中的非零元素。但对于这类矩阵,通常零元素分布没有规律,为了能找到相应的元素,仅存储非零元素的值是不够的,还要记下它所在的行和列。于是采取如下方法:将非零元素所在的行、列以及它的值构成一个三元组(行下标 i,列下标 j,元素值 v),然后再按某种规律存储这些三元组,这种方法可以节约存储空间。下面讨论稀疏矩阵的三元组表存储方法。

(1)稀疏矩阵的三元组表存储:将三元组按行优先的顺序,同一行中列号按从小到大的规律排列成一个线性表,称为三元组表,采用顺序存储方法存储该表。图 4.12 所示的稀疏矩阵 A 对应的三元组表如图 4.13 所示。

$$A=\begin{pmatrix}4&0&0&5\\0&0&8&0\\2&0&0&0\\0&0&0&0\\0&0&0&6\end{pmatrix}$$

图 4.12 稀疏矩阵 A

	i	j	v
1	1	1	4
2	1	4	5
3	2	3	8
4	3	1	2
5	5	4	6

图 4.13 A 的三元组表

显然,要唯一的表示一个稀疏矩阵,存储三元组表的同时还需要存储该矩阵的总行数和总列数,为了运算方便,矩阵的非零元素的个数也要同时存储。这种存储思想的实现定义如下:

```
#define SMAX   1024             /* 一个足够大的数 */
typedef  struct {
    int i,j;                    /* 非零元素的行、列 */
```

```
        datatype  v;               /* 非零元素值 */
    } SPNode;                      /* 三元组类型 */
    typedef  struct {
        int mu,nu,tu;              /* 矩阵的行、列及非零元素的个数 */
        SPNode  data[SMAX];        /* 三元组表 */
    } SPMatrix;                    /* 三元组表的存储类型 */
```

这样的存储方法确实节约了存储空间，但矩阵的运算从算法上可能变得复杂些。下面我们讨论这种存储方式下稀疏矩阵的转置运算。

设 SPMatrix A 为一个 m * n 的稀疏矩阵，则其转置 SPMatrix B 是一个 n * m 的稀疏矩阵，由 A 求 B 需：

①将 A 的行、列转化成 B 的列、行；

②将 A.data 中每一三元组的行列交换后转化到 B.data 中。

以上两点完成之后，看似完成了 A 的转置，但实际还没有，因为我们前面规定的三元组是按一行一行且每行中的元素是按列号从小到大的规律顺序存放的，因此 B 也必须按此规律实现，A 的转置 B 如图 4.14 所示，图 4.15 是它对应的三元组存储，就是说，在 A 的三元组存储基础上得到 B 的三元组表存储(为了运算方便，矩阵的行列都从 1 算起，三元组表 data 也从 1 单元用起)。

$$B=\begin{pmatrix}4&0&2&0&0\\0&0&0&0&0\\0&8&0&0&0\\5&0&0&0&6\end{pmatrix}$$

图 4.14　A 的转置 B

	i	j	v
1	1	1	4
2	1	3	2
3	3	2	8
4	4	1	5
5	4	5	6

图 4.15　B 的三元组表

稀疏矩阵转置算法思路描述如下：

①A 的行、列转化成 B 的列、行；

②在 A.data 中依次找第一列的、第二列的、直到最后一列，并将找到的每个三元组的行、列交换后顺序存储到 B.data 中即可。

稀疏矩阵转置算法实现如下：

【算法 4.11】

```
SPMatrix* TransM1 (SPMatrix *A)
{  /*计算并返回稀疏矩阵 A 的转置矩阵*/
    SPMatrix *B;  int p,q,col;
    B=(SPMatrix *)malloc(sizeof(SPMatrix));        /*申请存储空间*/
    B->mu=A->nu;  B->nu=A->mu;  B->tu=A->tu;  /*稀疏矩阵的行、列、元素个数*/
    if (B->tu>0) {  /*有非零元素则转换*/
        q=0;
            for (col=1; col<=(A->nu); col++)  /*按 A 的列序转换*/
```

```
                for (p=1; p<= (A->tu); p++)   /* 扫描整个三元组表 */
                    if (A->data[p].j==col) {
                        B->data[q].i= A->data[p].j ;
                        B->data[q].j= A->data[p].i ;
                        B->data[q].v= A->data[p].v;
                        q++;
                    }/* if */
        } /* if(B->tu>0) */
        return B;  /* 返回的是转置矩阵的指针 */
    }
```

分析该算法,其时间主要耗费在 col 和 p 的二重循环上,所以时间复杂性为 O(n * t),其中 t 是矩阵的非零元素个数。显然,当非零元素的个数 t 和原矩阵的行列乘积 m * n 同数量级时,算法的时间复杂度为 $O(m*n^2)$。因此,对非稀疏矩阵,和通常存储方式下的矩阵转置算法相比,该算法的时间性能更差一些。

采用三元组表存储稀疏矩阵,可以节省空间。当矩阵非零元素个数 t<<m * n,对稀疏矩阵进行转置、输入/输入等基本运算也比较方便。但是,采用三元组表存储方式做一些操作(如加法、乘法)时,非零项数目及非零元素的位置会发生变化,这时这种表示就十分不便。下面介绍的十字链表能有效地解决这个问题。

(2)稀疏矩阵的十字链表存储:用十字链表表示稀疏矩阵的基本思想是:对每个非零元素存储为一个结点,结点由 5 个域组成,其结构如图 4.16 表示,其中:row 域存储非零元素的行号,col 域存储非零元素的列号,v 域存储元素的值,right,down 是两个指针域。

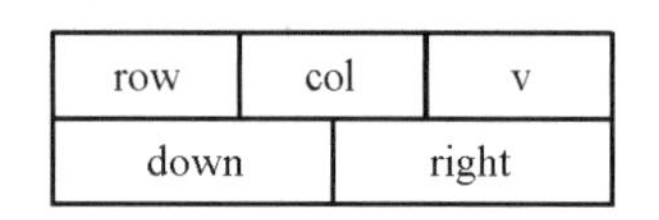

图 4.16 十字链表的结点结构

稀疏矩阵中每一行的非零元素结点按其列号从小到大的顺序,由 right 域链成一个带表头结点的循环行链表,同样每一列中的非零元素按其行号从小到大的顺序由 down 域也链成一个带表头结点的循环列链表。即每个非零元素 a_{ij} 既是第 i 行循环链表中的一个结点,又是第 j 列循环链表中的一个结点。每个非零元素就好比一个十字路口,因此称作十字链表。行链表、列链表的头结点的 row 域和 col 域置 0。每一列链表的表头结点的 down 域指向该列链表的第一个元素结点,每一行链表的表头结点的 right 域指向该行链表的第一个元素结点。由于各行、列链表头结点的 row 域、col 域和 v 域均为零,行链表头结点只用 right 指针域,列链表头结点只用 down 指针域,故这两组表头结点可以合用,也就是说对于第 i 行的链表和第 i 列的链表可以共用同一个头结点。我们称这些合并后的头结点为行列头结点,行列头结点数为矩阵行数 m 和列数 n 的最大值。为了方便地找到每一行或每一列,将每行(列)的这些头结点们链接起来,因为头结点的值域空闲,所以用头结点的值域作为连接各头结点的链域,即第 i 行(列)的头结点的值域指向第 i+1 行(列)的头结点,… ,形成一个循环表。这个循环表又有一个头结点，这就是最后的总头结点，指针 HA 指向它。总头结点的 row 和 col 域存储原矩阵的行数和列数。图 4.17 是图 4.12 所示稀疏矩阵 A 的十字链表。

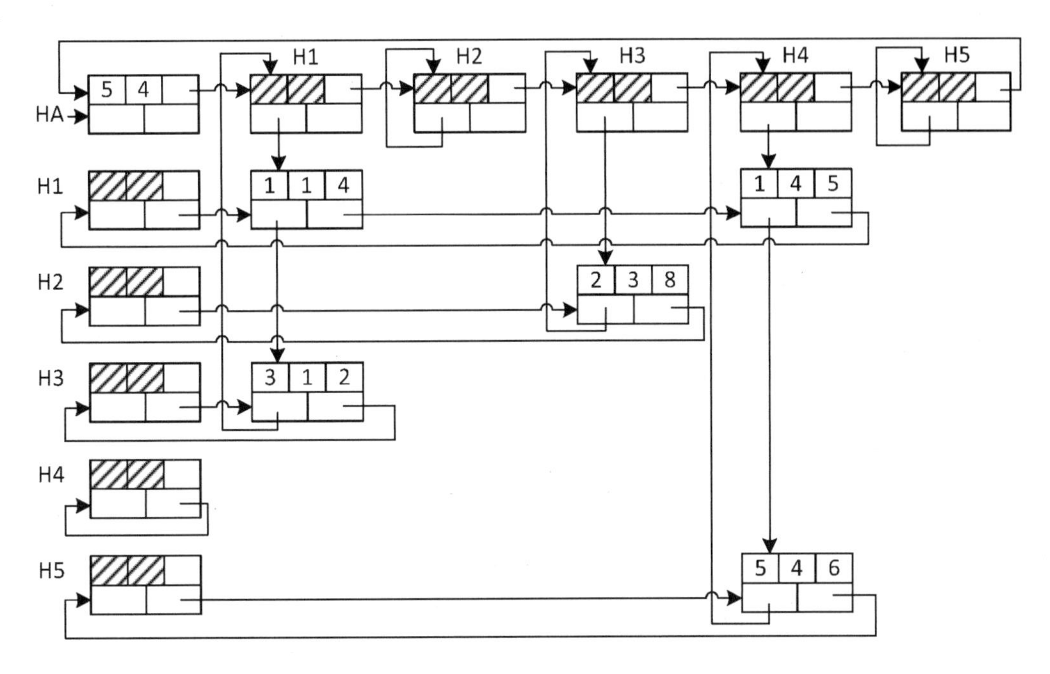

图 4.17　用十字链表表示的稀疏矩阵 A

因为非零元素结点的值域是 datatype 类型，在表头结点中需要一个指针类型，为了使整个结构的结点一致，我们规定表头结点和其他结点有同样的结构，因此该域用一个联合来表示。改进后的结点结构如图 4.18 所示。

<table>
<tr><td colspan="2">row</td><td colspan="2">col</td><td colspan="2">v/next</td></tr>
<tr><td colspan="3">down</td><td colspan="3">right</td></tr>
</table>

图 4.18　十字链表中非零元素和表头共用的结点结构

综上，结点的结构定义如下：

```
typedef  struct   node {
    int  row, col;
    struct node  * down ,  * right;
    union   v_next {
        datatype   v;
        struct node    * next;
    };
} MNode,  * MLink;
```

4.4 广义表

4.4.1 广义表的定义

我们知道，线性表是由 n 个数据元素组成的有限序列。其中每个组成元素被限定为单元素，有时这种限制需要拓宽。例如，中国举办的某体育项目国际邀请赛，参赛队清单可采用如下的表示形式：

(俄罗斯队，巴西队，(中国国家队，河北队，四川队)，古巴队，美国队，( )，日本队)

在这个拓宽了的线性表中，韩国队应排在美国队的后面，但由于某种原因未参加，成为空表。中国国家队、河北队、四川队均作为东道主的参赛队参加，构成一个小的线性表，成为原线性表的一个数据项。这种拓宽了的线性表就是广义表。

广义表(Generalized Lists)是 $n(n \geqslant 0)$ 个数据元素 $a_1, a_2, \cdots, a_n$ 的有序序列，一般记作：

$$LS = (a_1, a_2, \cdots, a_n)$$

其中：LS 为表名，$a_i(1 \leqslant i \leqslant n)$ 是表中元素，它可以是不可分割的单元素(称为原子)，也可以是一个广义表(称为子表或表元素)。n 是表的长度，即表中元素的个数，长度为 0 的表为空表。显然，线性表可以看作广义表在数据元素为单元素时的特殊情况。广义表的定义是递归的，因为在定义广义表时又用到了广义表的概念。

为书写清楚起见，通常用大写字母表示广义表，用小写字母表示单个数据元素，广义表用括号括起来，括号内的数据元素用逗号分隔开。例如：

A =()

B =(d, e)

C =(a, (b, c, d))

D =(A, B, C) = ((), (d,e), (a, (b, c, d)))

E =(a, E) = (a, (a, (a, …)))

F =((a, (a, b), ((a, b), c)))

其中：

A 是一个空表，其长度为 0；

B 是包含两个单元素 d，e 的表，其长度为 2；

C 中有两个元素，一个是单元素 d，另一个是子表(b, c, d)，C 的长度为 2；

D 是包含 A，B，C 三个表元素的表，D 的长度为 3；

E 是一个递归的表，E 的长度为 2；

F 中只含有一个元素，该元素是一个表(a, (a, b), ((a, b), c))，F 的长度为 1。

从上述广义表的定义和例子可以得到广义表的下列重要性质：

(1)有次序性。广义表是一种线性结构，其数据元素以线性序列排列，有相对次序。

(2)有长度。广义表是个有限序列，元素个数一定，广义表的长度定义为最外层包含元素个数。

(3)有深度。广义表的深度定义为所含括弧的重数。其中，原子的深度为 0，空表的深度为 1。例如：广义表 C 的深度为 2，广义表 D 的深度都为 3，F 的深度为 4。

(4)可递归。一个广义表可以是自己的子表，这种广义表称为递归表。例如，表 E 就是一个递归表。值得注意的是递归表的深度是无穷值，而其长度是有限值，表 E 的长度为 2。

(5)可共享。广义表可以为其他广义表共享。例如，表 A、B、C 是表 D 的子表，则在表 E 中不必列出子表的具体值，而可以通过子表名来引用。在实际应用中，可以利用广义表的共享特性减少存储结构中的数据冗余，以节省存储空间。

(6)任何一个非空广义表 LS = (a_1，a_2，…，a_i，…，a_n)均可分解为两部分：

表头 Head(LS) = a_1，表尾 Tail(LS) = (a_2，…，a_n)

根据广义表的表头、表尾的定义可知，对于任意一个非空的广义表，其表头可能是单元素也可能是子表，而表尾必为广义表。空表无表头表尾。仍取上面示例：

A 无表头表尾

Head(B) = d　　Tail(B) = (e)

Head(C) = a　　Tail(C) = ((b，c，d))

Head(D) = A　　Tail(D) = (B，C)

Head(E) = a　　Tail(E) = (E)

Head(F) = (a，(a，b)，((a，b)，c))　　Tail(F) = ()

4.4.2　广义表的存储结构

由于广义表是一种递归定义的数据结构，数据元素可以具有不同的结构(或为原子，或为子表)，很难为每个广义表分配固定大小的存储空间，因此难以用顺序的存储结构来表示。而链式的存储结构分配较为灵活，易于解决广义表的共享与递归问题，所以通常都采用链式的存储结构来存储广义表。在这种表示方式下，每个数据元素可用一个结点表示。

若广义表不空，则可分解成表头和表尾；反之，一对确定的表头和表尾可唯一地确定一个广义表。头尾表示法就是根据这一性质设计而成的一种存储方法。

由于广义表中的数据元素既可能是列表也可能是单元素，相应地在头尾表示法中结点的结构形式有两种：一种是表结点，用以表示列表。一个表结点可由 3 个域组成：标志域、指示表头的指针域和指示表尾的指针域；一种是元素(原子)结点，用以表示单元素(原子)。而原素结点只需两个域：标志域和值域。为了区分这两类结点，在结点中还要设置一个标志域，如果标志为 1，则表示该结点为表结点；如果标志为 0，则表示该结点为元素结点。其形式定义说明如下：

```
typedef enum {ATOM, LIST} Elemtag;          /* ATOM = 0：单元素；LIST = 1：子表 */
typedef  struct  GLNode {
Elemtag  tag;                               /* 标志域，用于区分元素结点和表结点 */
union {                                     /* 元素结点和表结点的联合部分 */
datatype  data;                             /* data 是元素结点的值域 */
struct { struct GLNode  *hp, *tp;
} ptr;       /* ptr 是表结点的指针域，ptr.hp 和 ptr.tp 分别指向表头和表尾 */
```

```
};
} * GList;                                   /* 广义表类型 */
```

头尾表示法的结点形式如图 4.19 所示。

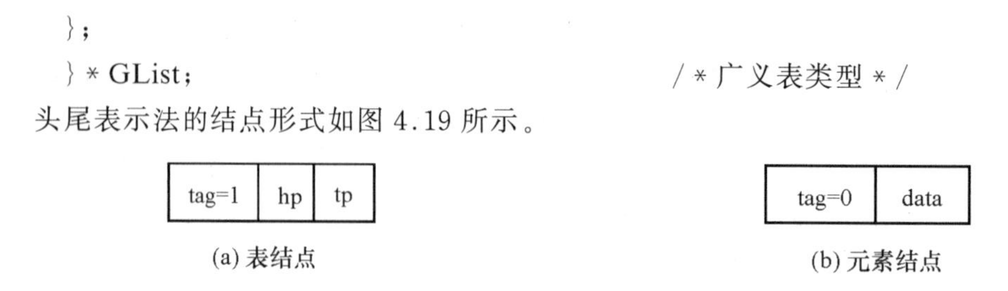

图 4.19 头尾表示法的结点

对于 4.4.1 所列举的广义表 A、B、C、D、E，若采用头尾表示法存储方式，其存储结构如图 4.20 所示。

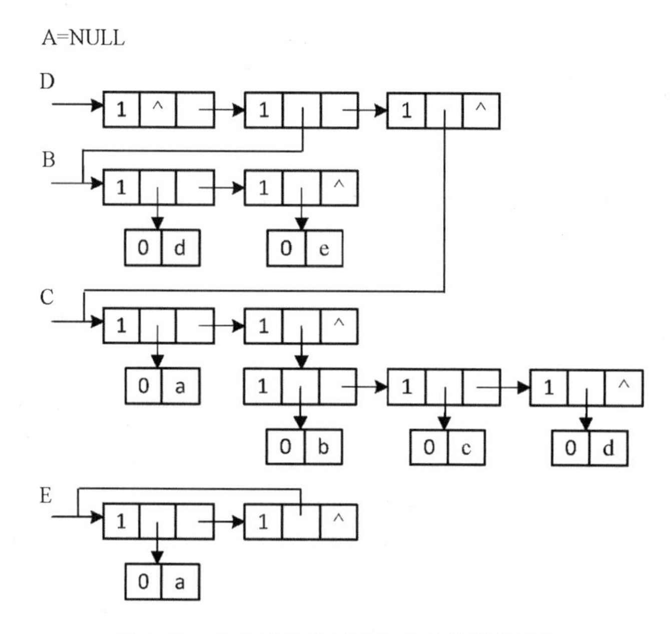

图 4.20 广义表的头尾表示法存储结构示例

从上述存储结构示例中可以看出，采用头尾表示法容易分清列表中单元素或子表所在的层次。例如，在广义表 D 中，单元素 a、d、e 在同一层次上，而单元素 b、c、d 在同一层次上且比 a、d、e 低一层，子表 B 和 C 在同一层次上。另外，最高层的表结点的个数即为广义表的长度。例如，在广义表 D 的最高层有三个表结点，其广义表的长度为 3。

另外，还有一种广义表的单链表示法，在这种存储结构中，无论是单元素结点还是子表结点均由三个域构成。其结点形式如图 4.21 所示。

图 4.21 单链表示法的结点形式

其形式定义说明如下：

```
typedef   enum {ATOM, LIST} Elemtag; /* ATOM=0:单元素;LIST=1:子表 */
```

```
typedef  struct  GLENode {
Elemtag  tag;                  /* 标志域,用于区分元素结点和表结点 */
union {                        /* 元素结点和表结点的联合部分 */
datatype  data;                /* 元素结点的值域 */
struct GLENode  * hp;          /* 表结点的表头指针 */
};
struct GLENode  * tp;          /* 指向下一个结点 */
} * EGList;                    /* 广义表类型 */
```

对于 4.4.1 节中所列举的广义表 A、B、C、D、E,若采用单链表示法的存储方式,其存储结构如图 4.22 所示。从存储结构示例中可以看出,采用单链表示法时,表达式中的左括号“(”对应存储表示中的 tag=1 的结点,且最高层结点的 tp 域必为 NULL。

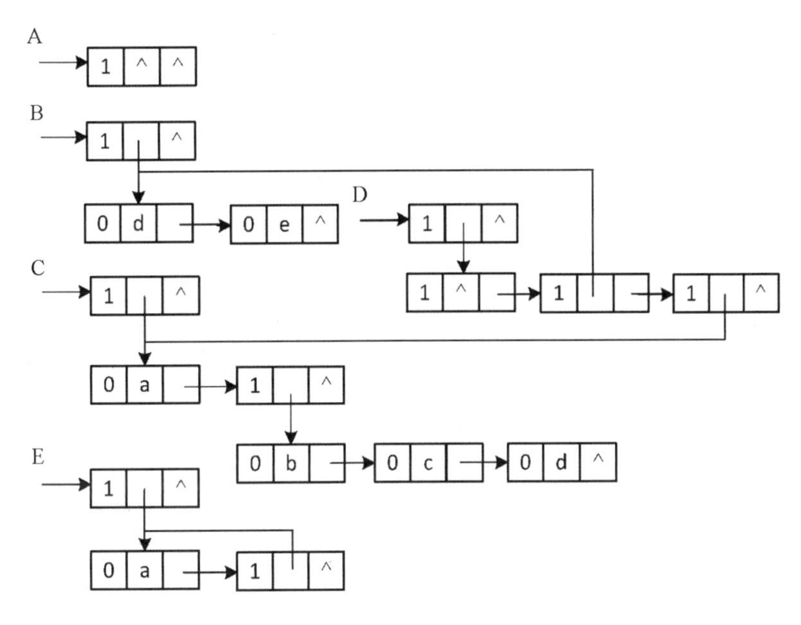

图 4.22　广义表的单链表示法存储结构示例

4.5　案例分析与实现

串是计算机程序处理的最常见的数据对象之一。关于串的程序设计,在各类程序设计竞赛中也屡有出现,案例 4.3 就来源于 2002 年国际信息学奥林匹克竞赛(International Olympiad in Informatics)IOI 2002 年的一道赛前练习题(为了帮助参赛选手熟悉竞赛系统,IOI 竞赛组织者会在赛前给出一些练习题,参赛选手在竞赛系统上完成练习题并提交结果)。

例 4.3　每一个 DNA 串由 4 个字母 A,T,G,C 组成。现有一个最大长度为 255 的未知 DNA 串 S_0,唯一可以获取到 S_0 相关信息的方法就是通过一个圣谕(oracle)查询:向圣谕提交一个查询串 S,圣谕将返回一个关于 S_0 包含 S 的是或否的应答。例如:令 S_0 = "ATTGCGCGATCG",则"ATTG"和"CGCG","T","AT"都是 S_0 的子串,而"TGG"和"GCGATG"都不是。要求:编写一个程序,使用尽可能少次数的圣谕查询以确定 S_0。

1.设计说明

(1)输入输出

输入:未知 DNA 串 S_0 存放于文本文件 string.in 中,string.in 文件内容是一个 4 个字母 A,T,G 和 C 字母组成的串,串长度属于[1,255]。如

ATTGCGCGATCG

输出:程序结束后,其执行结果保存在文本文件 string.out 中,string.out 有两行:第一行为圣谕查询(即调用 CallOracle)的次数,第二行为程序判定的结果 DNA 串。如

40
ATTGCGCGATCG

如程序输出结果中的圣谕查询次数多于某个上限(在本例中为 56 次),则所设计程序不符合要求。

(2)圣谕函数库

出题方已提供一个 GNU C 圣谕函数库(oracle.h, oracle.lib),库中函数说明见表 4.2,此处假定串采用 4.2.1 节的定长顺序存储结构:

表 4.2 圣谕库函数说明

函数原型	函数功能和使用说明
void StartString()	启动圣谕库,从文本文件 string.in 中读入 S_0,该函数必须且只需在库中其他函数被调用前调用一次。
int CallOracle(SString S)	圣谕查询,如果 S 是 S_0 的子串,函数返回 1,否则返回 0
void AnswerString(SString S)	停止圣谕库,创建文本文件 string.out,将 S 写入 string.out,该函数必须且只需在程序结束前调用一次。

以下是一个圣谕函数库的实现代码,int CallOracle(SString S)中使用了 4.2.4 节的 KMP 模式匹配算法。首先定义两个全局变量:

```
SString S0;          /* 未知 DNA 串 */
int count;           /* 圣谕查询计数 */
```

【算法 4.12】

```
void StartString()
{  /* 初始化,启动圣谕 */
   int i = 0;
   char c;
   FILE * fin = fopen("string.in","r");
   if (fin == NULL) {
      printf("string.in 文件打开失败!");
      exit(1);
   }
   while ((i<255) && ((c = fgetc(fin))! = EOF)) {
      if (c! = 'A' && c! = 'T' && c! = 'G' && c! = 'C')  {
```

```
            printf("未知 DNA 串中含有非法字符!");
            exit(1);
        }
        S0.str[i+1] = c;
        i++;
    }
    if (i<=1 || c! =EOF) {
        printf("未知 DNA 串长度异常!");
        exit(1);
    }
    S0.str[i+1]='\0';    /* C 字符串以'\0'结尾,令 S0.str[i]='\0'以兼容 C 字符串 */
    S0.length=i;   /* 串长 */
    fclose(fin);
    count = 0;
}
```

【算法 4.13】

```
int CallOracle(SString S)
{   /* 执行一次圣谕查询 */
    count++;
    if (StrIndex_KMP(S0,S,1)==-1)
        return 0;
    return 1;
}
```

【算法 4.14】

```
void AnswerString(SString S)
{   /* 停止圣谕查询,记录查询结果 */
    FILE *fout = fopen("string.out","w+");
    fprintf(fout, "%d\n%s", count, &S.str[1]);
    fclose(fout);
}
```

2.设计分析

假如知道 S_0 的长度,那么构造所有该长度的 DNA 串并逐个调用 CallOracle,就可以查询得知 S_0。但由于事先不知道 DNA 串 S_0 的长度,因此,就需要考虑 S_0 的长度为从 1 开始的所有情况。

延此思路出发,至少有一个笨办法肯定能判定出 S_0:从长度为 1 开始,逐一构造出所有由 A,T,G,C 组成的长度小于或等于 255 的查询串 S,执行 CallOracle(S),直到最后找到某个长度为 n 的查询串,其 CallOracle 调用返回结果为 1,而对所有长度为 n+1 的查询串,CallOracle 调用返回结果均为 0,则该长度为 n 的查询串即为 S_0。由于每构造一个查询串要做一次 CallOracle 调用,因此采用这种方法,CallOracle 的调用次数将多达 $4+4^2+\cdots+4^{n+1}$。

上面的方法比较笨，不符合题目要求，不过受它“延长”查询串和确定查询结束的方式启发却可以产生一个更有效的方法：在从长度为 1 开始构造查询串时，如果每次“延长”查询串总是以 CallOracle 调用返回结果值为 1 的查询串为基础向左或向右“延长”，则可以避免构造大量不必要的查询串。算法简要描述如下：

（1）调用 StartString，启动圣谕读入 S_0。以 A，T，G，C 四个字母先后作为子串 S 执行 CallOracle(S)（即进行圣谕查询），直到 CallOracle(S)返回值为 1。

（2）尝试向右延长 S 一个字母：令 x 分别为字母 A，T，G，C 构成的串，S'＝Sx，执行 CallOracle(S')，如其返回值为 1，则令 S＝S'，尝试向右延长一个字母成功，回 2）开始处继续向右延长；如尝试向右延长一个字符失败，则此时 S 为 S_0 的后缀，继续(3)。

（3）尝试向左延长 S 一个字母：令 x 分别为 A，T，G，C 构成的串，S'＝xS，执行 CallOracle(S')，如其返回值为 1，则令 S＝S'，尝试向左延长一个字母成功，回(3)开始处继续向左延长；如尝试向左延长一个字母失败，则此时 S 为 S_0 的前缀，因 S 此时同时还为 S_0 的后缀，故 S 此时即为 S_0。

（4）调用 AnswerString(S)，停止圣谕，输出结果。

采用这个改进的方法，每延长一个字母最多只需要尝试 4 次查询，而向右、向左延长时需因确定左右边界而多查询 4 次，因此对长度为 n 的 S_0，CallOracle 的调用次数最多为 4(n＋2)。

3. 程序实现

【算法 4.15】

```
void main()
{   /* 使用尽可能少次的圣谕查询获知未知 DNA 串 S0 的信息 */
    SString S;
    char data[512]; /* 查询串 S 的数据 S.str 指向大小为 512 的 data 字符数组内的某
段区域 */
    int left=256;    /* 该区域的左边界的数组下标为 left,其初始值=256 */
    int right=256;   /* 右边界的数组下标为 right,其初始值=256 */
    const char letters[4]={'A','T','G','C'};
    int i;

    StartString();
    memset(data,'\0',512);   /* 字符数组内存清零 */
    for (i=0; i<4; i++) {   /* 对长度为 1 的子串 S 进行圣谕查询 */
        data[left]=letters[i];
        S.length=1;   /* S 长度为 1 */
        strcpy(&S.str[1], &data[left]);
        if (CallOracle(S)==1)
            break;
    }
    /* 对子串 S 向右延长进行圣谕查询 */
    while (right<510) {
```

```
            S.length++;  /* 尝试向右延长 */
            for (i=0; i<4; i++) {  /* 尝试以 A,T,G,C 分别向右延长 S */
              data[right+1]=letters[i];
              strcpy(&S.str[1], &data[left]);
              if (CallOracle(S)==1) {
                  right++;
                  break;
              }
            }
        if (i==4) {  /* 尝试向右延长 S 一个字母不成功,data[right]是未知 DNA 的最后
一个字母 */
              data[right+1]='\0';  /* C 字符串以'\0'结尾,令 data[right+1]='\0'为兼容
C 字符串 */
              S.length--;  /* 恢复查询串长度值 */
              break;
          }
        }
        /* 对子串 S 向左延长进行圣谕查询 */
        while (right-left<255) {
            S.length++;  /* 尝试向左延长 */
            for (i=0; i<4; i++) {  /* 尝试以 A,T,G,C 分别向左延长 S */
                data[left-1]=letters[i];
                strcpy(&S.str[1], &data[left-1]);
                if (CallOracle(S)==1)  {
                    left--;
                    break;
                }
            }
            if (i==4) {  /* 尝试向左延长 S 不成功,data[left]是未知 DNA 的第一个字
母 */
                strcpy(&S.str[1], &data[left]);
                S.length--;  /* 恢复查询串长度值 */
                break;
            }
        }
        AnswerString(S);
    }
```

小　结

本章介绍了串、数组和广义表的基本知识。

串是由字符构成的线性表，它可以采用顺序结构或链式结构存储，不过通常采用顺序结构存储，串的基本运算与一般线性表的不同，主要有串比较、串连接、求子串、求串长、模式匹配等。

数组是由同类数据元素构成的n维矩形结构，非常适合用于描述固定大小的表。数组常采用按行或按列优先的方式顺序存储在连续的内存中，根据数组元素下标可通过公式简单计算出数组元素的储存地址。

一般矩阵可以用数组描述，对某些特殊矩阵，采用压缩存储的方式往往可以节省内存、提高程序运行时间效率，本章介绍了对称矩阵、三角矩阵和稀疏矩阵的压缩存储方式。

本章还介绍了广义表，广义表与一般表不同之处在于表中可以嵌套包含表，它不适合用顺序结构存储，通常采用链式结构存储，本章介绍了它的两种链式存储结构，头尾表示法和单链表示法。

习题4

4.1 空串和空格串有什么区别？

4.2 两个字符串相等的充要条件是什么？

4.3 已知主串s="xyzxxyyxyzxyxxzyxzyx"，模式串pat="xyzxyxx"。写出模式串的next函数值，并由此画出KMP算法匹配的全过程。

4.4 编写程序，实现串的基本运算Replace(&D,S,T,V)(以V串置换S串中所有和T串相同的子串后构成的一个新串D)。字符串采用定长顺序存储结构，字符串以'\0'表示串值的终结。

4.5 给定整型数组A[4][5]，已知每个元素占2个字节，LOC($a_{0,0}$)=1200，A共占多少个字节？A的终端节点$a_{3,4}$的起始地址为多少？按行和列优先存储时，$a_{2,4}$的起始地址分别是多少？

4.6 设下三角矩阵$\mathbf{A}_{4\times4}$为(从A[0][0]开始)

$$\mathbf{A}_{4\times4}=\begin{bmatrix}15 & 0 & 0 & 0\\ -10 & 0 & 0 & 0\\ 21 & 30 & 47 & 0\\ 79 & 0 & 11 & 4\end{bmatrix}$$

$\mathbf{A}_{4\times4}$采用压缩存储方法存储于一维数组sa(下标从0开始)中，试求：

(1)一维数组sa的元素个数；

(2)矩阵元素a_{32}在一维数组sa的下标。

4.7 用十字链表表示一个有k个非零元素的m×n稀疏矩阵，则其总的节点数为多少？

4.8 已知广义表A=(apple,(orange,(strawberry,(banana)),peach),pear)，给出表的长度与深度，并用求表头、表尾的方式求出原子banana。

4.9 若矩阵 $A_{m \times n}$ 中存在某个元素 a_{ij} 满足：a_{ij} 是第 i 行中最小值且是第 j 列中的最大值，则称该元素为矩阵 **A** 的一个鞍点。试编写一个算法，找出 **A** 中的所有鞍点。

4.10 编写复制广义表的递归算法。

4.11 稀疏矩阵有哪两种主要的压缩存储方法？他们各有什么特点？

4.12 对称矩阵和稀疏矩阵哪一种压缩存储后会失去随机存取的功能，为什么？

4.13 简述广义表和线性表的区别和联系。

第5章　树和二叉树

学习要点

- 掌握树和二叉树的基本概念、性质以及存储结构
- 熟练掌握二叉树的各种遍历算法
- 理解二叉树的线索化过程以及在中序线索化树上的遍历、查找算法
- 掌握树、森林和二叉树的转换方法
- 掌握建立哈夫曼树和哈夫曼编码的方法

树形结构是一种重要的非线性结构，善于描述层次结构。它主要有两种存储方法：顺序存储和链式存储，其基本操作是遍历和查找。

树形结构的特点是：

(1)有且仅有一个结点没有前驱结点，该结点为树的根结点；

(2)包括根结点在内，每个结点可以有多个后继结点；

(3)数据元素之间存在的关系是一对多的关系。

5.1　树

在前面几章里面讲述的数据结构都是关于线性结构，这种结构适合描述具有一对一关系的现实问题，如学生管理、停车场管理等。现实世界中许多事物的关系并非这样简单，具有层次结构关系的数据结构可采用树形结构来描述，树形结构非常类似于自然界中的树，主要借用自然界的树的分支来描述层次结构。现实世界的组织关系图、家谱、文件系统这些具有层次关系的非线性结构可采用树形结构来描述，如图5.1所示家谱关系图。

在5.1家谱图中，展示了祖父和他的后裔的层次关系，祖父为树的根，祖父为父亲的双亲，堂弟1和堂弟2互为兄弟。

5.1.1　树的基本概念

1.树的定义

树(tree)是由n(n≥0)个结点组成的有限集合T且满足以下条件。

(1)当n=0时，为空树；

(2)当n>0时，这n个结点中存在(且仅存在)一个结点作为树的根结点，简称为根(root)，该根节点没有直接前驱，但有0个或多个后继。

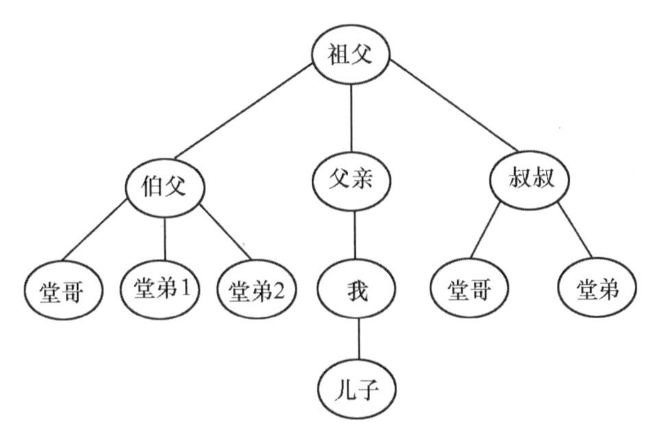

图 5.1 家谱图

(3)当 n>1 时,除根结点之外的其余结点可分为 m(m>0)个互不相交的集合 $T_1,T_2,\cdots,T_m$,且其中每个集合又是一棵树,并称之为根的子树(subtree)。

树一个递归的定义,即在定义中又用到了树的概念,同时也反映了树的固有特性。

图 5.2 是树 T 的示例,其中 A 是根结点,其余结点分为 3 个互不相交的子集:$T_1=\{B,E,F,G,J,K\}$,$T_2=\{C\}$,$T_3=\{D,H,I,L\}$。T_1,T_2,T_3 也都是树而且是根 A 的子树,这三棵子树的根结点分别为 B、C、D,每棵子树还可以继续划分。

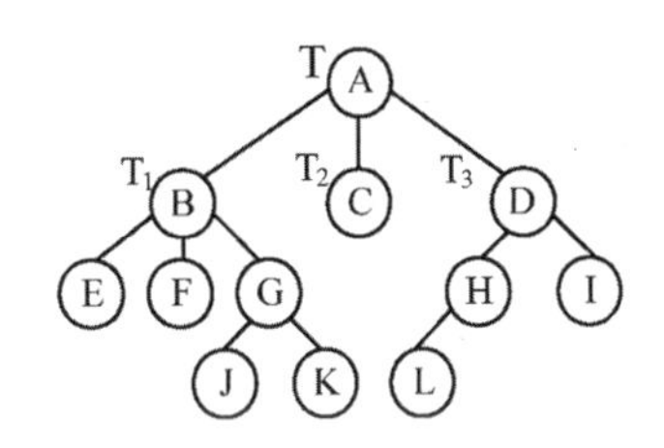

图 5.2 树的示例

2.树的逻辑表示方法

为了形象地表示树结构,经常采用的逻辑表示方法有树形表示法、嵌套表示法、凹入表示法和广义表表示法。

(1)树形表示法:树的最常用的一种表示法,这种表示方法中结点用一个小圆圈表示,圆圈内的符号代表该结点的数据信息,结点的关系通过连线表示。虽然每条连线上都不带有箭头,其隐含方向从上向下,即连线的上方结点是下方结点的前驱结点,下方结点是上方结点的后继结点。形状恰似一棵倒立的树,或者称为向下生长的树。图 5.2 中,结点 B 是结点 E 的前驱,结点 E 是结点 B 的后继。

(2)嵌套表示法:每棵数对应一个封闭区域(如用圆圈表示),内包含根结点和该根结点的所有子树的封闭区域,同一个根结点下各个子树对应的区域是不相交的。用这种方法表示的树中,结点之间的关系是通过区域的包含来表示的。图 5.2 所示的树对应的嵌套表示法如图 5.3(a)所示。

(3)凹入表示法:每棵树的根对应着一个水平条形,子树的根对应着一个较短的条形,树的根对应的条形在上,子树的根对应的条形在下,同一个根下的各个子树的根对应的条形的长度是一样的。用这种方法表示的树中,结点之间的关系是通过条形的长短和上下来表示的。图5.2所示的树对应的凹入表示法如图5.3(b)所示。

(4)广义表表示法:每棵树对应一个用根作为名字的表,表名放在表的左边,表是由一个括号里的各个子树对应的表组成的。用这种方法表示的树中,各子树对应的表之间用逗号分开,结点之间的关系是通过括号的嵌套来表示的。图5.2所示的树对应的广义表表示法如图5.3(c)所示。

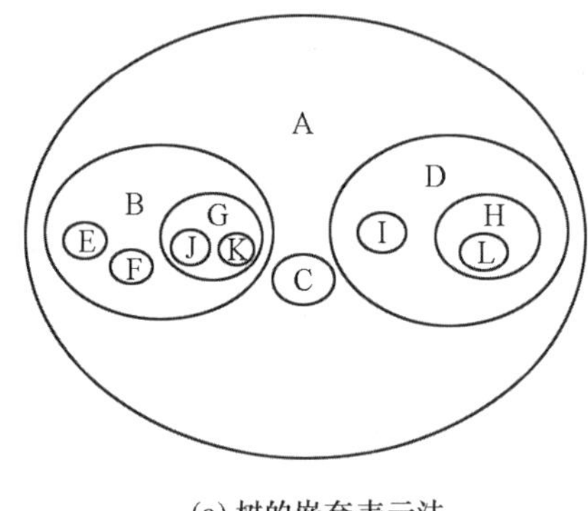

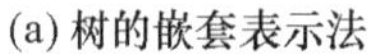
(a) 树的嵌套表示法

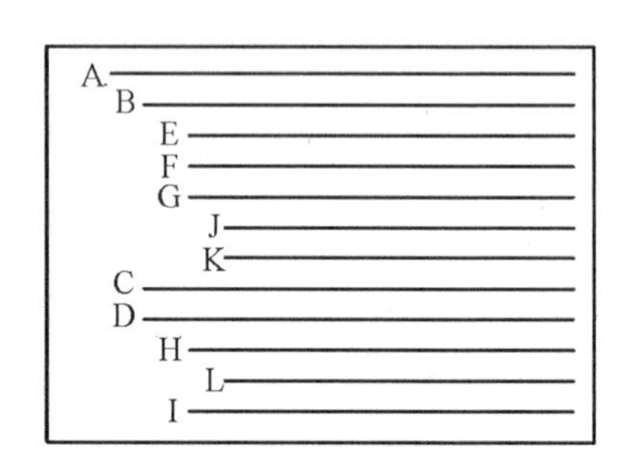

(b) 树的凹入表示法

A (B (E, F, G (J, K)) , C, D (H (L) , I))

(c) 树的广义表表示法

图5.3 树的其他三种表示法

3.树的常用术语

(1)结点的度和树的度:结点的度是结点的子树的个数。树的度是树中结点度的最大值。例如图5.2中,结点A和B的度为3,结点D的度为2,树T的度为3。

(2)叶子和分支结点:度为零的结点称为叶子或终端结点。度不为零的结点称为分支结点或非终端结点。图5.2中,结点C、E、F、J、K、L、I是叶子结点,结点B、G、H、D是分支结点。

(3)孩子、双亲及兄弟结点:某结点的各子树的根称为该结点的孩子,而该结点称为孩子的双亲。具有相同双亲的结点互称为兄弟。图5.2中,结点A是结点B、C、D的双亲,B、C、D均是结点A的孩子,B、C、D互为兄弟。此外,一棵树上除根结点以外的其他结点称为根的子孙,而根结点是其子孙的祖先。

(4)结点的层次和树的深度:结点的层次值从根算起,根的层次值为1,其余结点的层次值为双亲结点层次值加1,树中结点的最大层次值称为树的深度或高度。图5.2中,结点A、B、G、J所在的层次值分别为1、2、3、4。树T的深度为4。此外,双亲在同一层的结点互称为堂兄弟,如G和H互为堂兄弟。

(5)有序树和无序树:如果将树中结点的各个子树看成从左至右(即不能互换位置)排列,则称该树为有序树,否则为无序树。

(6)路径:对于任意两个结点 k_i 和 k_j,若树中存在一个结点序列 $k_i,k_{i1},k_{i2},k_{i3},\cdots,k_{in},k_j$,使得序列中除 k_j 外任一一个结点都是后一个结点的双亲,则称该结点序列为由 k_i 到 k_j 的一条路径。图 5.2 中,A－B－G－J 是一条路径。

(7)路径长度:是指路径所经过的分支数。图 5.2 中,A－B－G－J 是一条路径,该路径长度为 3。

(8)森林(forest)是指 m(m≥0)棵互不相交的树的集合。

5.1.2　树的抽象数据类型描述

ADT Tree{

数据对象 D:D 是具有相同特性的数据元素的集合。

数据关系 R:若 D 为 空集,则称为空树;

若 D 仅含一个数据元素,则 R 为空集,否则 R＝{H},H 是如下二元关系:

(1)在 D 中存在唯一的称为根的数据元素 root,它在关系 H 下无前驱;

(2)在 D－{root}≠Φ,则存在 D－{root}的一个划分 D_1,D_2,…,D_m(m＞0),对任意 j≠k(1≤j,k≤m)有 $D_j \cap D_k = \Phi$,且对任意的 i(1≤i≤m),唯一存在数据元素 $x_i \in D_i$,有＜root,x_i＞∈H;

(3)对应于 D－{root}的划分,H－{＜root,x_1＞,…,＜root,x_m＞}有唯一的一个划分 H_1,H_2,…,H_m(m＞0),对任意 j≠k{1≤j,k≤m}有 $H_j \cap H_k = \Phi$,且对任意 i(1≤i≤m),H_i 是 D_i 上的二元关系,(D_i,{H_i})是一棵符合本定义的树,称为根 root 的子树。

基本运算:

InitTree(&T)

　　操作结果:构造空树 T。

DestroyTree(&T)

　　操作结果:销毁树 T。

CreateTree(&T,DEFINITION)

　　操作结果:按 DEFINITION 构造树 T。

TreeEmpty(T)

　　操作结果:若 T 为空树,则返回 true,否则 false。

Root(T)

　　操作结果:返回 T 的根。

Value(T, CUR_E)

　　操作结果:返回 CUR_E 的值。

Assign(T,CUR_E,VALUE)

　　操作结果:结点 CUR_E 赋值为 VALUE。

Parent(T,CUR_E)

　　操作结果:若 CUR_E 是 T 的非根结点,则返回它的双亲,否则函数值为“空”。

LeftChild(T,CUR_E)

　　操作结果:若 CUR_E 是 T 的非叶子结点,则返回它的最左孩子,否则返回“空”。

RightSibling(T,CUR_E)

　　操作结果:若 CUR_E 有右兄弟,则返回它的右兄弟,否则函数值为“空”。

Traverse(T)

操作结果:按某种次序对T的每个结点访问,每个结点当且仅当访问一次。
}ADT Tree

5.1.3 树的遍历

树的遍历运算是指按某种方式访问树中的每一个节点且每一个节点只被访问一次。树的遍历主要有先根遍历、后根遍历、层次遍历这3种方式。

1.先根遍历

先根遍历的过程为:

(1)访问根结点

(2)按照从左至右的顺序先根遍历根结点的每一棵子树。

对于图5.2,采用先根遍历得到的序列为:ABEFGJKCDHLI。

2.后根遍历

后根遍历的过程为:

(1)按照从左至右的顺序后根遍历根结点的每一棵子树。

(2)访问根结点

对于图5.2,采用后根遍历得到的序列为:EFJKGBCLHIDA。

3.层次遍历

层次遍历的过程为:从根结点开始,按照从上到下、从左至右访问树中每一个结点。

对于图5.2,采用层次遍历得到的序列为:ABCDEFGHIJKL。

5.1.4 树的存储结构

树的存储表示,不仅要存储树中结点的信息,而且还要存储结点之间的逻辑关系的信息。由于结点之间的关系有父子关系、兄弟关系等,在实际应用中可以采用多种形式的存储结构来表示树。下面介绍三种常用的存储表示法。

1.双亲存储结构

双亲存储结构就是用伪指针(游标)表示每个结点的双亲。

用一组地址连续的空间存储树的各个结点信息,同时在每个结点中附设一个伪指针(游标)来表示双亲结点的位置。在树中,除根结点外,每个结点当且仅当只有一个双亲结点,如果每个结点附设一个域,其值指向双亲结点,则能准确描述出树的结构。双亲存储结构是一种顺序存储结构。

双亲存储结构的结点定义类型如下:

```
#define MAXSIZE 100              /* MAXSIZE是树中最多结点数 */
typedef struct{
  Elemtype data;                 /* 存放结点的值 */
  int parentlocation;            /* 存放双亲的位置 */
}ParentTree[MAXSIZE];
```

图5.4(a)所示的树对应的双亲存储结构如图5.4(b)所示,其中根结点A结点的双亲的伪指针为-1,其孩子结点B、C和D的双亲的伪指针为0。

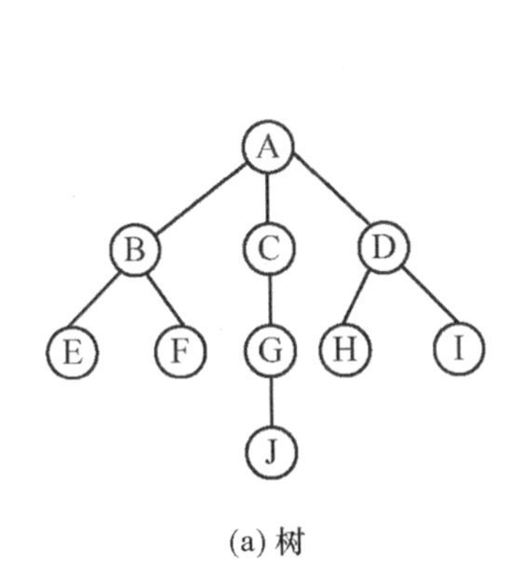

(a) 树

0	A	-1
1	B	0
2	C	0
3	D	0
4	E	1
5	F	1
6	G	2
7	H	3
8	I	3
9	J	6

(b) 树对应的双亲存储结构

图 5.4　树的双亲存储结构

树的这种存储表示方法便于进行寻找结点双亲的操作，但是要查找结点孩子时，则必须扫描整个数组。

2.孩子链式存储结构

孩子链式存储结构就是用指针依次指向结点的所有孩子结点，表示父子关系。

在这种存储结构中，每个结点不仅存储树的各个结点信息，同时还存储指向其所有孩子结点的指针。由于树中每个结点的子树的个数(即结点的度)不同，如果按各个结点的度设计变长结构，则每个结点的孩子结点指针域的个数增加使算法实现非常复杂。为了方便设计算法，则按树的度(即树中所有结点度的最大值)设计结点的孩子结点指针域个数。

孩子链式存储结构的结点定义类型如下：

```
typedef strcut node{
    Elemtype data;                        /* 存放结点的值 */
    strcut node * sons[MAXSONS];          /* 指向孩子结点 */
}TSonNode;
```

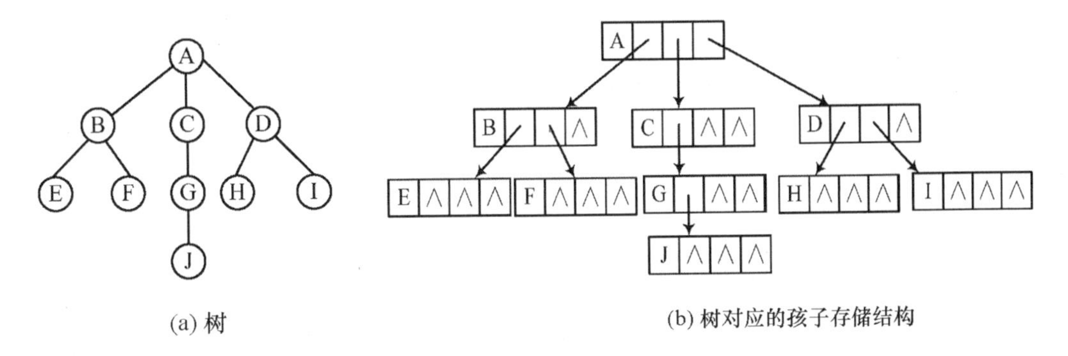

(a) 树　　(b) 树对应的孩子存储结构

图 5.5　树的孩子链式存储结构

图 5.5(a)所示的树的度为 3，在设计孩子链式存储结构时，每个结点的指针域的个数为 3，对应的孩子链式存储结构如图 5.5(b)所示。

孩子链式存储方法对于查找一个结点的孩子结点的操作实现很方便，但对于寻找一个结点的双亲结点的操作实现很不方便。另外，树的度较大时，存在较多的空指针域。如图 5.5(a)所示的树中有 10 个结点，用这种方式存储有 21 个空指针域，浪费很多。

3. 孩子兄弟链式存储结构

孩子兄弟链式存储结构就是用为每个结点设计 3 个域，一个数据元素域，一个是指向该结点的第一个孩子结点的指针域，一个是指向该结点的下一个兄弟结点的指针域，表示父子和兄弟关系。（左）孩子（右）兄弟表示法又称为二叉链表表示法（即二叉树表示法）。

孩子兄弟链式存储结构的结点定义类型如下：

```
typedef struct trnode{
    Elemtype data;                  /* 存放结点的值 */
    struct trnode *lchild;          /* 指向孩子结点 */
    struct trnode *rsibling;        /* 指向兄弟结点 */
}TSBNode;
```

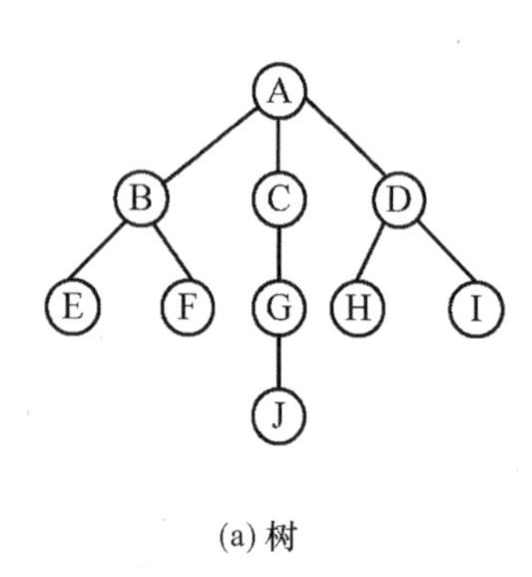

(a) 树

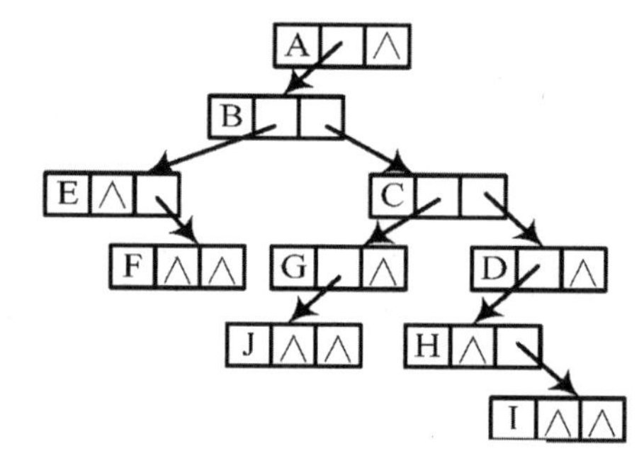

(b) 树对应的孩子兄弟存储结构

图 5.6 树的孩子兄弟链式存储结构

图 5.6(a)所示的树对应的孩子兄弟链式存储结构如图 5.6(b)所示，根结点 A 没有兄弟，所以结点 A 的兄弟结点的指针域为空，结点 B 有兄弟，所以结点 B 的兄弟结点指针域的值指向其第一个兄弟结点 C。由于孩子兄弟链式存储结构的两个指针域是有序的，即孩子域和兄弟域不能互换，将树按照孩子兄弟链式存储实现过程也是将树转换成二叉树的过程，所以孩子兄弟链式存储结构的最大优点是可方便将树转换成二叉树，孩子兄弟链式存储结构的缺点与孩子链式存储结构一样，就是从当前结点查找其双亲结点比较复杂，需要从树的根结点开始遍历查找。

5.2 二叉树

下面我们将来讨论另外一种特殊的树状结构——二叉树。

5.2.1 二叉树的定义

1. 二叉树的定义

二叉树(binary tree)是 n(n≥0)个结点构成，每个结点最多只有两个子树的有序树。

(1)当 n=0 时，为空树；

(2)当 n>0 时，是由一个根结点和称为根结点的左、右子树构成，并且两棵子树互不相交。

二叉树的定义是一个递归定义。从定义可知，二叉树的 5 种基本形态如图 5.7 所示。

二叉树和树的基本区别是：

(1)二叉树中每个结点最多有 2 棵子树，而树的每个结点可以有任意数量的子树。

(2)二叉树是有序的，即若将其左、右子树颠倒，就成为另一棵不同的二叉树。即使二叉树中结点只有一棵子树，也要区分它是左子树还是右子树。

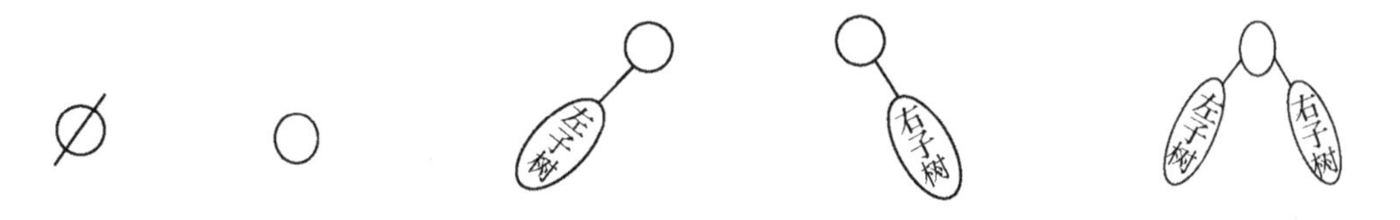

(a) 空树　(b) 只有一个结点二叉树　(c) 右子树为空二叉树　(d) 左子树为空二叉树　(e) 有左子树和右子树二叉树

图 5.7　二叉树的 5 种基本形态

2. 两种特殊二叉树

(1)满二叉树：在一棵二叉树中，如果所有分支结点都存在左子树和右子树，并且所有叶子结点都在同一层上，这样的一棵二叉树称作满二叉树。图 5.8(a)就是一棵满二叉树，图 5.8(b)则不是满二叉树，图 5.8(b)中虽然所有叶子结点都在同一层上，但结点 D 和结点 E 只有右子树，结点 F 只有左子树，如故不是满二叉树。

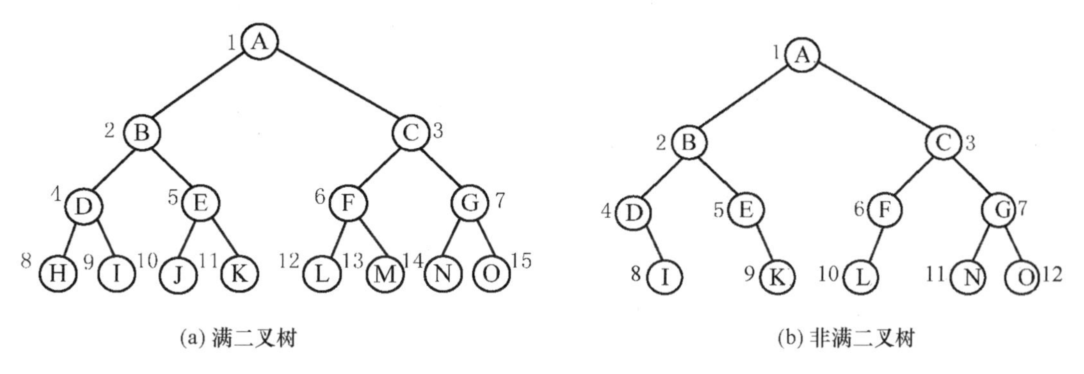

(a) 满二叉树　　(b) 非满二叉树

图 5.8　满二叉树和非满二叉树的示意图

(2)完全二叉树：一棵深度为 k 的有 n 个结点的二叉树，对树中的结点按从上至下、从左到右的顺序进行编号，如果编号为 i(1≤i≤n)的结点与一棵深度为 k 的满二叉树中编号为 i 的结点在二叉树中的位置相同，则这棵二叉树称为完全二叉树。完全二叉树的特点是：叶子结点只能出现在最下层和次下层，且最下层的叶子结点集中在树的左部。显然，一棵满二叉树必定是一棵完全二叉树，而完全二叉树未必是满二叉树。如图 5.9(a)为一棵完全二叉树，图 5.9(b)不是完全二叉树。

5.2.2　二叉树的主要性质

性质 1　一棵非空二叉树的第 i 层上最多有 2^{i-1} 个结点(i≥1)。

该性质可由数学归纳法证明。

证明：对于第一层，因为二叉树中的第一层上只有一个根结点，而由 i = 1 代入 2^{i-1}，得 $2^{i-1} = 2^{1-1} = 1$，显然结论成立。

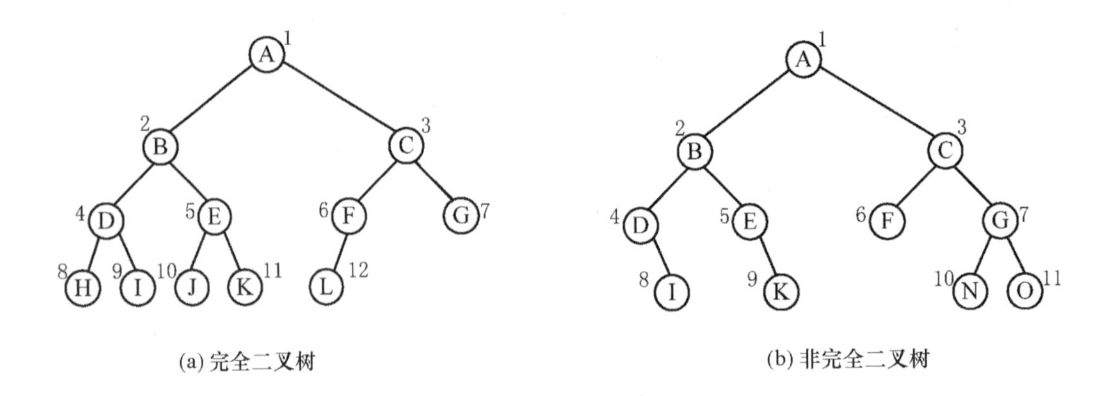

(a) 完全二叉树　　(b) 非完全二叉树

图 5.9　完全二叉树和非完全二叉树示意图

假设对于第 $i-1(i>1)$ 层命题成立，即二叉树中第 $i-1$ 层上至多有 2^{i-2} 个结点，而二叉树中每个结点至多有 2 个孩子结点，所以第 i 层上的结点数至多为第 $i-1$ 层上结点数的 2 倍，即至多为 $2^{i-2}\times 2=2^{i-1}$ 个，这与命题相同，故命题成立。

性质 2　一棵深度为 k 的二叉树中，最多具有 2^k-1 个结点。

证明：高度为 k 的二叉树共有 k 层结点，易知，当每一层均充满时，它的结点数达到最大。由性质 1 可得，第一层至多有 $2^{1-1}=2^0=1$ 个结点，第二层至多有 $2^{2-1}=2^1$ 个结点，…，第 k 层至多有 2^{k-1} 个结点。故高度为 k 的二叉树至多有 $2^0+2^1+\cdots+2^{k-1}=\sum_{i=0}^{k-1}2^i=\frac{2^0-2\times 2^{k-1}}{1-2}=2^k-1$ 个结点。性质 2 得证。

性质 3　对于一棵非空的二叉树，如果叶子结点数为 n_0，度数为 2 的结点数为 n_2，则有：

$$n_0=n_2+1$$

证明：设 n 为二叉树的结点总数，n_1 为二叉树中度为 1 的结点数，则有：

$$n=n_0+n_1+n_2 \tag{5.1}$$

在二叉树中，除根结点外，其余结点都有唯一的一个进入分支。设 B 为二叉树中的分支数，那么有：

$$B=n-1 \tag{5.2}$$

这些分支是由度为 1 和度为 2 的结点发出的，一个度为 1 的结点发出一个分支，一个度为 2 的结点发出两个分支，所以有：

$$B=n_1+2n_2 \tag{5.3}$$

综合式(5.1)、(5.2)、(5.3)可以得到：

$$n_0=n_2+1$$

性质 4　具有 n 个结点的完全二叉树的深度 k 为 $\lfloor \log_2^n \rfloor+1$。

证明：根据完全二叉树的定义和性质 2 可知，当一棵完全二叉树的深度为 k、结点个数为 n 时，有

$$2^{k-1}-1<n\leqslant 2^k-1$$

即 $$2^{k-1} \leqslant n < 2^k$$

对不等式取对数，有

$$k-1 \leqslant \log_2^n < k$$

由于 k 是整数，所以有 $k = \lfloor \log_2^n + 1 \rfloor$。

性质 5　对完全二叉树中编号为 i 的结点（$1 \leqslant i \leqslant n, n \geqslant 1$，n 为结点数）有：

（1）若 $i \leqslant \lfloor n/2 \rfloor$，即 $2i \leqslant n$，则编号为 i 的结点为分支结点，否则为叶子结点。

（2）若 n 为奇数，则每个分支结点都既有左孩子结点，也有右孩子结点；若 n 为偶数，则编号最大（编号为 n/2）的分支结点只有左孩子结点，没有右孩子结点，其余分支结点都有左、右孩子结点。

（3）若编号为 i 的结点有左孩子结点，则左孩子结点的编号为 2i；若编号为 i 的结点有右孩子结点，则右孩子结点的编号为（2i + 1）。

（4）除树根结点外，若一个结点的编号为 i，则它的双亲结点的编号为 $\lfloor i/2 \rfloor$，也就是说，当 i 为偶数时，其双亲结点的编号为 i/2，它是双亲结点的左孩子结点，当 i 为奇数时，其双亲结点的编号为（i - 1）/2，它是双亲结点的右孩子结点。此性质可采用数学归纳法证明。证明略。

5.2.3　二叉树的存储结构

二叉树的存储结构主要有顺序存储结构和链式存储结构，下面将分别介绍：

1. 顺序存储结构

二叉树的顺序存储，就是用一组连续的存储单元，即用一维数组存放二叉树的结点。通常是将二叉树从根结点开始编号，根结点的编号为 1，然后按照从上到下，从左到右的顺序编号，最后按照编号将结点依次放入一维数组中（注意，C/C + + 语言中数组的起始下标为 0，为了将编号和数组下标相一致，将从数组下标为 1 的位置上的元素开始存放结点）。

依据二叉树的性质 5，完全二叉树和满二叉树采用顺序存储比较合适，树中结点的编号可以唯一地反映出结点之间的逻辑关系。例如，对于编号为 i 的结点，其双亲结点的编号为 $\lfloor i/2 \rfloor$；若有左孩子，则左孩子的编号为 2i；若有右孩子，则右孩子的编号为 2i + 1。这样既能够最大可能地节省存储空间，又可以利用数组元素的下标值确定结点在二叉树中的位置，以及结点之间的关系。图 5.10(b)给出图 5.10(a)所示的完全二叉树的顺序存储示意图。

二叉树的顺序存储表示可描述为：

```
#define MAXNODE    100                      /* 二叉树的最大结点数 */
typedef Elemtype SqBiTree[MAXNODE]          /* 1 号单元存放根结点 */
SqBiTree bt;   /* 即将 bt 定义为含有 MAXNODE 个 Elemtype 类型元素的一维数组 */
```

对于一般的二叉树，如果仍按从上至下和从左到右的顺序将树中的结点顺序存储在一维数组中，则数组元素下标之间的关系不能够反映二叉树中结点之间的逻辑关系，只有增添一些并不存在的空结点，使之成为一棵完全二叉树的形式，然后再用一维数组顺序存储。如图 5.11(b)和图 5.11(c)给出了一棵非完全二叉树改造后的完全二叉树形态和其顺序存储状态示意图。显然，这种存储对于需增加许多空结点才能将一棵二叉树改造成为一棵完全二叉树的存储时，会造

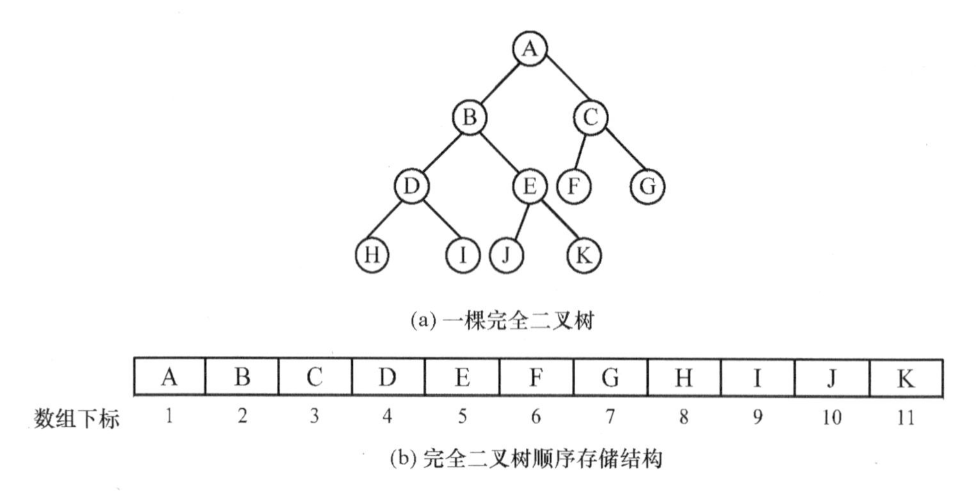

图 5.10　完全二叉树和对应的顺序存储结构示意图

成空间的大量浪费,不宜用顺序存储结构。最坏的情况是右单支树,一棵深度为 k 的右单支树,只有 k 个结点,却需分配 2^k-1 个存储单元。图 5.12(a)所示为一棵深度是 4 的右单支树,图 5.12(b)和图 5.12(c)给出了改造后的完全二叉树形态和其顺序存储状态示意图。

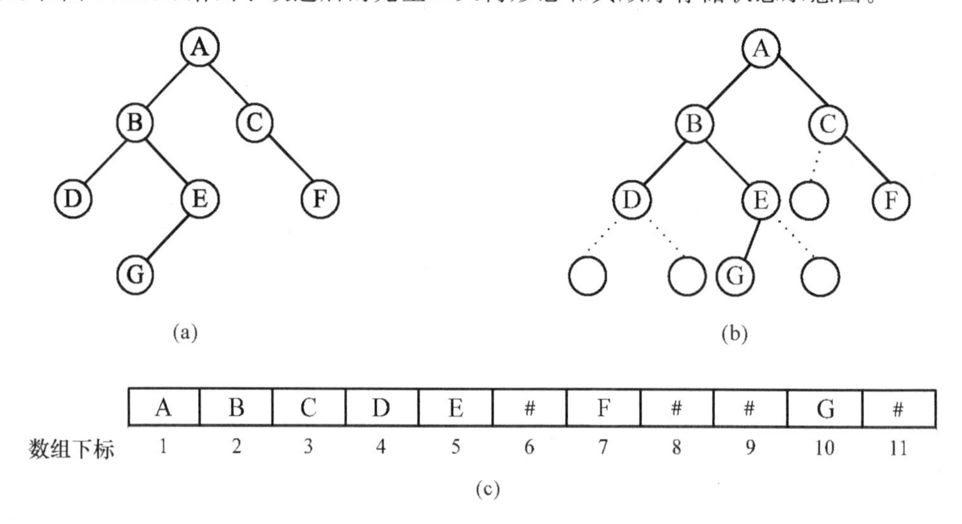

图 5.11　改造后完全二叉树顺序存储结构

对于完全二叉树来说采用顺序存储结构是十分适合的。对于非完全二叉树则不适合采用这种存储方式,另外又由于顺序存储自身的缺点,对于插入、删除等操作十分不方便,因此,二叉树通常采用下面介绍的链式存储结构。

2. 链式存储结构

二叉树的链式存储结构是用指针来指示元素之间逻辑关系,即用两个指针分别指向结点的左孩子和右孩子。二叉树中的每一个结点由三个域组成,数据域和两个指针域,结点结构定义如图 5.13 所示:

其中,data 域存放某结点的数据信息,lchild 与 rchild 分别存放指向结点的左孩子和右孩子(即左子树和右子树的根结点)的指针,当结点的左孩子或右孩子不存在时,相应指针

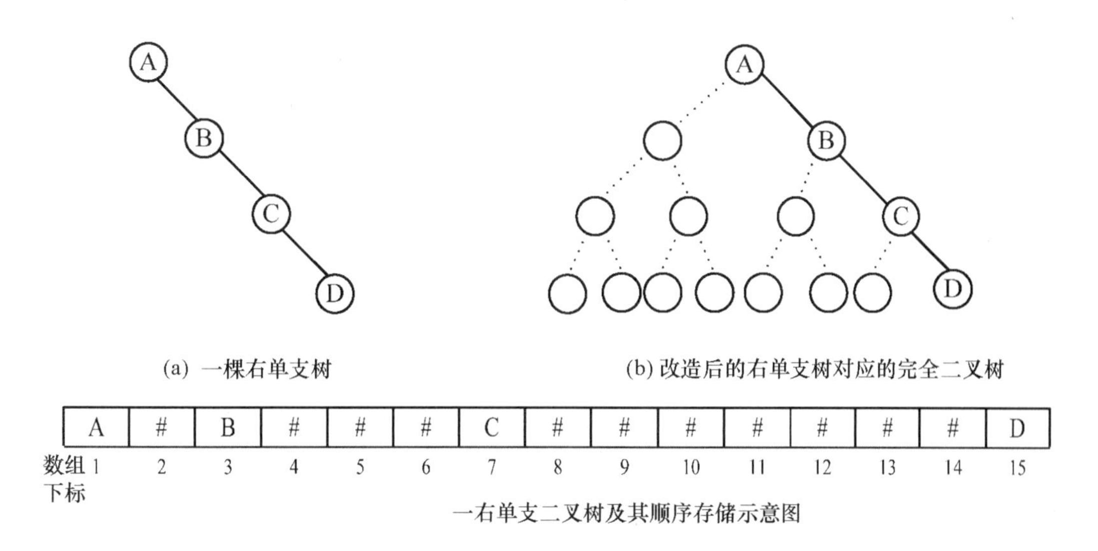

图 5.12　一棵右单支树和改造后的右单支树对应的完全二叉树

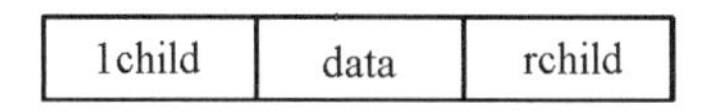

图 5.13　二叉树链式结点结构

域值为空(用符号 ∧ 或 NULL 表示)。这种链式存储结构通常称为二叉链表。图 5.14(a)和图 5.14(b)给出了一般二叉树和其链式存储状态示意图。

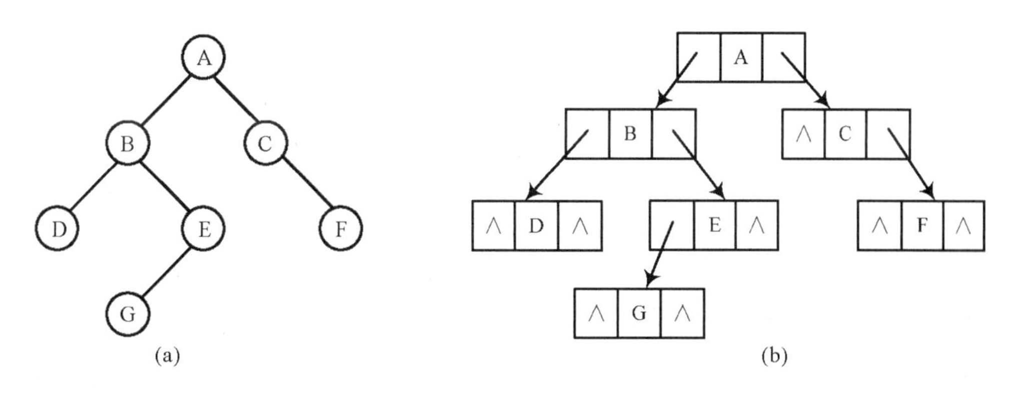

图 5.14　一棵二叉树和二叉树的链式存储结构

二叉树的二叉链表存储表示可描述为:

```
typedef struct node{
Elemtype data;              /* 存放结点的值 */
struct node *lchild;        /* 指向左孩子结点指针 */
struct node *rchild;        /* 指向右孩子结点指针 */
} BTNode;
```

尽管在二叉链表中无法由结点直接找到其双亲,但由于二叉链表结构灵活,操作方便,对于一般情况的二叉树,通常采用链式存储结构。

5.2.4 树与二叉树之间的转换

对于一般树，树中孩子的次序并不重要，只要双亲与孩子的关系正确即可。但在二叉树中，左、右孩子的次序是严格区分的，二叉树的结构简单，存储效率高，其运算算法也相对简单，而且任何 m 次树都可以转化为二叉树结构。

1.一般树转换为二叉树

将一般树转化为二叉树的思路，主要根据树的孩子兄弟存储方式而来，具体步骤为：

(1)加线：在各兄弟结点之间用虚线相连。可理解为每个结点的兄弟指针指向它的一个兄弟，如图 5.15(a)加线变为图 5.15(b)所示。

(2)抹线：对每个结点仅保留它与其最左孩子的连线，抹去该结点与其他孩子之间的连线。可理解为每个结点仅有一个孩子指针，让它指向自己的第一个孩子，如图 5.15(c)所示。

(3)旋转：把虚线改为实线从水平方向向下旋转 45°，这样就形成一棵二叉树，如图 5.15(d)所示。

由于二叉树中各结点的右孩子都是原树中该结点的兄弟，而一般树的根结点又没有兄弟结点，因此所生成的二叉树的根结点没有右子树。在所生成的二叉树中某一结点的左孩子仍是原来树中该结点的长子，并且是它的最左孩子。

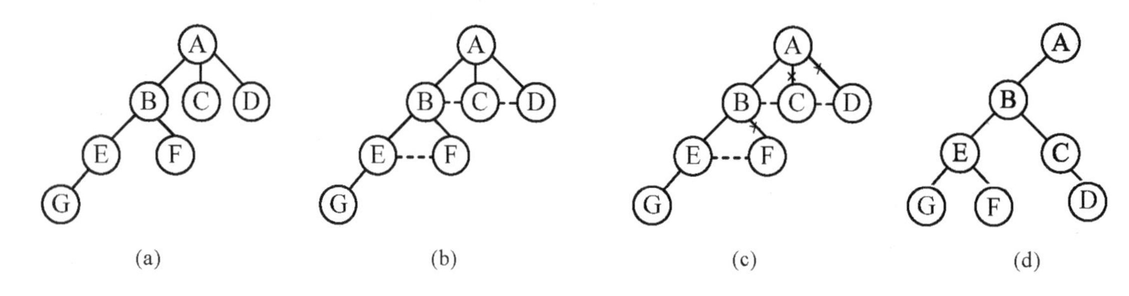

图 5.15 一般树转化成二叉树

2.二叉树还原为一般树

二叉树还原为一般树，此时的二叉树必须是由某一树转换而来的没有右子树的二叉树。其还原过程也分为三步：

(1)加线：若某结点是双亲结点的左孩子，则将该结点的右孩子以及当且仅当连续地沿着右孩子的右链不断搜索到所有右孩子，都分别与某结点的双亲结点用虚线连接。

(2)抹线：把原二叉树中所有双亲结点与其右孩子的连线抹去。这里的右孩子实质上是原一般树中结点的兄弟，抹去的连线是兄弟间的关系。

(3)进行整理：把虚线改为实线，把结点按层次排列。二叉树还原为一般树的示例，如图 5.16 所示。

3.森林转换为二叉树

森林是树的有限集合，森林转换为二叉树的步骤为：

(1)将森林中每棵子树转换成相应的二叉树，形成有若干二叉树的森林。

(2)按森林中树的先后次序，依次将后边一棵二叉树作为前边一棵二叉树根结点的右子树，这样整个森林就生成了一棵二叉树。实际上第一棵树的根结点便是生成后的二叉树的根

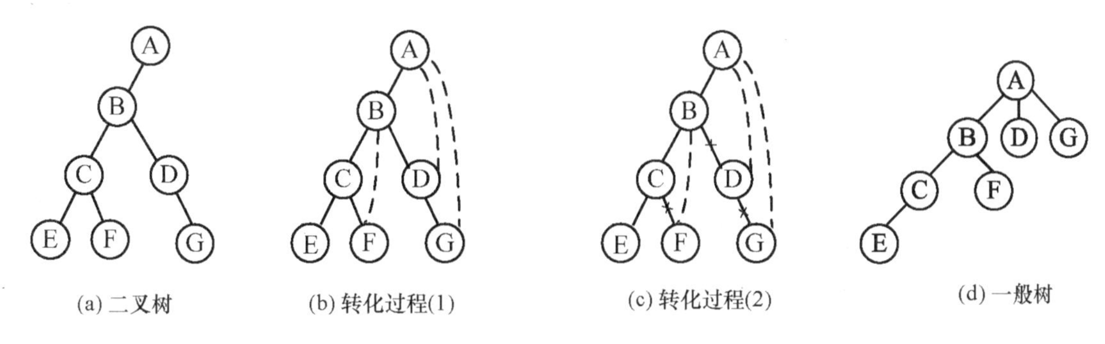

图 5.16　二叉树还原为树

结点。图 5.17 是森林转化为二叉树的示例。

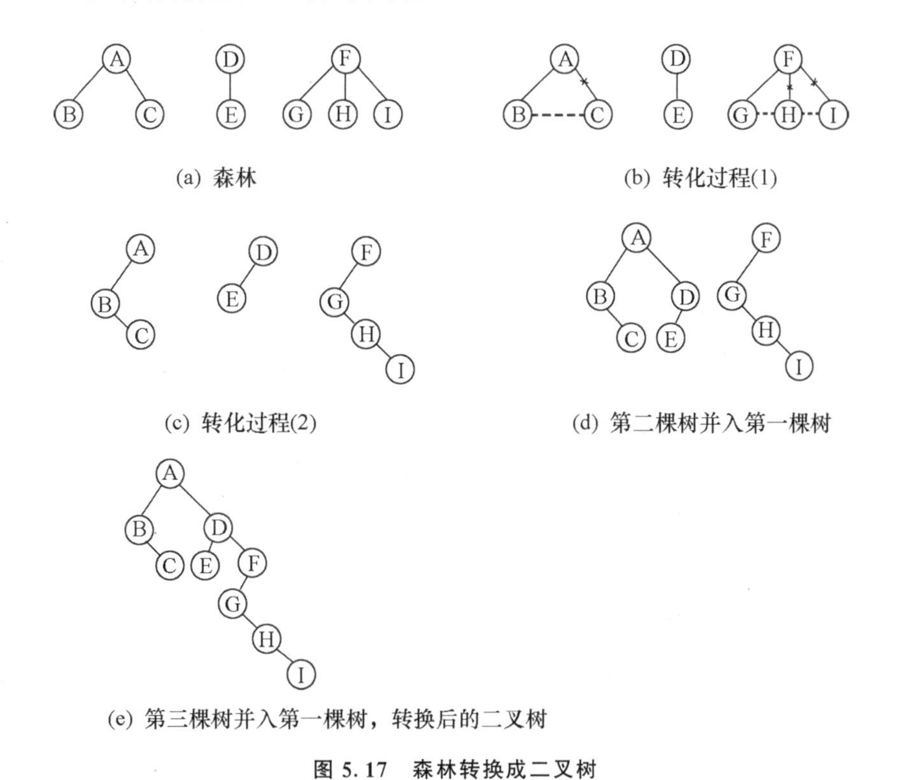

(a) 森林
(b) 转化过程(1)
(c) 转化过程(2)
(d) 第二棵树并入第一棵树
(e) 第三棵树并入第一棵树，转换后的二叉树

图 5.17　森林转换成二叉树

5.2.5　二叉树的基本操作及实现

1.二叉树的基本操作

二叉树的基本操作通常有以下几种：

(1)初始化二叉树 InitBiTree(BTNode *&T):用于构造一棵空的二叉树。

(2)创建二叉树 CreateBiTree(BTNode * &T,char * str):根据二叉树广义表表示法的字符串 * str 生成对应的链式存储结构。

(3)查找结点 BTNode * FindNode(BTNode * T,ElemType x):在二叉树 b 中寻找 data 域值为 x 的结点,并返回指向该结点的指针。

(4)找左孩子结点 BTNode * LchildNode(BTNode * p):求二叉树中结点 * p 的左孩子结点。

(5)找右孩子结点 BTNode * RchildNode(BTNode * p):求二叉树中结点 * p 的右孩子结点。

(6)求高度 int BiTreeDepth(BTNode * T):求二叉树 b 的高度。若二叉树为空,则其高度为 0;否则,其高度等于左子树与右子树中的最大高度加 1。

(7)输出二叉树 void PrintBiTree(BTNode * T):以括号表示法输出一棵二叉树。

(8)销毁二叉树 void DestroyBiTree(BTNode * &T):释放二叉树的所有结点。

(9)访问二叉树结点 void visite(BTNode * T):访问二叉树结点 * T 的数据域的值。

2.算法的实现

(1)初始化二叉树 InitBiTree(BTNode * &T)

用于构造一棵空的二叉树,算法如下:

```
void  InitBiTree(BTNode * &T)
{    T = NULL;
}
```

(2)创建二叉树 CreateBiTree(BTNode * &T,char * str):根据二叉树广义表表示法的字符串 * str 生成对应的链式存储结构。算法思路如下:

用 ch 扫描采用括号表示法表示二叉树的字符串。分以下几种情况:

①若 ch = '(':则将前面刚创建的结点作为双亲结点进栈,并置 tag = 1,表示其后创建的结点将作为这个结点点的左孩子结点(如果一个结点刚创建完毕,而其后的字符不是'(',表示该结点是叶子结点,不需要进栈。);

②若 ch = ')':表示栈中结点的左右孩子结点处理完毕,退栈;

③若 ch = ',':表示其后创建的结点为右孩子结点,置 tag = 2;

④其他情况:

若扫描是单个字符,表示要创建一个结点 * p,根据 tag 值建立它与栈顶结点之间的联系;

当 tag = = 1 时,表示这个结点作为栈中结点的左孩子结点;

当 tag = = 2 时,表示这个结点作为栈中节点的右孩子结点。如此循环直到 str 处理完毕。

算法中使用一个栈 St 保存双亲结点,top 为其栈指针,tag 指定其后处理的结点是双亲结点(保存在栈中)的左孩子结点(tag = = 1)还是右孩子结点(tag = = 2)。对应算法如下:

```
void CreateBiTree(BTNode * &T,char * str)
{
  BTNode * St[MaxSize], * p = NULL;
  int top = -1,tag,j = 0;
  char ch;
  T = NULL;  /* 建立的二叉树初始时为空 */
  ch = str[j];
  while (ch! = '\0')       /* str 未扫描完时循环 */
  {
    switch(ch)
```

```
        {
        case '(':top++;St[top]=p;tag=1; break;    /* 开始处理左孩子结点 */
        case ')':top--;break;
        case ',':tag=2; break;                    /* 开始处理右孩子结点 */
        default:p=(BTNode *)malloc(sizeof(BTNode));
               p->data=ch;p->lchild=p->rchild=NULL;
               if (T==NULL)
                   T=p;                           /* p为二叉树的根结点 */
               else                  /* 已建立二叉树根结点 */
               {
                   switch(tag)
                   {
                   case 1:St[top]->lchild=p;break;
                   case 2:St[top]->rchild=p;break;
                   }
               }
        }
        j++;
        ch=str[j];
    }
}
```

对于图 5.14(a)所示的二叉树用广义表的形式输入 A(B(D,E(G,)),C(,F)),最后生成的二叉链式存储结构如图 5.14(b),建立二叉树链存储结构的过程如表 5.1 所示(栈中元素 A 表示 A 结点的地址)。

表 5.1　建立二叉树链存储结构的过程

扫描数组 ch 字符	算法执行操作	栈中元素
A	建立 A 结点,T 指向该结点	空
(	A 结点进栈,置 tag=1	A
B	建立 B 结点,因为 tag==1,将其作为 A 结点的左孩子结点	A
(	B 结点进栈,置 tag=1	A、B
D	建立 D 结点,因为 tag==1,将其作为 B 结点的左孩子结点	A、B
,	置 tag=2	A、B
E	建立 E 结点,因为 tag==2,将其作为 B 结点的右孩子结点	A、B
(	E 结点进栈,置 tag=1	A、B、E
G	建立 G 结点,因为 tag==1,将其作为 E 结点的左孩子结点	A、B、E
,	置 tag=2	A、B、E
)	退栈一次	A、B
)	退栈一次	A
,	置 tag=2	A

续表 5.1

扫描数组 ch 字符	算法执行操作	栈中元素
C	建立 C 结点,因为 tag= =2,将其作为 A 结点的右孩子结点	A
(	C 结点进栈,置 tag=1	A、C
,	置 tag=2	A、C
F	建立 F 结点,因为 tag= =2,将其作为 C 结点的右孩子结点	A、C
)	退栈一次	A
)	退栈一次	空
数组 ch 扫描完毕		算法结束

(3)查找结点 BTNode * FindNode(BTNode * T,Elemtype x)

采用先序遍历递归算法查找值为 x 的结点。找到后返回其指针,否则返回 NULL。算法如下:

```
BTNode * FindNode(BTNode * T,Elemtype x)
{
   BTNode * p;
   if (T= =NULL) return NULL;
   else if (T->data= =x) return T;
   else
   {
      p=FindNode(T->lchild,x);
      if (p! =NULL) return p;
      else return FindNode(T->rchild,x);
   }
}
```

(4)找左孩子结点 BTNode * LchildNode(BTNode * p)

直接返回 * p 结点的左孩子结点的指针。算法如下:

```
BTNode * LchildNode(BTNode * p)
{
      if(p->lchild)    return p->lchild;
      else         return NULL;
}
```

(5)找右孩子结点 BTNode * RchildNode(BTNode * p)

直接返回 * p 结点的右孩子结点的指针。算法如下:

```
BTNode * RchildNode(BTNode * p)
{
      if(p->rchild)    return p->rchild;
      else    return NULL;
}
```

(6)求高度 int BiTreeDepth(BTNode * T)

求二叉树的高度的递归模型f()如下：

f(b) = 0　　　b=NULL

f(b) = MAX{f(b->lchild),f(b->rchild)}+1　其他情况

算法如下：

```
int BiTreeDepth(BTNode *T)
{
    int ldep,rdep;
    if(T==NULL)
    return 0;      /*空树的高度为0*/
    if(T->lchild) ldep=BiTreeDepth(T->lchild); /*求左子树的高度为lchilddep*/
    else
    ldep=0;
    if(T->rchild) rdep=BiTreeDepth(T->rchild); /*求右子树的高度为rchilddep*/
    else
    rdep=0;
    return (ldep>rdep)? (ldep+1):(rdep+1);
}
```

(7)输出二叉树 void PrintBiTree(BTNode *T)

输出二叉树采用如下两种算法：

①用广义表表示法输出二叉树。对于非空二叉树T,先输出其元素值,当存在左孩子结点或右孩子结点时,输出一个“(”符号,然后递归处理左子树,输出一个“,”符号,递归处理右子树,最后输出一个“)”符号。算法如下：

```
void PrintBiTree(BTNode *T)
{
   if (T!=NULL)
     {
        visite(T);      /*访问结点*/
        if (T->lchild!=NULL || T->rchild!=NULL)
        {
           printf("(");
           PrintBiTree(T->lchild);
           if (T->rchild!=NULL) printf(",");
           PrintBiTree(T->rchild);
           printf(")");
        }
     }
}
```

②横向输出二叉树。把二叉树的树型表示法逆时针90°,将二叉树横向输出,算法如下：

```
void PrintBiTree(BTNode *T, int level)  /*level设初始值为0*/
{
    if(T! = NULL)
    {
    PrintBiTree(T->rchild,level+1);
    if(level != 0)   /*走过4*(level-1)个空格*/
    {
    for(int i=0;i<4*(level-1);i++){
        printf("%s"," ");
    }
        printf("%s","---");   /*输出横线*/
    }
    visite(T);                 /*输出结点的数据元素值*/
    printf("\n");
    PrintBiTree(T->lchild,level+1);
    }
}
```

(8)销毁二叉树 void DestroyBiTree(BTNode *&T)

释放二叉树所有结点,算法如下:

```
void DestroyBiTree(BTNode *&T)
{
    if (T! =NULL)
    {
        DestroyBiTree(T->lchild);
        DestroyBiTree(T->rchild);
        free(T);
    }
}
```

(9)访问二叉树结点 void visite(BTNode *T)

访问二叉树结点 *T 的数据域的值,算法如下:

```
void visite(BTNode *T)
{
    if(T==NULL)
        printf("The node does not exist");
    else
        printf("%c",T->data);
}
```

5.3 二叉树的遍历

5.3.1 二叉树的遍历方法及递归实现

二叉树的遍历是指按照某种顺序访问二叉树中的每个结点，使每个结点被访问一次且仅被访问一次。遍历是二叉树中经常要用到的一种操作。通过一次完整的遍历，可使二叉树中结点信息由非线性排列变为某种意义上的线性排列，即遍历操作使非线性结构线性化。在实际应用问题中，常常需要按一定顺序对二叉树中的每个结点逐个进行访问，查找具有某一特点的结点，然后对这些满足条件的结点进行处理。

由二叉树的定义可知，一棵由根结点、根结点的左子树和根结点的右子树三部分组成。因此，只要依次遍历这三部分，就可以遍历整个二叉树。若以D、L、R分别表示访问根结点、遍历根结点的左子树、遍历根结点的右子树，则二叉树的遍历方式有六种：DLR、LDR、LRD、DRL、RDL和RLD。如果限定先左后右，则只有前三种方式，即DLR（称为先序遍历）、LDR（称为中序遍历）和LRD（称为后序遍历）。

1. 先序遍历（DLR）

先序遍历的递归过程为：若二叉树为空，遍历结束。否则，

(1)访问根结点；

(2)先序遍历根结点的左子树；

(3)先序遍历根结点的右子树。

先序遍历二叉树的递归算法如下：

```
void PreOrderTraverse(BTNode  * T)
{  if (T! = NULL)
   {  visite(T);                          /* 访问根结点 */
        PreOrderTraverse(T->lchild);  /* 递归访问左子树 */
        PreOrderTraverse(T->rchild);  /* 递归访问右子树 */
   }
}
```

对于图5.14(a)所示的二叉树，按先序遍历所得到的结果序列为：A B D E G C F

2. 中序遍历（LDR）

中序遍历的递归过程为：若二叉树为空，遍历结束。否则，

(1)中序遍历根结点的左子树；

(2)访问根结点；

(3)中序遍历根结点的右子树。

中序遍历二叉树的递归算法如下：

```
void InOrderTraverse(BTNode  * T)
{  if (T! = NULL)
   {  InOrderTraverse(T->lchild);      /* 递归访问左子树 */
```

```
        visite(T);                          /* 访问根结点 */
        InOrderTraverse(T->rchild);         /* 递归访问右子树 */
    }
}
```

对于图 5.14(a)所示的二叉树,按中序遍历所得到的结果序列为:D B G E A C F

3.后序遍历(LRD)

后序遍历的递归过程为:若二叉树为空,遍历结束。否则,

(1)后序遍历根结点的左子树;

(2)后序遍历根结点的右子树。

(3)访问根结点;

后序遍历二叉树的递归算法如下:

```
void PostOrderTraverse(BTNode  *T)
{  if (T!=NULL)
   {  PostOrderTraverse(T->lchild);   /* 递归访问左子树 */
        PostOrderTraverse(T->rchild);/* 递归访问右子树 */
        visite(T);                    /* 访问根结点 */
   }
}
```

对于图 5.14(a)所示的二叉树,按后序遍历所得到的结果序列为:D G E B F C A

4.层次遍历

二叉树的层次遍历,是指从二叉树的第一层(根结点)开始,从上至下逐层遍历;在同一层中,则按从左到右的顺序对结点逐个访问。对于图 5.14(a)所示的二叉树,按层次遍历所得到的结果序列为:A B C D E F G。

由层次遍历的定义可以推知,在进行层次遍历时,对一层结点访问完后,再按照它们的访问次序对各个结点的左孩子和右孩子顺序访问,这样一层一层进行,先遇到的结点先访问,这与队列的操作原则比较吻合。因此,在进行层次遍历时,需设置一个队列,遍历从二叉树的根结点开始,首先将根结点指针入队列,然后从队头取出一个元素,每取一个元素,执行下面两个操作:

(1)访问该元素所指结点;

(2)若该元素所指结点的左、右孩子结点非空,则将该元素所指结点的左孩子指针和右孩子指针顺序入队。此过程不断进行,当队列为空时,二叉树的层次遍历结束。在下面的层次遍历算法中,一维数组 Qu[MaxSize]用以实现循环队列。算法如下:

```
void LevelTraverse(BTNode *T)
{  BTNode *p;
   BTNode *qu[MaxSize];              /* 定义环形队列,存放结点指针 */
   int front,rear;                   /* 定义队头和队尾指针 */
   front=rear=-1;                    /* 置队列为空队列 */
   rear++;
```

```
    qu[rear] = T;                          /* 根结点指针进入队列 */
    while (front! = rear)                  /* 队列不为空 */
    {   front = (front + 1) % MaxSize;
        p = qu[front];                     /* 队头出队列 */
        visite(p);                         /* 访问结点 */
        if (p->lchild! = NULL)             /* 有左孩子时将其进队 */
        {   rear = (rear + 1) % MaxSize;
            qu[rear] = p->lchild;
        }
        if (p->rchild! = NULL)             /* 有右孩子时将其进队 */
        {   rear = (rear + 1) % MaxSize;
            qu[rear] = p->rchild;
        }
    }
}
```

遍历二叉树的算法中的基本操作是访问结点，则不论按哪种次序进行遍历，对于含有 n 个结点的二叉树，其时间复杂度均为 O(n)。

5.3.2　二叉树遍历的非递归实现

前面给出的二叉树先序、中序和后序三种遍历算法都是递归算法。当给出二叉树的链式存储结构以后，用具有递归功能的程序设计语言很方便就能实现上述算法。然而，递归程序虽然简洁，但执行效率也不高。因此，就存在如何把一个递归算法转化为非递归算法的问题，通过对三种遍历算法的逻辑过程进行分析得到解决问题的方法。

以中序遍历为例，中序序列的开始结点是一棵二叉树的最左下的结点，其基本思路是先找到二叉树的开始结点访问它，再处理其右子树。由于二叉树的链式存储结构中的指针的链接是单向的，因此采用一个栈保存需要返回的结点的指针。

算法中设置了一个工作指针 p 指向当前要处理的结点，首先让它指向根结点，同时也设置了一个可以保存指针的顺序栈，其初态为空栈。先扫描(并非访问)根结点及其根结点的所有左孩子结点，若存在左孩子结点，将根结点及所有左孩子结点一一进栈，当遇到空链时即无左孩子结点时，表示栈顶结点无左孩子，然后栈顶结点出栈，并访问它，然后沿该结点的右子树向下去遍历。这个过程重复执行，直到栈空且 p 为空指针为止。算法如下：

```
void InOrderNRe(BTNode *T)
{
  BTNode *St[MaxSize], *p; int top = -1;
  p = T;
  while (top> -1 || p! = NULL)
  {
      while (p! = NULL)    /* 扫描 *p 的所有左结点并进栈 */
      { top++; St[top] = p;
```

```
            p=p->lchild;
        }
        if (top>-1)
        { p=St[top];top--;              /*出栈*p结点*/
          visite(p);                  /*访问之*/
          p=p->rchild;                /*处理右子树*/
          }
    }
}
```

对于图5.14(a)所示二叉树,执行上述算法时栈的操作过程及其说明,如表5.2所示(栈中元素A表示A结点的地址)。

表5.2 中序遍历二叉树的非递归操作过程及其说明

步骤	操作	堆栈内容	当前访问结点	说明
1	进栈	A		根结点A进栈
2	进栈	A B		根结点A的左孩子B进栈
3	进栈	A B D		结点B的左孩子D进栈
4	出栈	A B	D	栈顶结点D没有左孩子,D出栈,访问D,指针p移到D的右孩子,p=NULL
5	出栈	A	B	栈顶结点B的左子树已访问,B出栈,访问B结点,指针p移到B的右孩子E
6	进栈	A E		结点E进栈
7	进栈	A E G		结点E的左孩子G进栈
8	出栈	A E	G	栈顶结点G没有左孩子,G出栈,访问G,指针p移到G的右孩子,p=NULL
9	出栈	A	E	栈顶结点E的左子树已访问,E出栈,访问E结点,指针p移到E的右孩子,p=NULL
10	出栈	空	A	栈顶结点A的左子树已访问,A出栈,访问A结点,指针p移到A的右孩子C
11	进栈	C		结点C进栈
12	出栈	空	C	栈顶结点C没有左孩子,C出栈,访问C,指针p移到C的右孩子F
13	进栈	F		结点F进栈
14	出栈	空	F	栈顶结点F没有左孩子,F出栈,访问F,指针p移到F的右孩子,p=NULL,栈空,算法结束

例5.1 假设二叉树采用二叉链存储结构存储,试设计一个算法,计算一棵给定二叉树的所有叶子结点个数。

分析:计算一棵二叉树b中所有叶子结点个数的递归模型f(b)如下:

f(b)=0　　　　若b=NULL

f(b)=1 若 * b 为叶子结点

f(b)=f(b->lchild)+f(b->rchild) 其他情况

【算法 5.1】

```
int LeafNodes(BTNode *b)
{
  if(b==NULL) return 0;      /* 空树返回 0 */
  else if(b->lchild==NULL&&b->rchild==NULL) return 1; /* 只有 1 个结点的二叉树返回 1 */
  else return LeafNodes(b->lchild)+LeafNodes(b->rchild); /* 叶子结点个数为左右子树的叶子结点个数之和 */
}
```

例 5.2 假设二叉树采用二叉链存储结构,设计一个算法 Level()求二叉树中指定结点的层数。

分析:设 Level(b,x,h)返回二叉链 b 中 data 值为 x 的结点的层数,其中 h 表示 b 所指结点的层数。

【算法 5.2】

```
int Level(BTNode *b,Elemtype x,int h)  /* h 设初始值为 1 */
{ int k;
  if (b==NULL) return 0;            /* 空树时返回 0 */
  else if (b->data==x) return h;    /* 找到结点时 */
  else
  { k=Level(b->lchild,x,h+1);       /* 在左子树中查找 */
    if (k==0)                       /* 左子树中未找到时在右子树中查找 */
      return Level(b->rchild,x,h+1);
    else return k;
  }
}
```

5.4 线索二叉树

5.4.1 线索二叉树的概念

二叉树是非线性结构,按照某种遍历方式对二叉树进行遍历,可以把二叉树中所有结点排列为一个线性序列。

一个具有 n 个结点的二叉树若采用二叉链表存储结构,每个结点有两个指针域,总共有 2n 个指针域。又由于只有 n-1 个结点被有效地指针指向(二叉树的根结点除外),则共有 2n-(n-1)=n+1 个空链域。这样,按照某种规则遍历二叉树时,利用这些空链域保存遍历时得到的结点的前驱结点和后继结点的指针信息,将为二叉树遍历及相关操作提供很多方便,如最明显的好处是二叉树再次进行中序遍历时,不再需要使用递归和堆栈,直接利用这些信息即可。我们把结点中指向前驱结点或后继结点的指针称为线索。

由于遍历方式不同,得到的遍历线性序列也不同,我们做如下规定:当某结点的左指针为空时,令该指针指向按某种方式遍历二叉树时得到的该结点的前驱结点;当某结点的右指针为空时,令该指针指向按某种方式遍历二叉树时得到的该结点的后继结点。但是,这样做会使我们不能区分左指针指向的结点到底是左孩子结点还是前驱结点,同理,右指针指向的结点到底是右孩子结点还是后继结点,为此我们在结点的存储结构上增加两个标志位来区分这两种情况:

$$\text{ltag}=\begin{cases}0 & \text{lchild 指向结点的左孩子}\\ 1 & \text{lchild 指向结点的前驱结点}\end{cases}$$

$$\text{rtag}=\begin{cases}0 & \text{rchild 指向结点的右孩子}\\ 1 & \text{rchild 指向结点的后继结点}\end{cases}$$

为每个结点增设两个标志位域 ltag 和 rtag,令:每个标志位令其只占一个 bit,这样就只需增加很少的存储空间。这样结点的存储结构如图 5.18 所示:

ltag	lchild	data	rchild	rtag

图 5.18 线索二叉树的结点结构

在二叉树的结点上加上线索的二叉树称为线索二叉树,对二叉树以某种遍历方式(如先序、中序、后序)使其变为线索二叉树的过程称为对二叉树进行线索化。图 5.19 给出一棵二叉树的先序线索二叉树、中序线索二叉树、后序线索二叉树,其中在根结点之前附加了一个头结点。

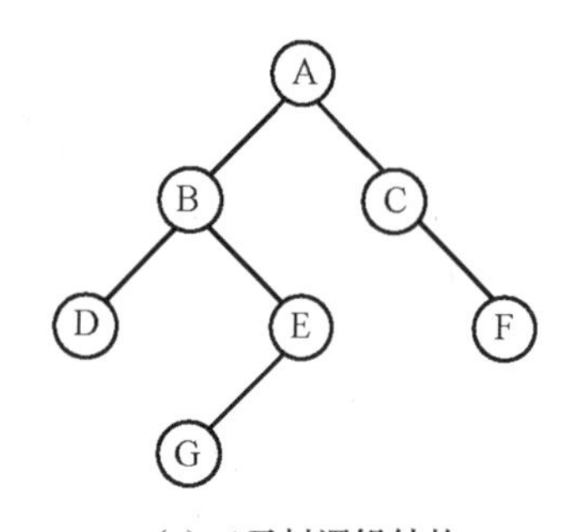

(a) 二叉树逻辑结构

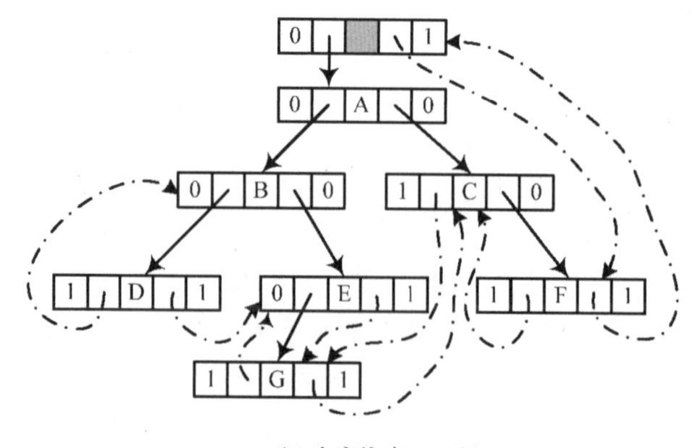

(b) 先序线索二叉树

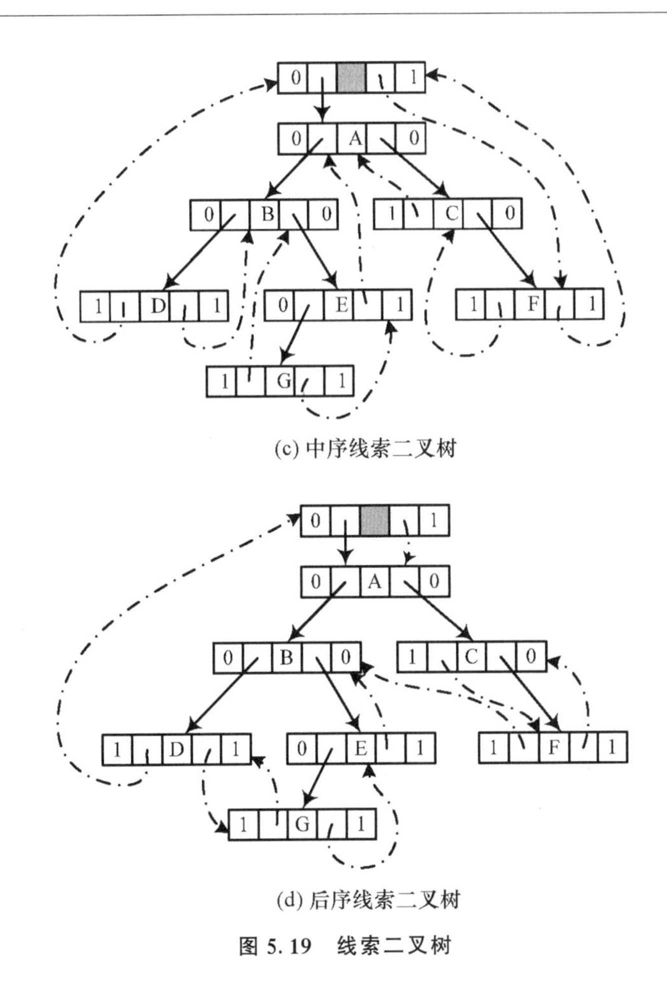

(c) 中序线索二叉树

(d) 后序线索二叉树

图 5.19 线索二叉树

5.4.2 二叉树的线索化实现

在线索二叉树中,结点的结构定义为如下形式:

```
typedef struct node{
    Elemtype data;
    int ltag,rtag;                /* 线索标记 */
    struct node *lchild;          /* 指向左孩子或线索 */
    struct node *rchild;          /* 指向右孩子或线索 */
  } TBTNode, *BiThrTree;
```

下面以中序线索二叉树为例,讨论线索二叉树的建立、线索二叉树的遍历的实现算法。

建立线索二叉树,或者说对二叉树线索化,实质上就是遍历一棵二叉树。在遍历过程中,访问结点的操作是检查当前结点的左、右指针域是否为空,如果为空,将它们改为指向前驱结点或后继结点的线索。另外,在对一棵二叉树加线索时,必须首先申请一个头结点,建立头结点与二叉树的根结点的指向关系,对二叉树线索化后,还需建立最后一个结点与头结点之间的线索。

CreaThread(b)算法是将以二叉链存储的二叉树 b 进行中序线索化,并返回线索化后头结点的指针 root,Thread(p)算法用于对于以 *p 为根结点的二叉树中序线索化。在整个算法中，p 总是指向当前被线索化的结点。pre 作为全局变量，指向刚刚访问过的结点。＊pre 是＊p 的前驱结点，＊p 是＊pre 的后继结点。

算法如下：

```
TBTNode *pre;                          /* 全局变量 */
    void Thread(TBTNode *&p)           /* 对二叉树 p 进行中序线索化 */
    {
        if (p! =NULL)
        {  Thread(p->lchild);          /* 左子树线索化 */
        if (p->lchild= =NULL)            /* 前驱线索 */
        {  p->lchild=pre; /* 建立当前结点的前驱线索 */
           p->ltag=1;
        }
          else   p->ltag=0;
        if (pre->rchild= =NULL)          /* 后继线索 */
        {  pre->rchild=p;              /* 建立前驱结点的后继线索 */
           pre->rtag=1;
        }
        else   pre->rtag=0;
        pre=p;
    Thread(p->rchild);        /* 递归调用右子树线索化 */
    }
}
TBTNode *CreaThread(TBTNode *b)        /* 中序线索化二叉树 */
{
    TBTNode *root;
    root=(TBTNode *)malloc(sizeof(TBTNode));   /* 创建头结点 */
    root->ltag=0;root->rtag=1; root->rchild=b;
    if (b= =NULL) root->lchild=root;   /* 空二叉树 */
    else
    {
    root->lchild=b;
    pre=root;                   /* pre 是 *p 的前驱结点，供加线索用 */
    Thread(b);              /* 中序遍历线索化二叉树 */
    pre->rchild=root;           /* 最后处理，加入指向头结点的线索 */
    pre->rtag=1;
    root->rchild=pre;           /* 头结点右线索化 */
    root->rtag=1;
    }
    return root;
}
```

5.4.3 线索二叉树上的运算

下面主要以中序线索二叉树为例，介绍线索二叉树上两种常用运算：

例 5.3 在中序线索二叉树上查找任意结点的中序前驱结点

【算法 5.3】

解：对于中序线索二叉树上的任一结点，寻找其中序的前驱结点，有以下两种情况：

(1)如果该结点的左标志为1，那么其左指针域所指向的结点便是它的前驱结点；

(2)如果该结点的左标志为0，表明该结点有左孩子，根据中序遍历的定义，它的前驱结点是以该结点的左孩子为根结点的子树的最右结点，即沿着其左子树的右指针链向下查找，当某结点的右标志为1时，它就是所要找的前驱结点。

在中序线索二叉树上寻找结点p的中序前驱结点的算法如下：

```
BiThrTree InPreNode(BiThrTree p)
{
  BiThrTree pre;
  pre = p->lchild;
  if (p->ltag! =1)
  while (pre->rtag= =0) pre = pre->rchild;
  return(pre);
}
```

例 5.4 在中序线索二叉树上查找任意结点的中序后继结点

解：对于中序线索二叉树上的任一结点，寻找其中序的后继结点，有以下两种情况：

(1)如果该结点的右标志为1，那么其右指针域所指向的结点便是它的后继结点；

(2)如果该结点的右标志为0，表明该结点有右孩子，根据中序遍历的定义，它的前驱结点是以该结点的右孩子为根结点的子树的最左结点，即沿着其右子树的左指针链向下查找，当某结点的左标志为1时，它就是所要找的后继结点。

在中序线索二叉树上寻找结点p的中序后继结点的算法如下：

【算法 5.4】

```
BiThrTree InPostNode(BiThrTree p)
{
  BiThrTree post;
  post = p->rchild;
  if (p->rtag! =1)
  while (post->rtag= =0) post = post->lchild;
  return(post);
}
```

5.5 哈夫曼树及其应用

哈夫曼(huffman)树，又称最优二叉树，是一类带权路径长度最短的树，有着广泛的应用。

5.5.1 哈夫曼树概念

(1)结点的权:在许多的应用中,将树中的结点赋予一个有着实际意义的数值,称此数值为该结点的权。

(2)结点的带权路径长度:从根结点到某个结点的路径长度与该结点所带的权值的乘积为该结点的带权路径长度。

(3)树的带权路径长度:树中所有叶子结点的带权路径长度之和即为树的带权路径长度,通常记作:

$$WPL = \sum_{i=1}^{n} \omega_i l_i$$

其中,n 表示叶子结点数目,ω_i 和 li 分别是第 i 个叶子结点的权和根到第 i 个叶子结点的路径长度(即从叶子结点到根结点的分支数)。

有 n 个带权叶子结点构成的二叉树中,其中带权路径长度 WPL 最小的二叉树,称为哈夫曼树(或最优二叉树)。构造这种树的算法最早由哈夫曼于 1952 年提出的,因此称之为哈夫曼树。

假如给定 4 个叶子结点,设其权值分别为 1,5,9,13 构造出 4 棵带权路径长度不同的二叉树,如图 5.20 所示。

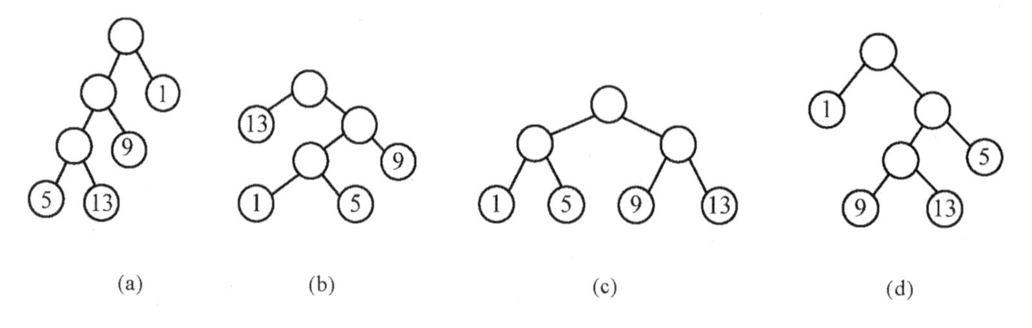

图 5.20 由 4 个叶子结点构成的不同的带权的二叉树

4 棵形状不同的二叉树,它们的带权路径长度分别为:

(a) $WPL = 1 \times 1 + 5 \times 3 + 9 \times 2 + 13 \times 3 = 73$

(b) $WPL = 1 \times 3 + 5 \times 3 + 9 \times 2 + 13 \times 1 = 49$

(c) $WPL = 1 \times 2 + 5 \times 2 + 9 \times 2 + 13 \times 2 = 56$

(d) $WPL = 1 \times 1 + 5 \times 2 + 9 \times 3 + 13 \times 3 = 77$

从上图可知,对于一组具有确定权值的叶子结点可以构造出多个不同形状二叉树,每棵二叉树的带权路径长度也不相同,把其中带权路径长度最小的二叉树称为哈夫曼树,又称为最优二叉树,图 5.20(b)所示的二叉树是一棵哈夫曼树。

5.5.2 哈夫曼树构造算法

给定 n 个权值, $\omega_1, \cdots, \omega_i, \cdots, \omega_n$,如何构造一棵含有 n 个给定权值的叶子结点的二叉树,使二叉树的带权路径长度 WPL 最小,即如何求得最优二叉树呢?哈夫曼(Huffman)给出了一个求解该问题的算法,称之为哈夫曼算法。该算法如下:

(1)先根据给定的 n 个权值{$\omega_1,\omega_2,\cdots,\omega_n$}构成一个由 n 棵二叉树组成的森林 F={$T_1$，$T_2$，…，$T_n$}，其中每棵二叉树 T_i($1\leqslant i\leqslant n$)都只有一个权值为 ω_i 的根结点，其左、右子树均为空二叉树。

(2)在 F 中选取两棵根结点的权值最小的二叉树分别作为左、右子树构造一棵新的二叉树，且置新二叉树的根结点的权值为其左、右子树的根结点的权值之和。

(3)从 F 中删去这两棵已使用过的二叉树，同时将新二叉树加入到 F 中去。

(4)重复(2)、(3)，直到 F 中仅剩下一棵二叉树为止(这棵树就是所求的最优二叉树)。

例 5.5　假定给定的权集为{1,5,9,13}，试画出根据哈夫曼算法求得哈夫曼树的过程并计算该哈夫曼树的 WPL。

分析：求哈夫曼树的过程如图 5.21 所示：

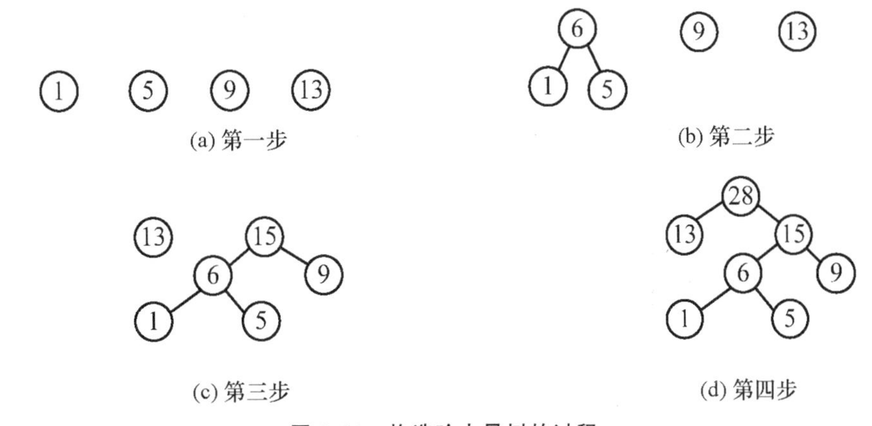

图 5.21　构造哈夫曼树的过程

该哈夫曼树的带权路径长度 WPL=1×3+5×3+9×2+13×1=49。

定理 5.1　对于具有 n 个叶子结点的哈夫曼树，共有 2n－1 个结点。

证明：在哈夫曼树中不存在度为 1 的结点，即 $n_1=0$，又根据二叉树的性质 3 可知 $n_0=n_2+1$，即 $n_2=n_0-1$，则 $n'=n_0+n_1+n_2=2n_0-1=2n-1$。

在哈夫曼树中，结点的结构定义为如下形式：

```
typedef struct   /*哈夫曼树结点的结构*/
{
    char data;            /*数据用字符表示*/
    int weight;           /*权值*/
    int parent;           /*双亲*/
    int leftchild;        /*左孩子*/
    int rightchild;       /*右孩子*/
}HuffNode;
```

由定理 5.1 得出，可以选用一个大小为 2n－1 的一维数组 ht[ ]存储哈夫曼树。

算法思路为：

(1)将所有 2n－1 个结点 parent、leftchild、rightchild 域值设为 0；

(2)处理每个非叶子结点 ht[i](即存在数组 ht[]下标为 n+1～2n－1 中的结点)：首先在 ht[1] ～ht[i－1]中找出根结点(结点的 parent 域值为 0)，并从根结点中找出权值最小的两个结点 ht[lnode]和 ht[rnode]，将它们作为结点 ht[i]的左右子树，并且将结点 ht[i]的权值为结点 ht[lnode]的权值与 ht[rnode]结点的权值之和，最后将 ht[lnode]和 ht[rnode]的双亲节点置为 ht[i]。

(3)如此这样直到所有 n-1 个非叶子节点处理完毕。

构造哈夫曼树的算法如下：

```
int  HuffmanCreate(HuffNode * ht)
{
     int i,k,n,min1,min2,lnode,rnode;
     printf("请输入元素个数:");
          scanf("%d",&n);
               for(i=1;i<=n;i++)                    /* 输入结点值和信息 */
               {
                    getchar();
                    printf("第%d 个元素的=>\n\t 结点值:",i);
                    scanf("%c",&ht[i].data);
                    printf("\t 权  重:");
                    scanf("%d",&ht[i].weight);
               }
     for(i=1;i<=2*n-1;i++)                   /* 对数组初始化 */
     {
     ht[i].parent==0;
     ht[i].leftchild=0;
     ht[i].rightchild=0;
     }
     for(i=n+1;i<=2*n-1;i++)
     {
          min1=min2=32767;        /* 初始化,令 min1、min2 为整数最大值 */
          lnode=1;
          rnode=1;
               for(k=1;k<=i-1;k++)  /* 从数组 ht[ ]中找权值最小的两个结点 */
               if(ht[k].parent==0)  /* 只在尚未参与构造的二叉树的结点中查找 */
                    if(ht[k].weight<min1)
                    {
                    min2=min1;
                         rnode=lnode;
                         min1=ht[k].weight;
                         lnode=k;
                    }
               else if(ht[k].weight<min2)
                 {
                 min2=ht[k].weight;
```

```
                    rnode = k；
                }
            ht[i].weight = min1 + min2；      /* 新结点的权值为最小权值和次小权值的
和 */
            ht[i].leftchild = lnode；                /* lnode 为新结点的左孩子 */
            ht[i].rightchild = rnode；               /*  rnode 为新结点的右孩子 */
            ht[lnode].parent = i；   ht[rnode].parent = i；  /*  lnode、rnode 结点的双
亲为新结点 i */
        }
        printf("哈夫曼树已成功建立！\n")；
        return n；
    }
```

5.5.3 哈夫曼编码

哈夫曼树的一个重要应用是用于数据通信的二进制编码。在进行快速远距离的数据通信中，需要将传送的符号转换成由 0、1 组成的二进制串，这个过程称为编码。显然，在进行编码设计时，我们希望设计的电文编码总长度最短，并且不能使任何一个符号的编码（短码）是另一个符号的编码（长码）的前缀部分，否则在译码时会将长码的开始部分解释为短码所对应的符号，产生歧义，这在通信中是绝对不能允许的，符合这种条件的编码称为前缀编码。哈夫曼树可以用于构造使电文编码的符合上述要求的编码方案，由此获得的二进制编码称为哈夫曼编码。

设需要编码的字符集合为$\{c_1, c_2, \cdots, c_n\}$，各个字符在电文出现的次数集合为$\{\omega_1, \omega_2, \cdots, \omega_n\}$，用 $c_1, c_2, \cdots, c_n$ 作为叶子，$\omega_1, \omega_2, \cdots, \omega_n$ 作为各叶子的权构造一棵哈夫曼树。在哈夫曼树中，在左分支上标上代码 0，在右分支上标上代码 1，将从根到某叶子 c_i 路径上所经过的分支上的代码顺序连接起来就可以得到字符 c_i 的二进制编码，这样的编码称为哈夫曼编码。

算法思路为：从哈夫曼树的叶子结点 ht[i]($1\leqslant i\leqslant n$)出发，通过该结点双亲 parent 域的值找到其双亲 ht[f]，若当前结点 i 是其双亲结点 f 的左孩子结点生成编码为 0，若当前结点 i 是其双亲结点 f 的右孩子结点生成编码为 1，编码存放在数组 cd[start]中，然后再把 ht[f]作为出发点，重复上述过程，直到找到树根为止。显然这样生成的编码序列与哈夫曼树得到的编码序列的次序相反，因此，把最先生成的代码存放在数组的第 n(每个字符的编码长度都不会超过 n)个位置处，再次生成的代码存放在数组的第 n－1 个位置处，依此类推。用变量 start 指示编码在数组 cd 中的起始位置，变量 start 初始值为 n，生成一个编码后，变量 start 的值减 1。构造哈夫曼编码算法如下：

```
typedef struct
{
  char cd[N]；
  int start；
}HuffCode；
void Encoding(HuffNode ht[],HuffCode hcd[],int n)
{
    HuffCode d；
```

```
    int i,k,f,c;
    for(i=1;i<=n;i++)
    {
        d.start=n+1;                    /* 起始位置 */
        c=i;                            /* 从叶结点开始向上 */
        f=ht[i].parent;
    while(f!=0)                     /* 直到树根为止 */
    {
        if(ht[f].leftchild==c)
            d.cd[--d.start]='0';/* 规定左树为代码 0 */
        else
            d.cd[--d.start]='1';/* 规定右树为代码 1 */
        c=f;                        /* c 指孩子的位置 */
        f=ht[f].parent;            /* f 指双亲的位置 */
    }
    hcd[i]=d;
    }
    printf("输出哈夫曼编码:\n");
    for(i=1;i<=n;i++)                     /* 输出哈夫曼编码 */
    {
        printf("%c:",ht[i].data);
        for(k=hcd[i].start;k<=n;k++)
            printf("%c",hcd[i].cd[k]);
        printf("\n");
    }
}
```

例 5.6 若待编码字符集 C = {c_1, c_2, c_3, c_4, c_5, c_6, c_7, c_8},相应的在电文中出现的频率集 W = {18,22,32,6,7,10,2,3},求各字符的哈夫曼编码。

分析:构造哈夫曼树如图 5.22 所示,给哈夫曼树的上所有的左分支标注为 0,给所有的右分支标标注为 1,从而得到哈夫曼编码如表 5.3 所示。

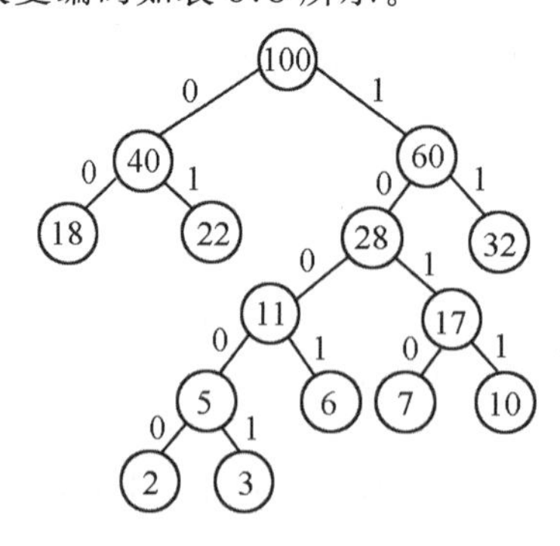

图 5.22 哈夫曼树及编码

表 5.3　字符集 C 哈夫曼编码表

字符	C_1	C_2	C_3	C_4	C_5	C_6	C_7	C_8
权值	18	22	32	6	7	10	2	3
哈夫曼编码	00	01	11	1001	1010	1011	10000	10001

这样,该棵哈夫曼树的带权路径长度 $WPL = 18\times2+22\times2+32\times2+7\times4+10\times4+6\times4+2\times5+3\times5=261$。

哈夫曼树的存储结构 ht[ ]的状态变化及哈夫曼编码如图 5.23 所示。

	weight	parent	leftchild	rightchild
1	18	0	0	0
2	22	0	0	0
3	32	0	0	0
4	6	0	0	0
5	7	0	0	0
6	10	0	0	0
7	2	0	0	0
8	3	0	0	0
9	–	0	0	0
10	–	0	0	0
11	–	0	0	0
12	–	0	0	0
13	–	0	0	0
14	–	0	0	0
15	–	0	0	0

(a) 存储哈夫曼树数组ht [ ]初始状态

	weight	parent	leftchild	rightchild
1	18	13	0	0
2	22	13	0	0
3	32	14	0	0
4	6	10	0	0
5	7	11	0	0
6	10	11	0	0
7	2	9	0	0
8	3	9	0	0
9	5	10	7	8
10	11	12	9	4
11	17	12	5	6
12	28	14	10	11
13	40	15	1	2
14	60	15	12	3
15	100	0	13	14

(b) 存储哈夫曼树数组ht [ ]最终状态

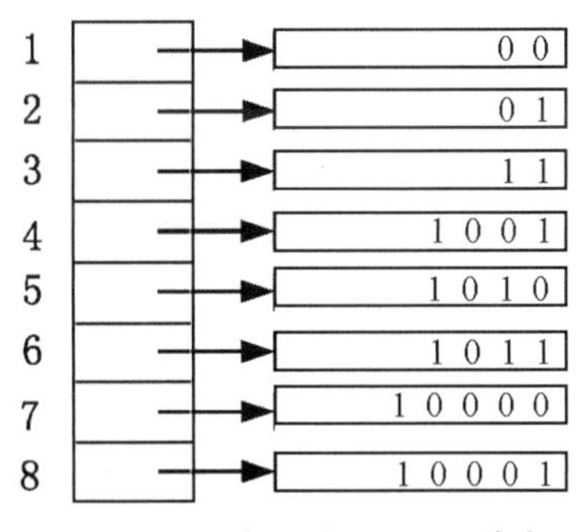

(c) 哈夫曼编码hcd [ ]状态

图 5.23　哈夫曼树及编码存储结构

5.6　案例分析——电文的编码和译码

1. 问题描述

在数据通信中,发送方借助哈夫曼树将要发送的电文字符串进行编码,形成二进制报文然后发出;当接收方接收到二进制报文时,借助哈夫曼树进行译码,最后输出对应的电文字符串。

2.设计要求

(1)从终端读入字符集大小 n,以及 n 个字符和 n 个权值,构造一棵哈夫曼树。

(2)利用已建好的哈夫曼树,对 n 个字符进行哈夫曼编码。

(3)利用已建好的哈夫曼树及编码,对输入二进制报文进行译码,输出对应的字符。

(4)程序中字符和权值是可变的,程序操作灵活。

3.数据结构

本案例使用结构体数组作为数据结构来存储哈夫曼树及其编码。

4.实现和分析

在电报通信中,电文是以二进制代码传送的。在发送时,需要电文中的字符转换成二进制代码串,在接收时,则要将收到的二进制代码翻译成对应字符序列。发送的电文中的字符的使用频率一般不均匀。在传送电文时,要想使电文的总长度尽可能短而且正确,需满足以下两个条件,首先,使用频率高的字符的编码的长度尽可能短,其次,在对字符编码时,不能让任何一个字符的编码成为另一个字符的编码的前缀部分,否则会产生歧义,而哈夫曼树构造哈夫曼编码符合上述条件。

(1)本例中将哈夫曼树结构的定义如下:

```
typedef char DataType;
#define MAXNUM 50
typedef struct                    /* 哈夫曼树结点的结构 */
{
    DataType data;                /* 数据用字符表示 */
    int weight;                   /* 权值 */
    int parent;                   /* 双亲 */
    int leftchild;                /* 左孩子 */
    int rightchild;               /* 右孩子 */
}HuffNode;
typedef struct    /* 哈夫曼编码的存储结构 */
{
    DataType cd[MAXNUM];          /* 存放编码位串 */
    int start;                    /* 编码的起始位置 */
}HuffCode;
```

(2)构造哈夫曼树

实现算法参考 5.5 节。

(3)编码

实现算法参考 5.5 节。

(4)译码

基本思想:首先输入二进制代码串,存放在数组 ch 中,以"#"为结束标志。依据存放哈夫曼树的数组 ht[ ]从根结点出发,扫描数组 ch[]中的字符,如果 0 转向左子树;如果数组 ch[ ]中的字符为 1,转向右子树;直到叶子结点结束,输出叶子结点的数据域的值,即所对应的字符,继续译码,直到代码结束。若接收方收到字符串“1000111＃”,它的译码过程如图 5.24 所示(以例 5.6 为例)。

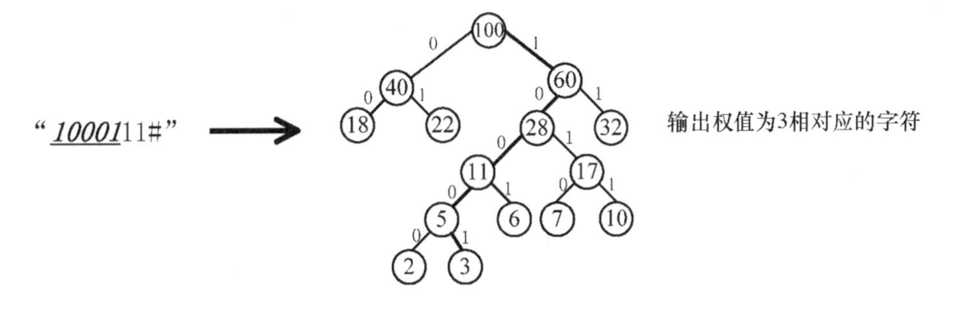

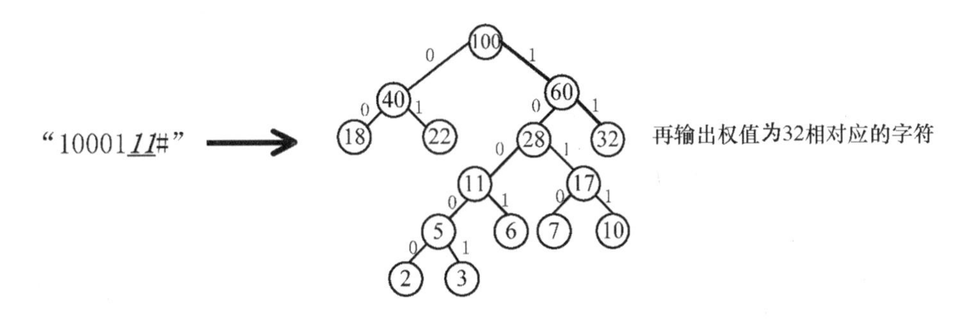

图 5.24　根据哈夫曼树译码

译码算法如下:

```
void Decoding(HuffNode ht[],HuffCode hcd[],int n)
{
    int f,m,k;
    DataType c,ch[200];              /* c 接收输入电文,ch 存储 */
    printf("请输入电文(0 or 1),以＃为结束标志:\n");
    c=getchar();
    k=1;
    while(c! ='＃')                   /* 单个字符循环输入,以'＃'结束 */
    {
        ch[k]=c;                     /* 将单个字符依次存入 ch 字符串中 */
        c=getchar();
        k=k+1;
    }
    m=k;                             /* 标记数组存储末尾位置 */
    f=2*n-1;
    k=1;                             /*  k 记录电文字符的个数 */
    printf("输出哈夫曼译码:\n");
    while(k<m)                       /*  k 循环到数组末尾结束 */
```

```
    {
        while(ht[f].leftchild! =0) /* 直到左孩子结点为0结束 */
        {
            if(ch[k]=='0')  /* 若接收的字符为0,则转向左孩子 */
            f=ht[f].leftchild;
            if(ch[k]=='1')  /* 若接收的字符为1,则转向右孩子 */
            f=ht[f].rightchild;
            k++;
        }
        printf("%c",ht[f].data);
        f=2*n-1;                    /* 每次都从根结点开始查找 */
    }
    printf("\n");
}
```

小　结

本章的主要内容有:树的定义和存储表示、二叉树的定义及性质和存储表示、二叉树的遍历和线索化、二叉树的应用。

树是以分支关系定义结点之间的层次结构,结点之间存在着"一对多"的关系,也是一种典型的递归结构。树中除根结点没有前驱外,其他每个结点只有一个前驱,所有结点都有零个或多个后继。树形结构为现实世界中具有层次关系或分支关系的数据提供了一种自然的表示方法,如可用树形结构描述人类社会的族谱和各种社会组织机构等,在计算机领域中如在编译程序中,可用树来表示源程序的语法结构等。其常用的存储有三种:双亲数组存储,孩子链式存储和孩子兄弟链式存储。

二叉树是另一类型的树形结构,它是树的特例,其子树要严格的区分为左子树和右子树,二叉树常用的存储表示方法有顺序存储和链式存储两种,对于完全二叉树采用顺序存储,对于普通二叉树通常采用链式存储。

二叉树的遍历算法是实现各种操作的基础,是将非线性结构转换成线性结构的一种算法。对这种非线性结构的遍历需要选择合适的搜索路径,以确保在这条路径上可以访问到树形结构中的所有结点。二叉树的遍历方式有四种:先序、中序、后序、层次遍历。其中前三种遍历方式如果采用非递归算法则用栈作为辅助数据结构,层次遍历用队列作为辅助数据结构。

线索化实际上是二叉树的一种特殊的链接存储表示,二叉树可以按先序、中序、后序进行线索化。线索二叉树可以借助线索比较容易地找到结点在某种遍历序列中的前驱结点或后继结点,因而可以不用借助栈实现二叉树的非递归遍历。

作为二叉树的应用,最后介绍了哈夫曼树和哈夫曼编码的构造方法。哈夫曼树是一种"带权路径长度 WPL"最短的二叉树,哈夫曼编码是哈夫曼树的一种应用。

习题 5

5.1 已知一个度为 3 的树中有 m 个度为 1 的结点，k 个度为 2 的结点，c 个度为 3 的结点，求树的叶子结点数。

5.2 一棵度为 2 的树与一棵二叉树有什么区别。

5.3 已知某二叉树的中序序列和后序序列分别是：中序：B F D G A C H E；后序：F G D B H E C A，请完成下列各题。

(1)试画出这棵二叉树的树形表示。

(2)试画出这棵二叉树的顺序存储的示意图。

(3)试画出这棵二叉树的后序线索二叉树的示意图。

5.4 假定用于通信的电文仅由 8 个字符 C_1、C_2、C_3、C_4、C_5、C_6、C_7、C_8 组成，各字符在电文中出现的频率分别为 0.02、0.22、0.06、0.20、0.03、0.10、0.07、0.30 试为这 8 个字符设计哈夫曼编码。

5.5 一棵非空的二叉树其先序序列和后序序列正好相反，请试说明这棵二叉树的形状。

5.6 以孩子兄弟链式存储作为树的存储结构，编写一个求树的高度的算法。

5.7 以二叉链表为存储结构，编写二叉树先序的非递归算法。

5.8 以二叉链表为存储结构，编写一个算法求二叉树中最大结点的值。

5.9 以二叉链表为存储结构，编写一个算法返回 data 域为 x 的结点指针。

5.10 以二叉链表为存储结构，编写求二叉树宽度的算法。所谓宽度是指在二叉树的各层上，具有结点数最多的那一层上的结点总数。

第6章　图

学习要点

- 掌握图的基本概念
- 熟练掌握图的不同存储方法和图的遍历
- 熟练掌握不同的最小生成树算法
- 掌握不同的最短路径算法
- 掌握拓扑排序和关键路径计算

图是一种复杂的非线性数据结构，也是应用非常广泛的数据结构。在图结构中，每个元素可以有零个或多个前驱元素，也可以有零个或多个后继元素，即顶点之间的关系是多对多的。

6.1　图的定义和基本术语

6.1.1　图的定义

图是由顶点集合 V 和边集合 E 组成的一种数据结构。E 中的每条边都连接 V 中两个不同的顶点。图 G 可记为：

$$G=(V,E)$$

顶点集合：$V=\{x \mid x\in$ 某数据元素集合$\}$

边集合：$E=\{<x,y> \mid x,y\in V$ 且 $x\neq y\}$

其中，$<x,y>$ 是一条有方向的边，从顶点 x 指向顶点 y。$<y,x>$ 是另外一条有方向的边，从顶点 y 指向顶点 x，这样的图称为有向图。

如果图中的边没有方向，仅是点 x 与点 y 之间的连线，称为无向边，简记为(x,y)，对应的边集合：$E=\{(x,y) \mid x,y\in V$ 且 $x\neq y\}$，这样的图称为无向图。

6.1.2　图的抽象数据类型描述

图的抽象数据类型定义如下：

ADT Graph{

数据对象：$V=\{a_i \mid 1\leqslant i\leqslant n, n\geqslant 0, a_i$ 为 ElemType 类型$\}$　/* ElemType 是自定义的类型标识符 */

数据关系：$R=\{<a_i,a_j> \mid a_i,a_j\in V,\ 1\leqslant i\leqslant n\ ,\ 1\leqslant j\leqslant n$，其中每个元素可以有零个或多

个前驱,可以有零个或多个后继 }

基本运算:

InitGraph(&G)

　　操作结果:初始化图,构造一个空图。

CreateGraph(&G,V,E)

　　操作结果:使用顶点集合 V 和边集合 E 构建一个图。

ClearGraph(&G)

　　初始条件:图 G 存在。

　　操作结果:清除图,释放图 G 占用的存储空间。

DFS(G,v)

　　初始条件:图 G 存在。

　　操作结果:从顶点 v 出发深度优先遍历图 G。

BFS(G,v)

　　初始条件:图 G 存在。

　　操作结果:从顶点 v 出发广度优先遍历图 G。

}

6.1.3　图的基本术语

(1)无向图:在无向图中,顶点对(x,y)是无序的,顶点对(x,y)可以称为与顶点 x 和顶点 y 相关联的一条边。

(2)有向图:在有向图中,顶点对＜x ,y＞是有序的,顶点对＜x,y＞可以称为从顶点 x 到顶点 y 的一条有向边,x 是有向边的始点,y 是有向边的终点,有向图中的边也称作弧,边的始点称为弧尾,边的终点成为弧头。因此,＜x,y＞与＜y,x＞是两条不同的边。

在图 6.1 给出的 2 个例图中,图 G_1 是无向图,其顶点集合 $V(G_1)=\{V_0,V_1,V_2,V_3,V_4\}$,边集合 $E(G_1)=\{(V_0,V_1),(V_1,V_2),(V_2,V_3),(V_3,V_0),(V_0,V_4),(V_1,V_4),(V_2,V_4),(V_3,V_4)\}$。图 G_2 是有向图,其顶点集合 $V(G_2)=\{V_0,V_1,V_2,V_3,V_4\}$,边集合 $E(G_2)=\{\langle V_0,V_3\rangle,\langle V_3,V_2\rangle,\langle V_2,V_1\rangle,\langle V_1,V_0\rangle,\langle V_0,V_4\rangle,\langle V_1,V_4\rangle,\langle V_2,V_4\rangle,\langle V_3,V_4\rangle\}$。

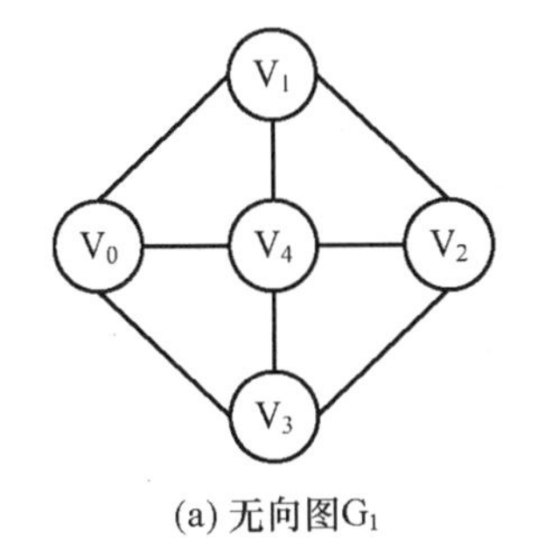

(a) 无向图G_1

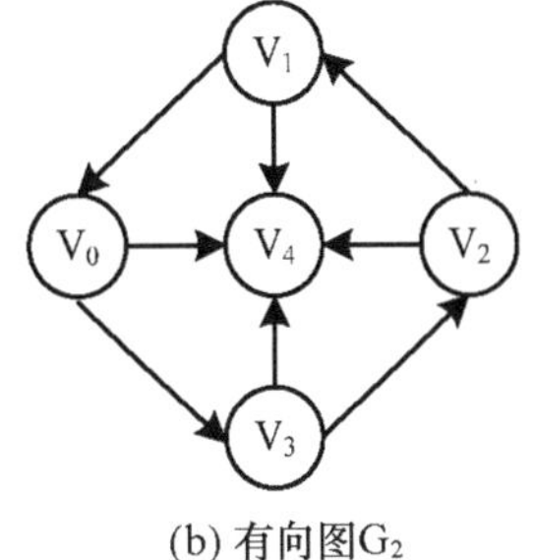

(b) 有向图G_2

图 6.1　无向图 G_1 和有向图 G_2

(3)完全图:在有 n 个顶点的无向图中,若任意两个顶点之间有且只有一条边,则称此图为无向完全图，图中共有 $n(n-1)/2$ 条边。图 6.2 中 G_3 就是无向完全图，共有 6 条边。在有 n 个顶点的有向图中，若任意两个顶点之间有且只有方向相反的两条边，则称此图为有向完全图，图中共有 $n(n-1)$ 条边。图 6.2 中 G_4 就是有向完全图，共有 12 条边。

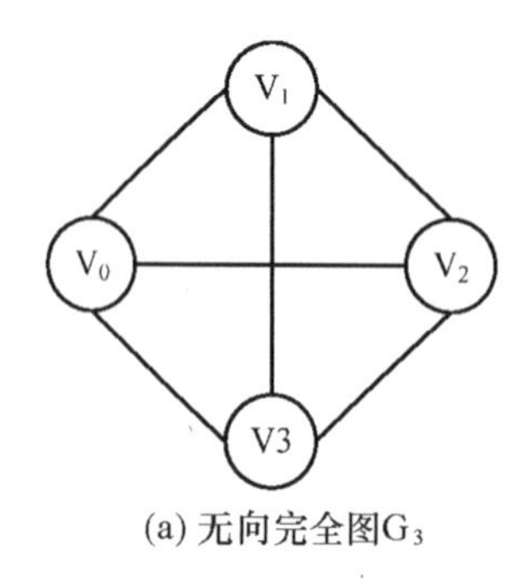

(a) 无向完全图G_3

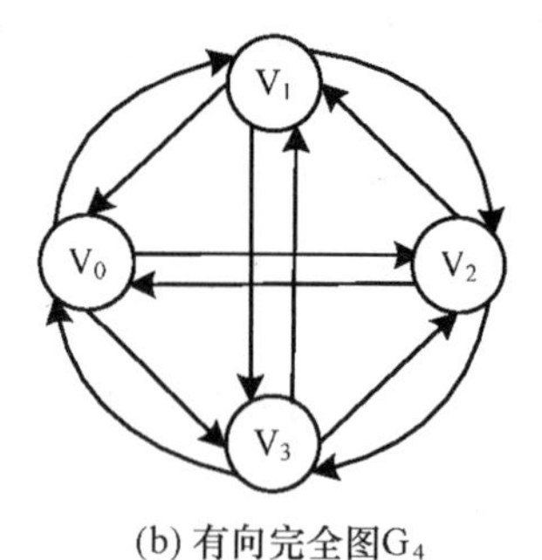

(b) 有向完全图G_4

图 6.2 完全图 G_3、G_4

(4)邻接点：在无向图 G 中，若(u,v)是 E(G)中的一条边，则称 u 和 v 互为邻接点，并称边(u,v)和顶点 u 和 v 相关联。在有向图 G 中，若<u,v>是 E(G)中的一条边，则称顶点 u 邻接到顶点 v，顶点 v 邻接自顶点 u，并称边<u,v>和顶点 u 与顶点 v 相关联。

(5)顶点的度：在无向图中，顶点关联的边的数目称为该顶点的度。在有向图中，以顶点 i 为终点的边的数目，称为该顶点的入度。以顶点 i 为始点的边的数目，称为该顶点的出度。一个顶点的入度与出度的和为该顶点的度。

若一个图中有 n 个顶点和 e 条边，每个顶点的度为 $d_i(1\leqslant i\leqslant n)$，则有：

$$e=\frac{1}{2}\sum_{i=1}^{n}d_i$$

(6)路径：在图 G=(V,E)中，若从顶点 V_i 出发经过一组互不相同的边到达顶点 V_j，则称顶点 V_i 到顶点 V_j 的顶点序列为从顶点 V_i 到顶点 V_j 的路径。

(7)简单路径和回路：若路径上各顶点 $V_1,V_2,\cdots,V_m$，互不重复，则称这样的路径为简单路径；若路径上第一个顶点 V_1 与最后一个顶点 V_m 重合，则称这样的路径为回路或环。

(8)权：有些图的边附带有数据信息，这些附带的数据信息称为权，如图 6.3 所示。第 i 条边的权用符号 W_i 表示。权可以表示从一个顶点到另一个顶点的距离或花费的代价。边上带有权的图称为带权图，也称作网。

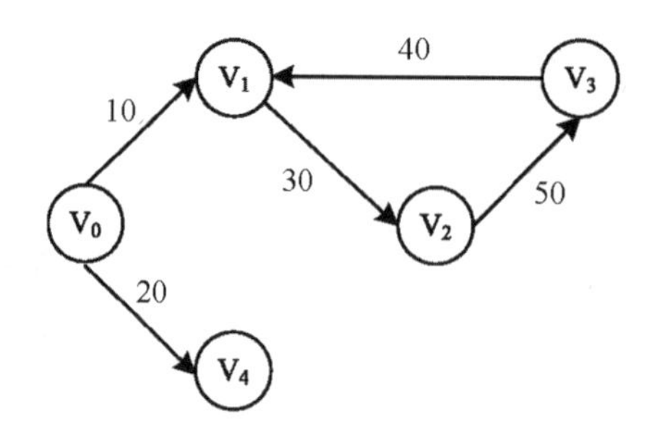

图 6.3 带权有向图 G_5

(9)路径长度：对于不带权的图，一条路径的长度是指该路径上的边的条数；对于带权的图，一条路径的路径长度是指该路径上各个边权值的总和。

(10)子图：设有图 $G_1=\{V_1,E_1\}$ 和图 $G_2=\{V_2,E_2\}$，若 $V_2\subset V_1$ 且 $E_2\subset E_1$，则称图 G_2 是图 G_1 的子图。

(11)连通图：若无向图 G 中任意两个顶点都连通，则称 G 为连通图，否则称为非连通图。无向图 G 中的极大连通子图称为 G 的连通分量。显然，任何连通图的连通分量只有一个，即本身，而非连通图有多个连通分量。

(12)强连通图：若有向图 G 中的任意两个顶点 i 和 j 都连通，即从顶点 i 到 j 和从顶点 j 到 i 都存在路径，则称图 G 是强连通图。

(13)生成树：一个无向连通图的最小连通子图称作该图的生成树。有 n 个顶点的连通图的生成树有 n 个顶点和 n-1 条边。

6.2 图的存储结构

图的存储结构除了要存储图中各个顶点的信息外，还要存储各个顶点之间的关系(即边的信息)。图的存储结构主要有邻接矩阵、邻接表、十字链表和邻接多重表。

6.2.1 邻接矩阵

图的邻接矩阵是表示顶点之间邻接关系的矩阵。设 G=(V,E)是含有 n(n>0)个顶点的图，则 G 的邻接矩阵 A 是 n 阶方阵，其定义如下：

(1)如果 G 是不带权的无向图，则：

$$A[i][j]=\begin{cases}1 & 若(i,j)\in E(G)\\ 0 & 其他\end{cases}$$

(2)如果 G 是不带权的有向图，则：

$$A[i][j]=\begin{cases}1 & 若<i,j>\in E(G)\\ 0 & 其他\end{cases}$$

(3)如果 G 是带权的无向图，则：

$$A[i][j]=\begin{cases}w_{ij} & 若 i\neq j 且(i,j)\in E(G)\\ 0 & i=j\\ \infty & 其他\end{cases}$$

(4)如果 G 是带权的有向图，则：

$$A[i][j]=\begin{cases}w_{ij} & 若 i\neq j 且<i,j>\in E(G)\\ 0 & i=j\\ \infty & 其他\end{cases}$$

例如图 6.1 中的无向图 G_1、有向图 G_2 和图 6.3 中的带权有向图 G_5 对应的邻接矩阵 A_1、A_2、A_3 分别如图 6.4 所示。

若图确定，则图的邻接矩阵表示是唯一的，而且无向图的邻接矩阵一定是一个对称矩阵。

$$A_1=\begin{bmatrix}0&1&0&1&1\\1&0&1&0&1\\0&1&0&1&1\\1&0&1&0&1\\1&1&1&1&0\end{bmatrix}\quad A_2=\begin{bmatrix}0&0&0&1&1\\1&0&0&0&1\\0&1&0&0&1\\0&0&1&0&1\\0&0&0&0&0\end{bmatrix}\quad A_3=\begin{bmatrix}0&10&\infty&\infty&20\\\infty&0&30&\infty&\infty\\\infty&\infty&0&50&\infty\\\infty&40&\infty&0&\infty\\\infty&\infty&\infty&\infty&0\end{bmatrix}$$

图 6.4　邻接矩阵

用邻接矩阵方法存储图，很容易确定图中任意两个顶点之间是否有边相连。但是，要确定图中有多少条边，则必须按行、按列对每个元素进行检测，所花费的时间代价很大。这是用邻接矩阵存储图的局限性。

邻接矩阵的数据类型定义如下：

```
#define  MAXV  100                  /* 最大顶点个数 */
#define  INF   32767                 /* 下面 InfoType 定义为 int 类型，故使用
32767 表示∞ */
typedef int InfoType;
typedef struct
{   int no;                          /* 顶点编号 */
    InfoType info;                   /* 顶点其他信息 */
} VertexType;                        /* 顶点类型 */
typedef struct                       /* 图的定义 */
{   int edges[MAXV][MAXV];           /* 邻接矩阵 */
    int n,e;                         /* 顶点数，弧数 */
    VertexType vexs[MAXV];           /* 存放顶点信息 */
} MGraph;                            /* 图的邻接矩阵表示类型 */
```

6.2.2　邻接表

图的邻接矩阵存储结构适合于存储边的数目较多的稠密图。但当图的边数少于顶点个数，且顶点个数较多时，邻接表就是一种较邻接矩阵更为节省存储空间的存储结构。

图的邻接表存储方法是一种顺序分配与链式分配相结合的存储方法。图的邻接表由两部分构成：(1)顶点信息用一维数组存储；(2)对图中每个顶点建立一个单链表，用来存储该顶点的所有邻接结点。表头结点和边结点(或表结点)的结构如图 6.5 所示：

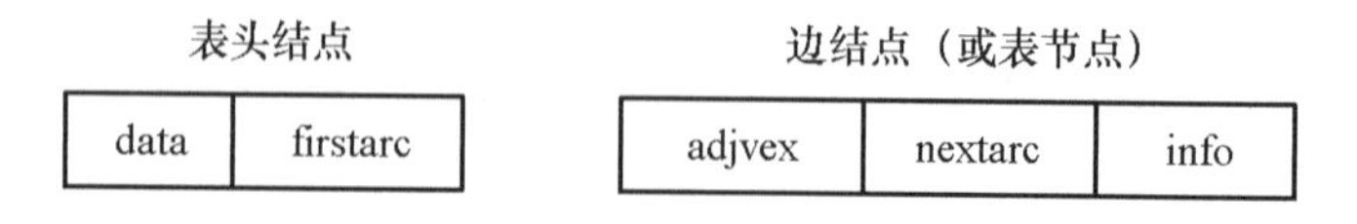

图 6.5　邻接表中表头结点和边结点的结构

其中，表头结点由两个域组成，data 存储顶点 V_i(i 为顶点 V_i 在数组中的下标)的名称或者其他信息，firstarc 指向对应顶点 i 的链表中的第一个边结点。

边结点由三个域组成，adjvex 表示和顶点 i 邻接的顶点的编号，nextarc 指向对应下一条

边的结点，info 存储与边相关的信息，如权值等。

例如，图 6.1(a)中的无向图 G_1、图 6.1(b)中的有向图 G_2 和图 6.3 中的带权有向图 G_5 对应的邻接表分别如图 6.6(a)、(b)、(c)所示。其中图 6.1(a)和 6.1(b)为非带权图，故其在图 6.6(a)及(b)的邻接表中，边结点只有 adjvex 和 nextarc 两个域。

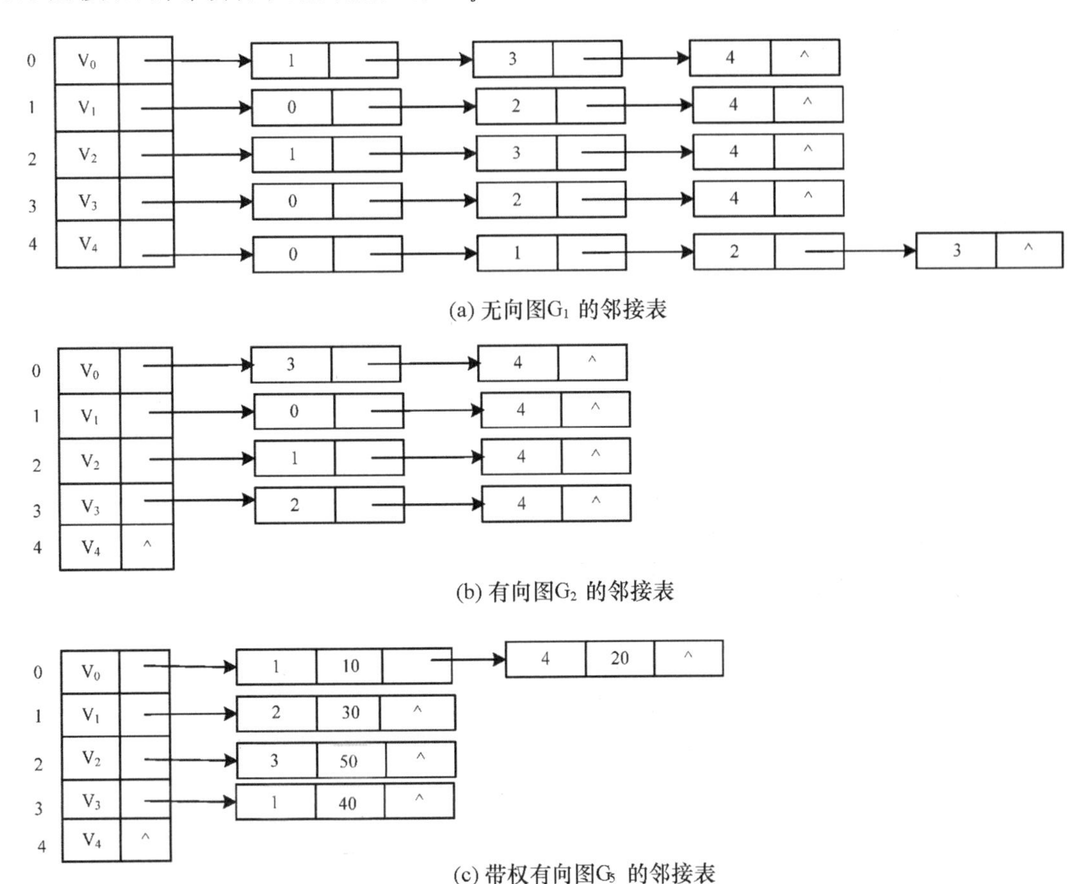

(a) 无向图 G_1 的邻接表

(b) 有向图 G_2 的邻接表

(c) 带权有向图 G_5 的邻接表

图 6.6　邻接表

图的邻接表表示不唯一。这是因为在每个顶点对应的单链表中，各边结点的链接次序可以是任意的，取决于建立邻接表的算法以及边的输入次序。对于有 n 个顶点和 e 条边的无向图，其邻接表有 n 个顶点结点和 2e 个边结点。显然，在总的边数小于 n(n-1)/2 的情况下，邻接表比邻接矩阵要节省空间。

图的邻接表存储类型定义如下：

```
typedef struct ANode
{   int adjvex;                          /* 该边的终点编号 */
    struct ANode *nextarc;               /* 指向下一条边的指针 */
    InfoType info;                       /* 该边的相关信息 */
} ArcNode;                               /* 边表结点类型 */

typedef struct VNode
```

```
{   VertexType data;                    /*顶点信息*/
  ArcNode *firstarc;                    /*指向第一条边*/
} VNode;                                /*邻接表头结点类型*/
typedef VNode AdjList[MAXV];            /*AdjList是邻接表类型*/
typedef struct
{   AdjList adjlist;                    /*邻接表*/
    int n,e;                            /*图中顶点数n和边数e*/
} ALGraph;                              /*完整的图邻接表类型*/
```

图的邻接矩阵和邻接表存储类型定义存放在graph.h中，以便后续程序使用。

由于在有向图的邻接表中只存放了以顶点为起点的边，所以不容易找到指向某一顶点的边，所以可以设计有向图的逆邻接表。所谓逆邻接表就是在有向图的邻接表中，对每个顶点，链接指向该顶点的边。

例如图6.3中的带权有向图 G_5 的逆邻接表如图6.7所示：

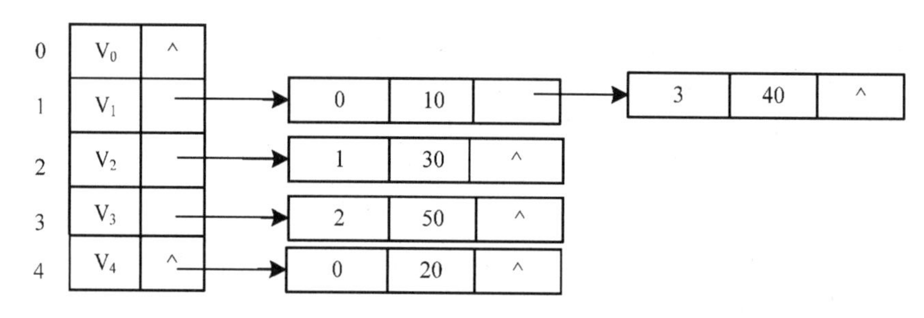

图6.7　图的逆邻接表

6.2.3　十字链表

图的十字链表可以看成是图的邻接表和逆邻接表组合而成的。这样既容易找以Vi为尾的弧，也容易找以Vi为头的弧，因而也容易求出顶点的入度和出度。

为此我们要重新定义边结点(或表结点)和表头结点结构，如图6.8所示。

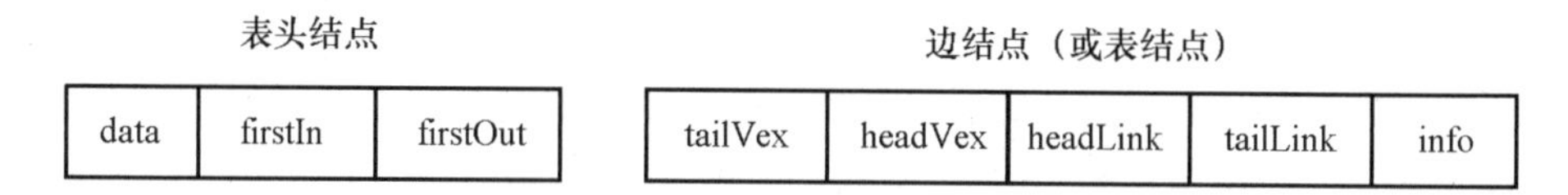

图6.8　十字链表中表头结点和边结点的结构

图6.3中的带权有向图 G_5 的十字链表如图6.9所示：

十字链表除了结构复杂一点外，其创建图算法的时间复杂度和邻接表相同的，因此，在有向图的应用中，十字链表也是非常好的数据结构模型。

6.2.4　邻接多重表

如果在无向图的应用中，主要关注的是顶点，那么邻接表是不错的选择，但如果更关注的是边的操作，比如对已经访问过的边做标记，或者删除某一条边等操作，邻接表就显得不那么

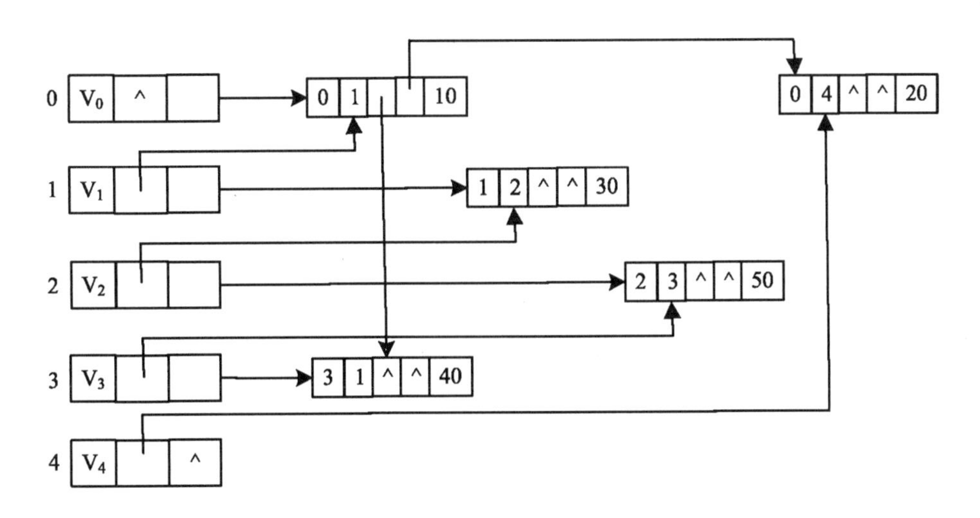

图 6.9　图的十字链表

方便了。

例如要删除图 6.1(a)中的无向图 G_1 中的(0,1)这条边,就需要对邻接表结构中两个边结点进行删除操作。因此需要重新定义边结点结构如图 6.10 所示:

边结点(或表结点)

iVex	iLink	jVex	jLink

图 6.10　图的邻接多重表的边结点结构

其中 iVex 和 jVex 是与某条边依附的两个顶点的下标。iLink 指向依附顶点 iVex 的下一条边,jLink 指向依附顶点 jVex 的下一条边。也就是说在邻接多重表里边,边表存放的是一条边,而不是一个顶点。

如图 6.11(a)中的无向图 G_6 的邻接多重表如图 6.11(b)所示:

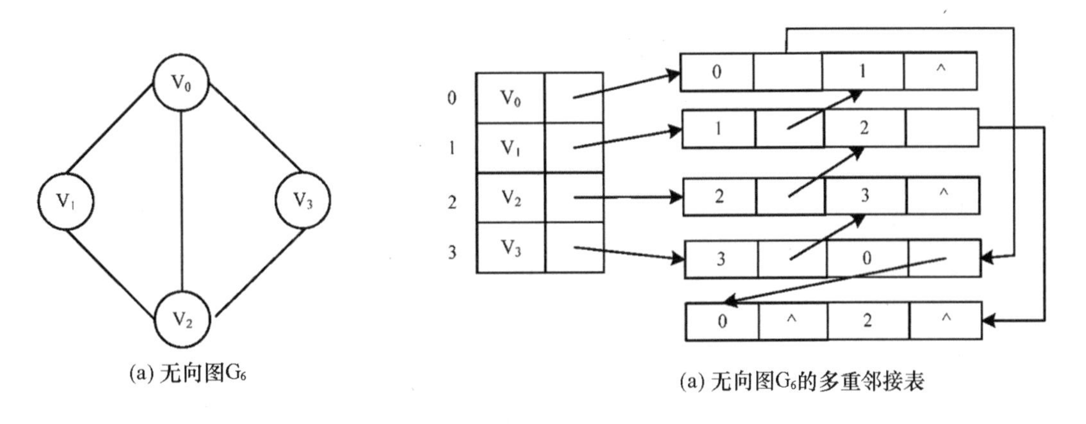

(a) 无向图G6　　(a) 无向图G6的多重邻接表

图 6.11　无向图 G_6 及其邻接多重表

6.2.5 图的存储结构设计举例

例 6.1 给定一个具有 n 个结点的无向图的邻接矩阵和邻接表。

(1)设计一个将邻接矩阵转换为邻接表的算法;

(2)设计一个将邻接表转换为邻接矩阵的算法。

解:【算法 6.1(a)】

(1)在邻接矩阵上查找值不为 0 的元素,找到这样的元素后创建一个表结点并在邻接表对应的单链表中采用前插法插入该结点。算法如下:

```
void MatToList(MGraph g,ALGraph *&G)
{/*将邻接矩阵 g 转换成邻接表 G*/
  int i,j,n=g.n; ArcNode *p;                 /*n 为顶点数*/
    G=(ALGraph *)malloc(sizeof(ALGraph));
    for (i=0;i<n;i++)                     /*给所有头结点的指针域置初值*/
      G->adjlist[i].firstarc=NULL;
  for (i=0;i<n;i++)                          /*检查邻接矩阵中每个元素*/
    for (j=n-1;j>=0;j--)
      if (g.edges[i][j]>0 && g.edges[i][j]<INF)
      {  p=(ArcNode *)malloc(sizeof(ArcNode));    /*创建结点*p*/
         p->adjvex=j;
         p->info=g.edges[i][j];
         p->nextarc=G->adjlist[i].firstarc;       /*将*p 链到链表头*/
         G->adjlist[i].firstarc=p;
    }
  G->n=n;G->e=g.e;
}
```

【算法 6.1(b)】

(2)在邻接表上查找相邻结点,找到后修改相应邻接矩阵元素的值。算法如下:

```
void ListToMat(ALGraph *G,MGraph &g)
{  int i,j,n=G->n;ArcNode *p;
     for (i=0;i<n;i++)
     {  p=G->adjlist[i].firstarc;
        while (p!=NULL)
     {  g.edges[i][p->adjvex]= p->info;
        p=p->nextarc;
     }
     }
     g.n=n;g.e=G->e;
}
```

算法 6.1(a)中有两重 for 循环,其时间复杂度为 $O(n^2)$。算法 6.1(b)中虽有两重循环,但只对邻接表的表头结点和边结点访问一次，对于无向图，其时间复杂度为 O(n+2e)，对于有向图，其时间复杂度为 O(n+e)。

6.3　图的遍历

图的遍历是从图中指定的某个顶点（称为初始点）出发，按照某种搜索方法对图中的所有顶点各做一次访问的过程。如果给定图是连通的无向图或者是强连通的有向图，则遍历过程一次就能完成，并可按访问的先后顺序得到由该图所有顶点组成的一个序列。

图的遍历算法是求解图的连通性问题、拓扑排序和关键路径等算法的基础。

图的遍历比树的遍历更复杂，对于树从根到达树中的任意结点只有一条路径，而从图的初始点到图的某个顶点可能存在多条路径。当沿着图中的一条路径访问过某一顶点后，可能沿着另一条路径回到该顶点，即存在回路。为了避免同一个顶点被重复访问，必须标记每个被访问过的顶点。为此，可以设置一个访问标志数组 visited[]，当顶点 i 被访问过时，数组中元素的 visited[i]置为 1；否则置为 0。

根据搜索方法的不同，图的遍历方法有两种：一种叫作深度优先搜索 DFS（Depth - First Search）；另一种叫作广度优先搜索法 BFS（Breadth - First Search）。

6.3.1　深度优先搜索

图的深度优先搜索遍历类似于树的前序遍历，其过程是：

(1)从图中某个初始顶点 v 出发，访问初始顶点 v。

(2)选择一个与顶点 v 相邻且没被访问过的顶点 w 为初始顶点，再从 w 出发进行深度优先搜索，直到图中与当前顶点 v 邻接的所有顶点都被访问过为止。

对于图 6.3 所示的有向连通图 G_5，若其采用图 6.6(c)所示的邻接表存储结构，则该图的深度优先遍历序列为：V_0，V_1，V_2，V_3，V_4。

以邻接表为存储结构的深度优先遍历算法如下（其中，v 是初始顶点编号，visited[]是一个全局数组，初始值全为 0，表示所有顶点均未被访问过）：

```
int visited[MAXV];
void DFS(ALGraph *G,int v)
{   ArcNode *p; int w;
    visited[v]=1;               /*置已访问标记*/
    printf("%d  ",v);                /*输出被访问顶点的编号*/
    p=G->adjlist[v].firstarc;          /*p指向顶点v的第一条边的边头结点*/
    while (p!=NULL)
    {   w=p->adjvex;
    if (visited[w]==0)
        DFS(G,w);               /*若w顶点未访问,递归访问它*/
    p=p->nextarc;                  /*p指向顶点v的下一条边的边头结点*/
     }
}
```

对于具有n个顶点e条边的无向图或者有向图,DFS算法对图中每个顶点至多调用一次,因此递归调用总次数为n,当访问某个顶点v时,DFS的主要时间花在从该顶点出发搜索它的邻接点上,当用邻接表表示图时,需遍历该顶点对应单链表中所有的相邻点,所以DFS的总时间为O(n+e);当用邻接矩阵表示图时,需遍历该顶点对应行所有的n个元素,所以DFS的总时间为$O(n^2)$。

6.3.2 广度优先搜索

图的广度优先搜索遍历类似于树的层序遍历,其过程是:

(1)访问初始点v,接着访问v的所有未被访问过的邻接点$v_1,v_2,\cdots,v_t$。

(2)按照$v_1,v_2,\cdots,v_t$的次序,访问每一个顶点的所有未被访问过的邻接点。

(3)依此类推,直到图中所有和初始点v有路径相通的顶点都被访问过为止。

对于图6.3所示的有向连通图G_5,若其采用图6.6(c)所示的邻接表存储结构,则该图的广度优先遍历序列为:V_0,V_1,V_4,V_2,V_3。

以邻接表为存储结构的广度优先遍历算法如下(其中,v是初始顶点编号,visited[]是一个全局数组,初始值全为0,表示所有顶点均未被访问过):

```
void BFS(ALGraph  * G,int v)
{   ArcNode  * p; int w,i;
    int queue[MAXV],front = 0,rear = 0;   /* 定义循环队列 */
    int visited[MAXV];                     /* 定义存放结点的访问标志的数组 */
    for (i = 0;i<G->n;i++) visited[i] = 0;       /* 访问标志数组初始化 */
    printf("%2d",v);                       /* 输出被访问顶点的编号 */
    visited[v] = 1;                        /* 置已访问标记 */
    rear = (rear + 1) % MAXV;
    queue[rear] = v;                       /* v进队 */
    while (front! = rear)                  /* 若队列不空时循环 */
    {   front = (front + 1) % MAXV;
        w = queue[front];                  /* 出队并赋给w */
        p = G->adjlist[w].firstarc;        /* 找w的第一个的邻接点 */
        while (p! = NULL)
        {   if (visited[p->adjvex] = = 0)
            {   printf("%2d",p->adjvex);   /* 访问之 */
                visited[p->adjvex] = 1;
                  rear = (rear + 1) % MAXV;  /* 该顶点进队 */
                queue[rear] = p->adjvex;
              }
              p = p->nextarc;              /* 找下一个邻接顶点 */
        }
    }
    printf("\n");
```

}

对于具有 n 个顶点 e 条边的无向图或者有向图，DFS 算法中每个顶点入队一次，因此执行时间与 DFS 相同。当用邻接表表示图时，BFS 的时间复杂度为 O(n+e)。当用邻接矩阵表示图时，BFS 的时间复杂度为 $O(n^2)$。

6.3.3 非连通图的遍历

对于无向图来说，若无向图是连通图，则一次遍历能够访问到图中的所有顶点；但若无向图是非连通图，则只能访问到初始点所在连通分量中的所有顶点，其他连通分量中的顶点是不可能访问到的。为此需要从其他每个连通分量中选择初始点，分别进行遍历，才能够访问到图中的所有顶点。

采用深度优先搜索遍历非连通无向图的算法如下：

```
DFS1(ALGraph *G)
{   int i;
    for (i=0;i<G->n;i++)          /*遍历所有未访问过的顶点*/
        if (visited[i]==0)
            DFS(G,i);
}
```

对于有向图来说，若从初始点到图中的每个顶点都有路径，则能够访问到图中的所有顶点；否则不能访问到所有顶点，为此同样需要再选初始点，继续进行遍历，直到图中的所有顶点都被访问过为止。

采用广度优先搜索遍历非连通无向图的算法如下：

```
BFS1(ALGraph *G)
{   int i;
    for (i=0;i<G->n;i++)          /*遍历所有未访问过的顶点*/
        if (visited[i]==0)
            BFS(G,i);
}
```

6.3.4 图遍历算法的应用

1. 基于深度优先遍历算法的应用

例 6.2　假设图 G 采用邻接表存储，设计一个算法，判断顶点 u 到 v 是否有简单路径。

解：从顶点 u 开始进行深度优先搜索，当搜索到顶点 v 时表明从顶点 u 到顶点 v 有路径，如图 6.12 所示：

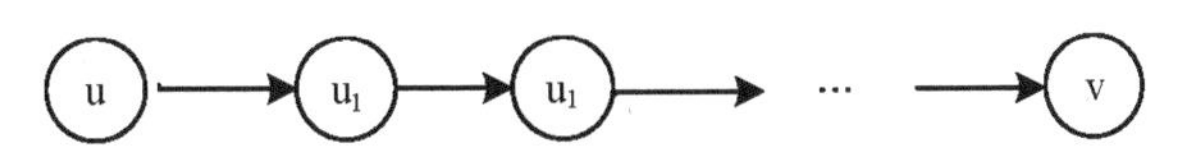

图 6.12　从顶点 u 到顶点 v 的深度优先搜索过程

【算法 6.2】

```
int visited[MAXV];
```

```
void isPath(ALGraph  * G,int u,int v,bool &flag)
{/ * flag 表示 u 到 v 是否有路径,初始时 flag = false * /
    int w; ArcNode  * p;
      visited[u] = 1;
      p = G - >adjlist[u]. firstarc;          / * p 指向 u 的第一条边 * /
      while (p!  = NULL)
      {   w = p - >adjvex;                    / * w 为 u 的邻接顶点 * /
         if (w = = v)
            {   flag = true;
                  return;
            }
            else if (visited[w] = = 0)        / * 若顶点未标记访问,则递归访问之 * /
                 isPath(G,w,v,false);         / * 从顶点 w 出发继续查找 * /
                 if(flag)return;else
            p = p - >nextarc;                 / * 找 u 的下一个邻接顶点 * /
    }
}
```

例 6.3 假设图 G 采用邻接表存储,设计一个算法输出图 G 中从顶点 u 到 v 的一条简单路径(假设图 G 中从顶点 u 到 v 至少有一条简单路径)。

解:采用深度优先遍历的方法。为此在深度优先遍历算法的基础上增加目标结点 v、路径 path[]和路径长度 d 三个形参,其中 path 存放顶点 u 到 v 的路径,d 表示 path 中的路径长度,其初值为 -1。当从顶点 u 遍历到顶点 v 后,输出 path 并返回。

【算法 6.3】

```
int visited[MAXV];
void FindaPath(ALGraph  * G,int u,int v,int path[],int d bool & flag)
{  int w,i;   ArcNode  * p;
   visited[u] = 1;
   d + + ; path[d] = u;                 / * 路径长度 d 增 1,顶点 u 加入到路径中 * /
   if (u = = v)                         / * 找到一条路径后输出并返回 * /
   {
   for (i = 0;i< = d;i + + )
        printf("%d ",path[i]);
   printf("\n");
   return;                              / * 找到一条路径后返回 * /
   }
   p = G - >adjlist[u]. firstarc;       / * p 指向顶点 u 的第一个相邻点 * /
   while (p!  = NULL)
   {    w = p - >adjvex;                / * 相邻点的编号为 w * /
        if (visited[w] = = 0)
```

```
            FindaPath(G,w,v,path,d flag);
            if(flag)return;else
        p=p->nextarc;                /*p指向顶点u的下一个相邻点*/
    }
}
```

2.基于广度优先遍历算法的应用

例 6.4　假设图 G 采用邻接表存储,设计一个算法,求不带权无向连通图 G 中从顶点 u 到顶点 v 的一条最短路径。

解:图 G 是不带权的无向连通图,一条边的长度计为 1,因此,求顶点 u 和顶点 v 的最短路径即求距离顶点 u 到顶点 v 的边数最少的顶点序列。

利用广度优先遍历算法,从 u 出发进行广度遍历,类似于从顶点 u 出发一层一层地向外扩展,当第一次找到顶点 v 时队列中便包含了从顶点 u 到顶点 v 最近的路径,再利用队列输出最短路径(逆路径),由于要利用队列找出路径,所以设计成非环形队列。

【算法 6.4】

```
typedef struct
{   int data;                           /*顶点编号*/
    int parent;                         /*前一个顶点的位置*/
} QUERE;                                /*非环形队列类型*/
void ShortPath(ALGraph *G,int u,int v)
{   /*输出从顶点u到顶点v的最短逆路径*/
    ArcNode *p; int w,i;
    QUERE qu[MAXV];                     /*队列*/
    int front=-1,rear=-1;               /*队列的头、尾指针*/
    int visited[MAXV];
    for (i=0;i<G->n;i++)                /*访问标记置初值0*/
    visited[i]=0;
    rear++;                             /*顶点u进队*/
    qu[rear].data=u;
    qu[rear].parent=-1;
    visited[u]=1;
    while (front!=rear)                 /*队不空循环*/
    {   front++;                        /*出队顶点w*/
        w=qu[front].data;
        if (w==v)                       /*找到v时输出路径之逆并退出*/
        {   i=front;                    /*通过队列输出逆路径*/
        while (qu[i].parent!=-1)
        {   printf("%2d ",qu[i].data);
            i=qu[i].parent;
        }
```

```
        printf("%2d\n",qu[i].data);
        break;
    }
    p=G->adjlist[w].firstarc;          /*找 w 的第一个邻接点*/
    while (p! =NULL)
    {   if (visited[p->adjvex]==0)
          {    visited[p->adjvex]=1;
     rear++;                            /*将 w 的未访问过的邻接点进队*/
      qu[rear].data=p->adjvex;
      qu[rear].parent=front;
      }
      p=p->nextarc;                     /*找 w 的下一个邻接点*/
    }
    }
}
```

6.4 图的应用

图的应用涉及很多方面，典型应用如下：

(1)一个城市有 n 个小区，要实现 n 个小区之间的电网能够相互联通，且总工程造价最低，就需要在 n 个小区构成的带权图上构建最小生成树，从而实现总工程造价最低；

(2)在道路导航系统中，求两地之间的最短路径；

(3)大学专业课程的学习通常有前后关系，所以在进行人才培养方案制定时，必须考虑课程的前后关系，这就需要对课程图进行拓扑排序，得到一个合理的课程序列。

6.4.1 最小生成树

1.最小生成树的基本概念

一个有 n 个结点的连通图的生成树是原图的极小连通子图，它包含原图中的所有 n 个结点，并且有保持图连通的最少的边。

由生成树的定义可知：

(1)若在生成树中删除一条边，就会使该生成树因变成非连通图而不再满足生成树的定义；

(2)若在生成树中增加一条边，就会使该生成树因存在回路而不再满足生成树的定义；

(3)一个连通图的生成树可能有多个。

使用不同的寻找方法可以得到不同的生成树。另外，从不同的初始点出发也可以得到不同的生成树。图 6.13 给出了一个无向图和它的两棵不同的生成树。

如果无向连通图是一个带权图，那么它的所有生成树中必有一棵边的权值总和最小的生成树，我们称这棵生成树为最小代价生成树，简称最小生成树。

从最小生成树的定义可知，构造有 n 个结点的无向连通带权图的最小生成树，必须满足以

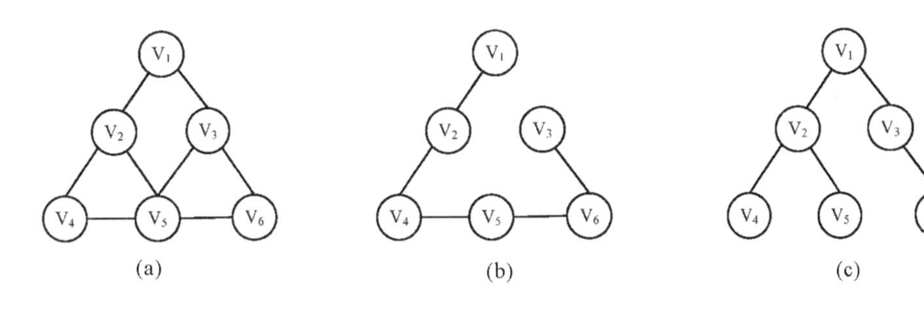

图 6.13　无向图和它的不同的生成树

下三条：

(1)构造的最小生成树必须包括 n 个结点；

(2)构造的最小生成树中有且只有 n－1 条边；

(3)构造的最小生成树中不存在回路。

构造最小生成树的方法有许多种，典型的构造方法有两种，一种称作普里姆(Prim)算法，另一种称作克鲁斯卡尔(Kruskal)算法。

2.普里姆算法

普里姆(Prim)算法是一种构造性算法。

假设 G＝(V,E)是一个具有 n 个顶点的带权连通无向图，T＝(U,TE)是 G 的最小生成树，其中 U 是 T 的顶点集，TE 是 T 的边集，则由 G 构造最小生成树 T 的步骤如下：

(1)初始化 U＝{v}。v 到其他顶点的所有边为候选边；

(2)重复以下步骤 n－1 次，使得其他 n－1 个顶点被加入到 U 中：

①从候选边中挑选权值最小的边输出，设该边在 V－U 中的顶点是 k，将 k 加入 U 中；

②考察当前 V－U 中的所有顶点 j，修改候选边：若(k,j)的权值小于原来和顶点 j 关联的候选边，则用(k,j)取代后者作为候选边。

图 6.14 给出了用普里姆算法以 0 为起点对(a)进行构造最小生成树的过程(b)～(h)。

下面的 Prim(g,v)算法依照上述过程构造最小生成树，其中参数 g 为带权邻接矩阵，v 为开始顶点的编号。

为了便于在集合 U 和 V－U 之间选择权值最小的边，建立两个数组 closest 和 lowcost。对于某个 j∈V－U，closest[j]存储 j 到 U 中权值最小的边依附在 U 中的顶点编号，lowcost[j]存储该边的权值，如图 6.15 所示。其意义为：若 lowcost[j]＝0，则表明顶点 j∈U；若 0＜lowcost[j]＜∞，则顶点 j∈V－U，且顶点 j 和 U 中的顶点 closest[j]构成的边(closest[j],j)是所有与顶点 j 相邻、另一端在 U 的边中权值最小的边，其最小值为 lowcost[j](对于每个顶点 j∈V－U，U 中的顶点到顶点 j 可能有多条边，但只有一个最小边，用 closest[j]表示对应顶点编号，lowcost[j]表示该边的权值)；若 lowcost[j]＝∞，表示顶点 j 和 closest[j]之间没有边。

Prim 算法设计如下：

```
void Prim(MGraph g,int v)
{
   int lowcost[MAXV];   /* 顶点 i 是否在 U 中 */
   int min;
```

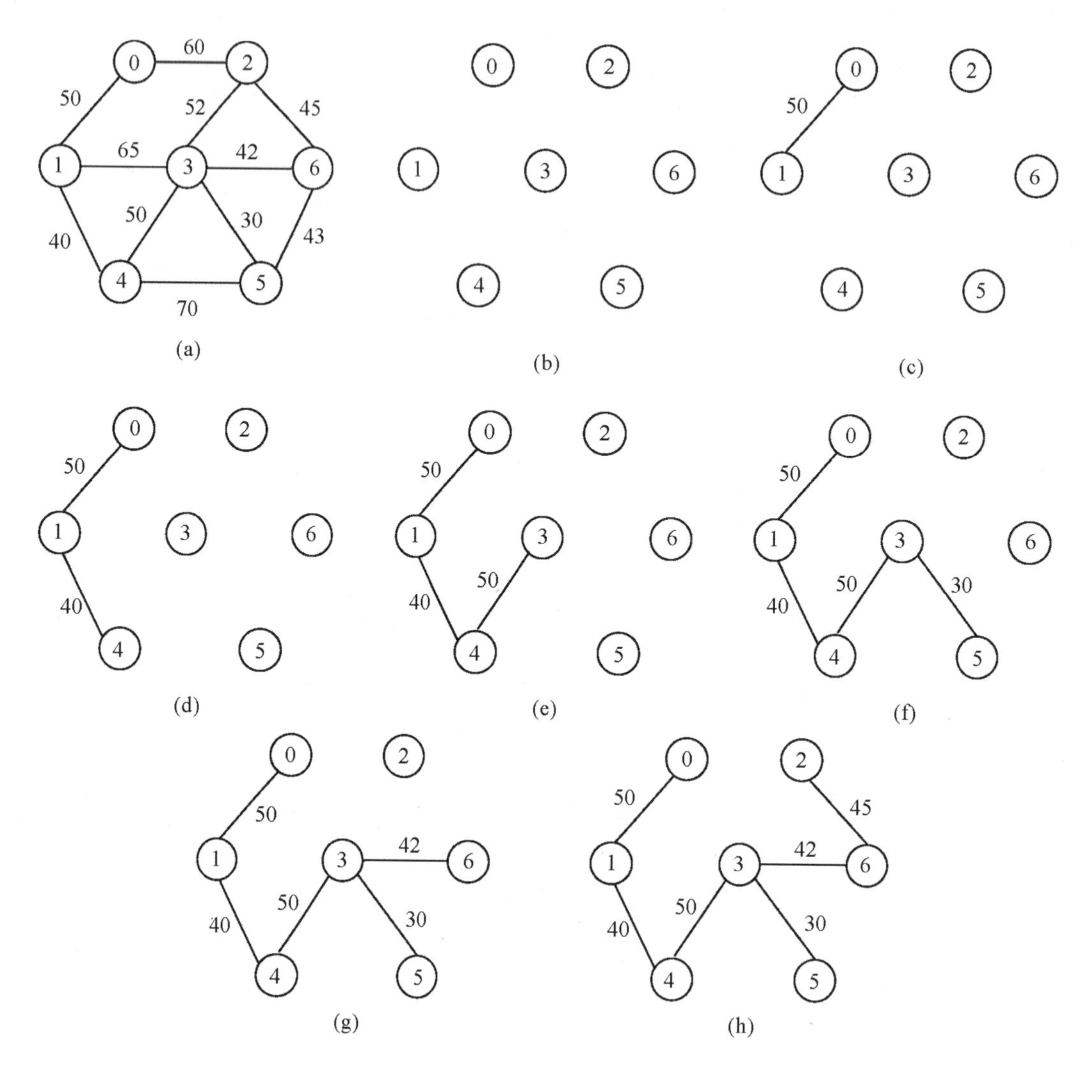

图 6.14 普里姆算法构造最小生成树的过程

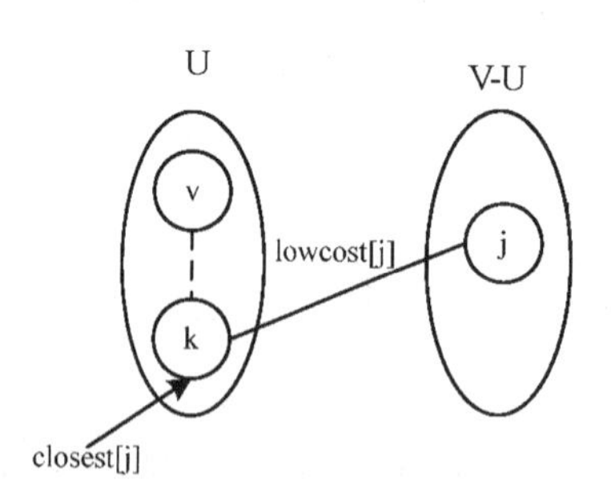

图 6.15 顶点集合 U 和 V－U

```
int closest[MAXV],i,j,k;
for (i=0;i<g.n;i++)                    /* 给 lowcost[]和 closest[]置初值 */
{
```

```
        lowcost[i] = g.edges[v][i];
        closest[i] = v;
    }
    for (i = 1;i<g.n;i + + )                    /* 找出 n - 1 个顶点 */
    {
        min = INF;
        for (j = 0;j<g.n;j + + )                /* 在(V - U)中找出离 U 最近的顶点 k */
            if (lowcost[j]!  = 0 && lowcost[j]<min)
            {
                min = lowcost[j];
                k = j;                           /* k 记录最近顶点的编号 */
            }
        printf(" 边(%d,%d)权为:%d\n",closest[k],k,min);
        lowcost[k] = 0;                          /* 标记 k 已经加入 U */
        for (j = 0;j<g.n;j + + )                /* 修改数组 lowcost 和 closest */
            if (g.edges[k][j]!  = 0 && g.edges[k][j]<lowcost[j])
            {
                lowcost[j] = g.edges[k][j];
                closest[j] = k;
            }
    }
}
```

在算法中，lowcost 数组记录从 U 中顶点到 V - U 中顶点候选边的权值，其目的是为了求出最小边，该数组只需要有 n 个存储空间。首先保存顶点 v 到其他 n - 1 个顶点的边的权值，共 n 个元素(含 v 到 v 的边，其权值为 0)，从中选取一条权值最小的边(v，k)(从 lowcost 数组中选取权值不为 0 的最小者)，并将 k 对应的元素 lowcost[k]置为 0 表示将顶点 k 加入到 U 中，然后查看 U 中新增结点 k 与 V - U 中各点的权值，是否比原来保存的权值更小，如果是则更新 lowcost 和 closest 数组。不断重复在 lowcost 数组中选取最小的边的过程，直到选出 n - 1 条边。例如图 6.14(a)中的图，lowcost 数组和 closest 数组的变化如图 6.16 所示。

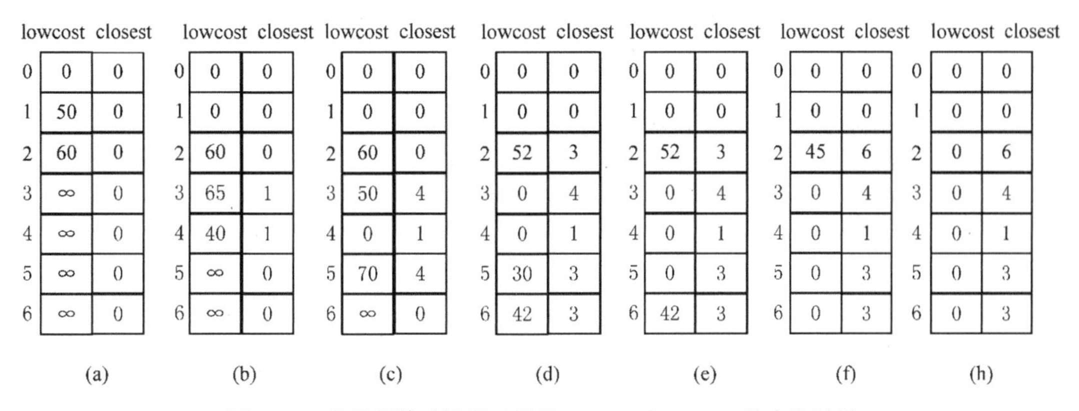

图 6.16　普里姆算法运行时数组 lowcost 和 closest 的变化过程

Prim 函数的代码主要是一个两重 for 循环，所以时间复杂度为 $O(n^2)$。由于该算法的时间复杂度只与图中顶点的个数有关，而与图中边的条数无关，所以对于顶点个数不很多，而边比较稠密的图，此算法的时间效率较好。

3. 克鲁斯卡尔算法

克鲁斯卡尔(Kruskal)算法是一种按权值的递增次序选择合适的边来构造最小生成树的方法。假设 G=(V,E)是一个具有 n 个顶点的带权连通无向图，T=(U,TE)是 G 的最小生成树。

(1)置 U 的初值等于 V(即包含有 G 中的全部顶点)，TE 的初值为空集(即图 T 中每一个顶点都构成一个分量)。

(2)将图 G 中的边按权值从小到大的顺序依次选取：若选取的边未使生成树 T 形成回路，则加入 TE；否则舍弃，直到 TE 中包含(n-1)条边为止。

图 6.17 给出了用克鲁斯卡尔算法对(a)进行构造最小生成树的过程(b)～(h)。

实现克鲁斯卡尔算法的关键是判断选取的边是否与生成树中已保留的边形成回路，这可通过判断边的两个顶点所在的连通分量来解决。为此设置一个辅助数组 vset[n]，它用于判定

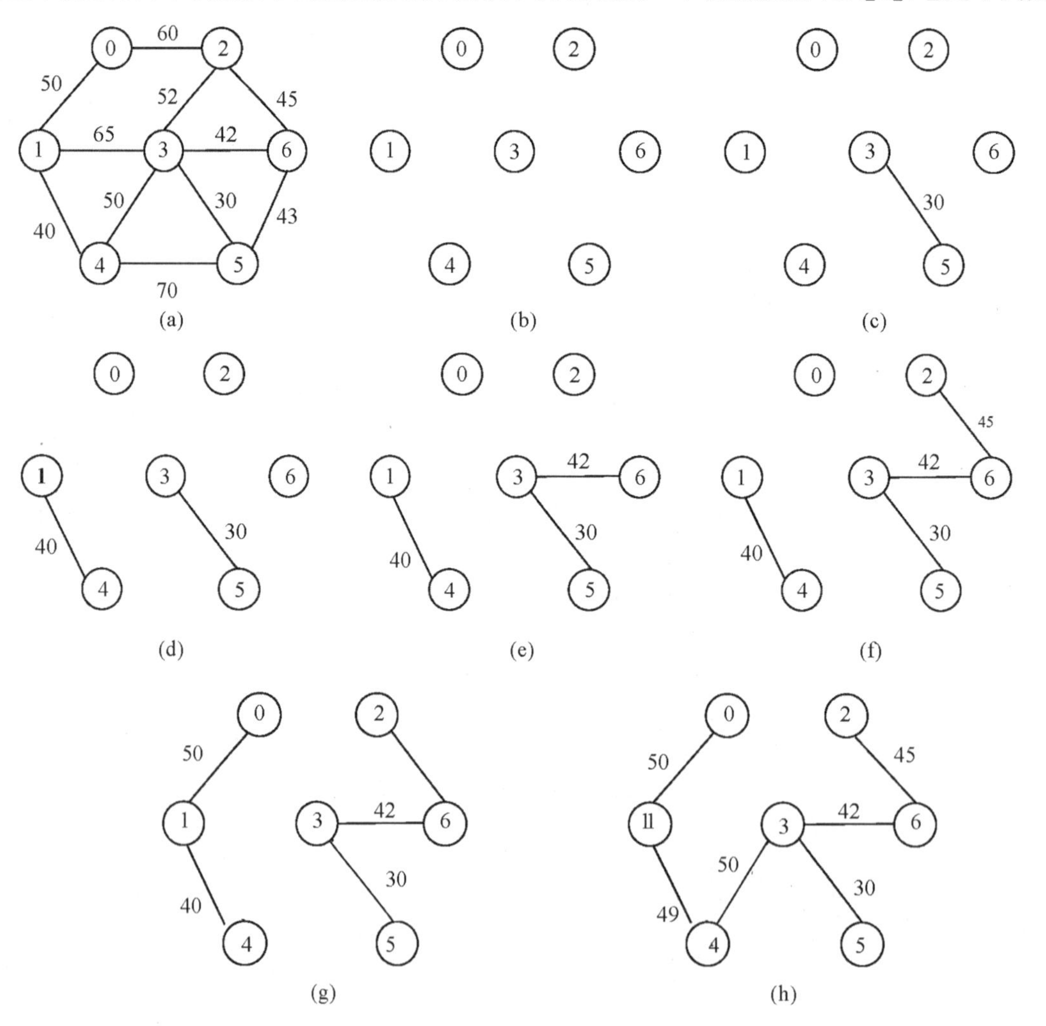

图 6.17 克鲁斯卡尔算法构造最小生成树的过程

两个顶点之间是否连通。数组元素 vset[i](初值为 i)代表编号为 i 的顶点所属的连通子图的编号(当选中两个不连通的顶点时,它们分属的两个顶点集合按其中的一个重新统一编号)。当两个顶点的集合编号不同时,加入这两个顶点构成的边到最小生成树中一定不会形成回路。

在实现克鲁斯卡尔算法 Kruskal()时,参数 E 存放图 G 中的所有边,并要求它们是按权值从小到大的顺序排列的,为此先从图 G 的邻接矩阵中获取边集 E,再采用直接插入排序法对边集 E 按权值递增排序。

Kruskal 算法设计如下:

```
typedef struct
{
  int u;                /* 边的起始顶点 */
    int v;              /* 边的终止顶点 */
    int w;              /* 边的权值 */
} Edge;

void InsertSort(Edge E[],int n)    /* 对 E[0..n-1]按递增有序进行直接插入排序 */
{
  int i,j;
  Edge temp;
  for (i=1;i<n;i++)
  {
    temp=E[i];
    j=i-1;              /* 从右向左在有序区 E[0..i-1]中找 E[i]的插入位置 */
    while (j>=0 && temp.w<E[j].w)
    {
        E[j+1]=E[j];          /* 将关键字大于 E[i].w 的记录后移 */
        j--;
    }
    E[j+1]=temp;          /* 在 j+1 处插入 E[i] */
  }
}
void Kruskal(MGraph g)
{
  int i,j,u1,v1,sn1,sn2,k;
  int vset[MAXV];
  Edge E[MaxSize];                  /* 存放所有边 */
  k=0;                              /* E 数组的下标从 0 开始计 */
    for (i=0;i<g.n;i++)             /* 由 g 产生的边集 E */
      for (j=0;j<g.n;j++)
        if (g.edges[i][j]!=0 && g.edges[i][j]!=INF)
```

```
            {
                E[k].u=i;E[k].v=j;E[k].w=g.edges[i][j];
                k++;
            }
    InsertSort(E,g.e);       /*采用直接插入排序对E数组按权值递增排序*/

    for (i=0;i<g.n;i++) /*初始化辅助数组*/
        vset[i]=i;
    k=1;                     /*k表示当前构造生成树的第几条边,初值为1*/
    j=0;                     /*E中边的下标,初值为0*/
    while (k<g.n)            /*生成的边数小于n时循环*/
    {
      u1=E[j].u;v1=E[j].v;        /*取一条边的头尾顶点*/
      sn1=vset[u1];
      sn2=vset[v1];          /*分别得到两个顶点所属的集合编号*/
      if (sn1!=sn2)          /*两顶点属于不同的集合,该边是最小生成树的一条边*/
      {
          printf("边(%d,%d)权为:%d\n",u1,v1,E[j].w);
          k++;                          /*生成边数增1*/
          for (i=0;i<g.n;i++)           /*两个集合统一编号*/
              if (vset[i]==sn2)         /*集合编号为sn2的改为sn1*/
                  vset[i]=sn1;
      }
      j++;                              /*扫描下一条边
    }
}
```

Kruskal算法对边集E采用直接插入排序的时间复杂度为$O(e^2)$。while循环是在e条边中选出n-1条边,最坏情况下执行e次,而其中的for循环执行n次,因此,while循环的时间复杂度$O(n^2+e)$。对于连通无向图,$e\geq(n-1)$,那么krusal算法的时间复杂度为$O(e^2)$。因此当带权图的顶点个数较多而边的条数较少时,使用kruskal算法构造最小生成树效果较好。

6.4.2 最短路径

1.最短路径的基本概念

在一个图中,若从一个结点到另一个结点存在着路径,定义路径长度为一条路径上所经过的边的数目。图中从一个结点到另一个结点可能存在着多条路径,我们把路径长度最短的那条路径叫作最短路径,其路径长度叫作最短路径长度或最短距离.

在一个带权图中,若从一个结点到另一个结点存在一条路径,则称该路径上所经过边的权值之和为该路径上的带权路径长度。带权图中从一个结点到另一个结点可能存在着多条路径，我们把带权路径长度值最小的那条路径也叫作最短路径，其带权路径长度也叫作最短路径长度或最短距离。

实际上，不带权的图上的最短路径问题也可以归结为带权图上的最短路径问题。只要把不带权的图上的所有边的权值定义为 1，则不带权的图上的最短路径问题也就归结为带权图上的最短路径问题。为此，不失一般性，这里只讨论带权图上的最短路径问题。

2.从一个顶点到其余各顶点的最短路径

给定一个带权有向图 G 与源点 v，并限定各边上的权值大于或等于 0，如何求从 v 到 G 中其他顶点的最短路径？

狄克斯特拉(Dijkastra)提出了一个按路径长度递增的顺序逐步产生最短路径的构造算法，该算法的基本思想是：

(1)初始时，S 只包含源点即 S = {v}，顶点 v 到自己的距离为 0。U 包含除 v 外的其他顶点，v 到 U 中顶点 u 距离为边上的权(若 v 与 u 有边＜v，u＞)或 ∞ (若 u 不是 v 的出边邻接点)。

(2)从 U 中选取一个距离 v 最小的顶点 k，把 k 加入 S 中(该选定的距离就是 v 到 k 的最短路径长度)。

(3)以 k 为新考虑的中间点，修改 U 中各顶点的距离：若从源点 v 到顶点 u($u \in U$)经过顶点 k 的距离(图 6.18 中为 $c_{vk} + w_{ku}$)比原来不经过顶点 k 的距离(图 6.18 中为 c_{vu})短，则修改顶点 u 的距离值，修改后的距离值为顶点 k 的距离加上边＜k，u＞上的权。

(4)重复步骤(2)和(3)直到所有顶点都包含在 S 中。

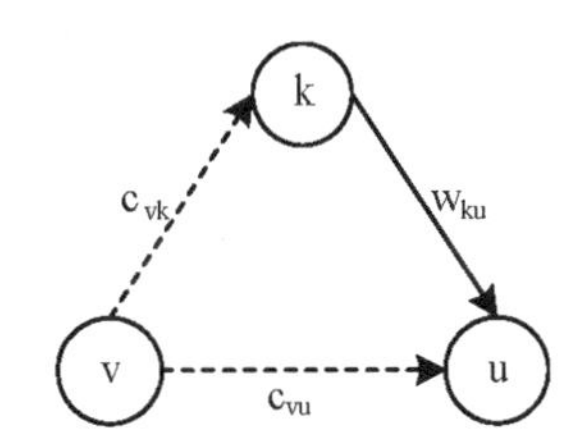

图 6.18　从顶点 v 到顶点 u 的路径比较

图 6.19(a)所示的有向带权图，图 6.19(b)～(g)给出了狄克斯特拉算法求从顶点 0 到其余各顶点的最短路径的过程，图 6.19(b)～(g)中虚线表示当前可选择的边，实线表示算法已确定加入到集合 S 中的顶点所对应的边。

狄克斯特拉函数有 2 个输入参数，分别为带权图 g 和源点 v，2 个输出参数 dist[]和 path[]，dist[i]用来保存从源点 v 到顶点 i 的目前最短路径长度，它的初值为＜v，i＞边上的权值，若顶点 v 到顶点 i 没有边，则权值定为 ∞ 。以后每考虑一个新的中间点时，dist[i]的值可能被修改变小。path[]用来保存得到的从源点 v 到其余各点的最短路径上到达目标顶点的前一个顶点下标，它的初值为源点 v 的编号(顶点 v 到顶点 i 有边时)或 -1(顶点 v 到顶点 i 无边时)。

狄克斯特拉算法设计如下：

```
void Dijkstra(MGraph g,int v)
{
  int dist[MAXV],path[MAXV];
```

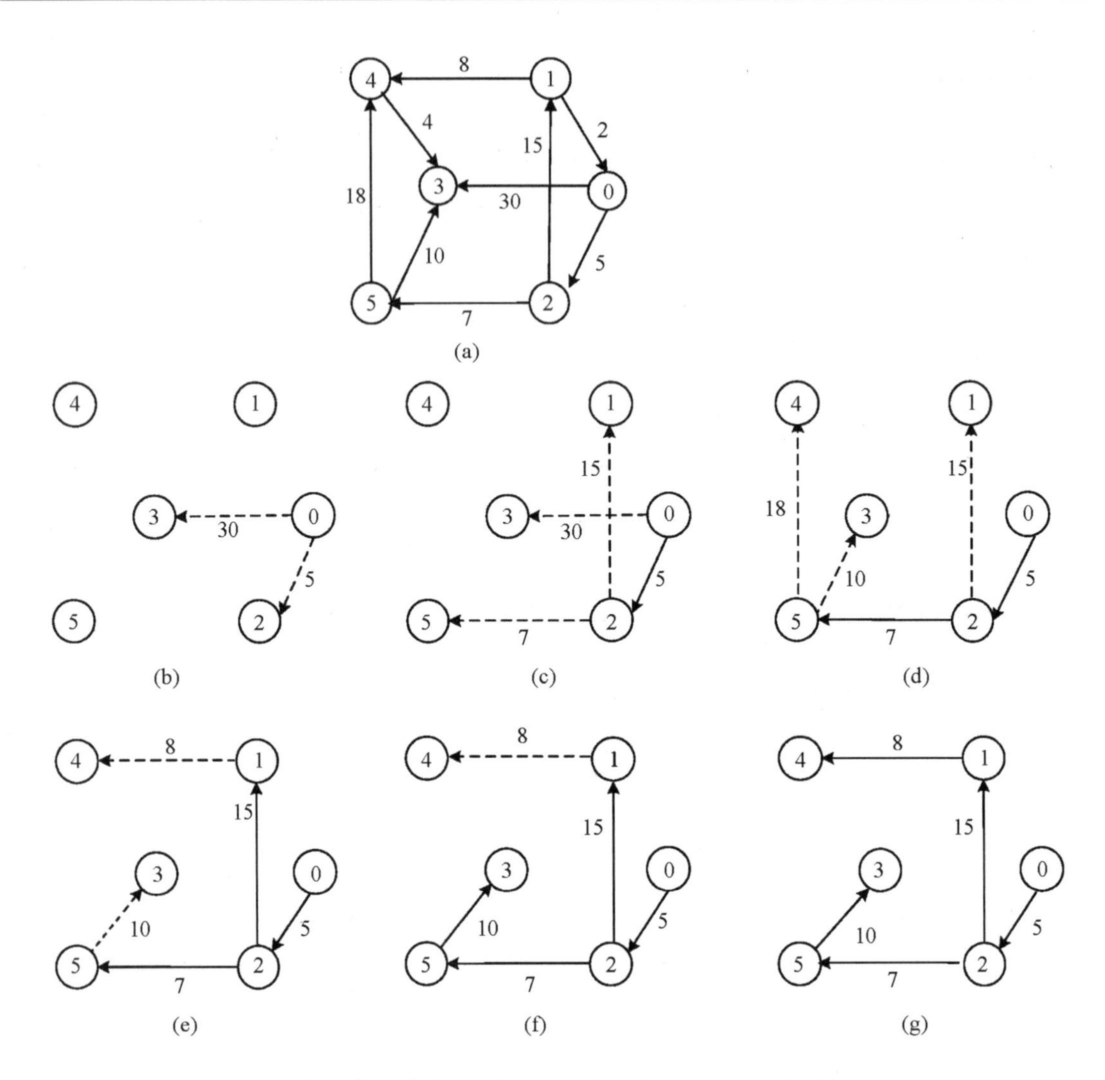

图 6.19 狄克斯特拉算法求从顶点 0 到其余各顶点最短距离的过程

```
int s[MAXV];
int mindis,i,j,u;
for (i=0;i<g.n;i++)
{
  dist[i]=g.edges[v][i];        /*距离初始化*/
  s[i]=0;                       /*s[t]置0,表示点V到点i暂未找到路径*/
  if (g.edges[v][i]<INF)  /*路径初始化,如果v到i有边,path保存i在最短路
径上的前一个结点v*/
      path[i]=v;
  else
      path[i]=-1;
}
```

```
    s[v]=1;path[v]=0;            /* 源点编号 v 放入 s 中 */
    for (i=0;i<g.n;i++)          /* 循环直到所有顶点的最短路径都求出 */
    {
        mindis=INF;   /* mindis 置最小长度初值 */
        for (j=0;j<g.n;j++)             /* 选取不在 s 中且具有最小距离的顶点 u */
            if (s[j]==0 && dist[j]<mindis)
            {
                u=j;
                mindis=dist[j];
            }
        s[u]=1;                       /* 顶点 u 加入 s 中 */
        for (j=0;j<g.n;j++)           /* 修改不在 s 中的顶点的距离 */
            if (s[j]==0)
                if (g.edges[u][j]<INF && dist[u]+g.edges[u][j]<dist[j])
                {
                    dist[j]=dist[u]+g.edges[u][j];
                    path[j]=u;
                }
    }
    Dispath(g,dist,path,s,v);         /* 输出最短路径 */
}
```

通过 path[i]向前推导，直到顶点 v 为止，可以找出从顶点 v 到顶点 i 的最短路径。例如，对于顶点 0～顶点 5 计算出的 path 如下：

下标	0	1	2	3	4	5
path[i]	0	2	0	5	1	2

求顶点 0 到顶点 3 的路径过程是：path[3]=5，说明路径上顶点 3 的前一个顶点是 5，path[5]=2，说明路径上顶点 5 的前一个顶点是 2，path[2]=0，说明路径上顶点 2 的前一个顶点是 0。则顶点 0 到顶点 3 的路径为：0，2，5，3。

```
void Dispath(MGraph g,int dist[],int path[],int s[],int v)
{
    int i,j,k;
    int apath[MAXV],d;    /* 存放一条最短路径(逆向)及其顶点个数 */
    for (i=0;i<g.n;i++)   /* 循环输出从顶点 v 到 i 的路径 */
        if (s[i]==1 && i!=v)
        {
            printf("  从%d 到%d 的最短路径长度为:%d\t 路径为:",v,i,dist[i]);
            d=0;apath[d]=i;          /* 添加路径上的终点 */
            k=path[i];
```

```
            if(k = = -1)                    /* 没有路径的情况 */
                printf("无路径\n");
            else                          /* 存在路径时输出该路径 */
        {   while(k! =v)
            {
                d++;
                apath[d]=k;
                k=path[k];
            }
            d++;apath[d]=v;                /* 添加路径上的起点 */
            printf(" %d ",apath[d]);/* 先输出起点 */
            for(j=d-1;j>=0;j--)            /* 再输出其他顶点 */
                printf(" %d ",apath[j]);
        printf("\n");
            }
        }
    }
```

狄克斯特拉算法的时间复杂度是 $O(n^2)$。

3.每对顶点之间的最短路径

问题:对于一个各边权值均大于零的有向图,对每一对顶点 $i\neq j$,求出顶点 i 与顶点 j 之间的最短路径和最短路径长度。

可以通过以每个顶点作为源点循环求出每对顶点之间的最短路径。除此之外,弗洛伊德(Floyd)算法也可用于求两顶点之间最短路径。

假设有向图 G=(V,E)采用邻接矩阵存储,另外设置一个二维数组 A 用于存放当前顶点之间的最短路径长度,分量 A[i][j]表示当前顶点 i 到顶点 j 的最短路径长度。

弗洛伊德算法的基本思想是递推产生一个矩阵序列 $A_0, A_1, \cdots, A_k, \cdots, A_{n-1}$,其中 A_k[i][j]表示从顶点 i 到顶点 j 的路径上所经过的顶点编号不大于 k 的最短路径长度。

初始时,有 A_{-1}[i][j]=g.edges[i][j]。当求从顶点 i 到顶点 j 的路径上所经过的顶点编号不大于 k+1 的最短路径长度时,要分两种情况考虑:

一种情况是该路径不经过顶点编号为 k+1 的顶点,此时该路径长度与从顶点 i 到顶点 j 的路径上所经过的顶点编号不大于 k 的最短路径长度相同,即 A_{k+1}[i][j]=A_k[i][j];

另一种情况是从顶点 i 到顶点 j 的路径上经过编号为 k+1 的顶点。如图 6.20 所示,原来的最短路径长度为 A_k[i][j],而经过编号为 k+1 的顶点的路径分为两段,这条经过编号为 k+1 的顶点的路径长度为 A_k[i][k+1]+ A_k[k+1][j],如果其长度小于原来的最短路径长度 A_k[i][j],则取经过编号为 k+1 的顶点的路径为新的最短路径。

归纳起来,弗洛伊德思想可用如下的表达式来描述:

$A_{-1}[i][j]=g.edges[i][j]$

$A_{k+1}[i][j]=MIN\{A_k[i][j], A_k[i][k+1]+A_k[k+1][j]\}\qquad(0\leqslant k\leqslant n-2)$

该式是一个迭代表达式,A_k 表示已考虑顶点 0、1、…、k 这 k+1 个顶点后得到的最短路

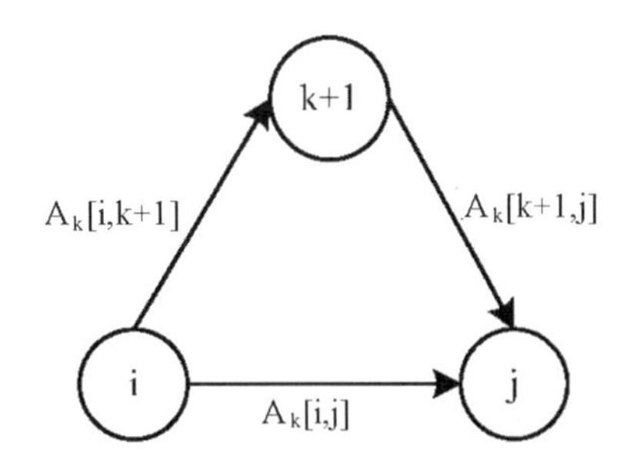

$A_{k+1}[i,j]=[i,j]=MIN\{A_k[i,j], A_k[i,k+1]+A_k[k+1,j]\}$

图 6.20　若 $A_k[i][k+1]+A_k[k+1][j]<A_k[i][j]$，则修改路径

径，在此基础上再考虑顶点 k+1，求出各顶点在考虑顶点 k+1 后的最短路径，即得 A_{k+1}。每迭代一次，在从顶点 i 到顶点 j 的最短路径上就多考虑了一个顶点；经过 n 次迭代后所得的 $A_{n-1}[i][j]$值，就是考虑所有顶点后从顶点 i 到顶点 j 的最短路径。

另外二维数组 path 保存最短路径，它与当前迭代的次数有关，即当迭代完毕，path[i][j]存放从顶点 i 到顶点 j 的最短路径中顶点 j 的前一个顶点编号。和狄克斯特拉算法中采用方法相似，在求 $A_k[i][j]$时，$path_k[i][j]$存放从顶点 i 到顶点 j 已考虑 0～k 顶点的最短路径上前一个顶点的编号。初始时，顶点 i 到顶点 j 有边时 path[i][j]=i，否则，path[i][j]=-1。在考虑顶点 k+1 的调整情况如图 6.20 所示。在算法结束时，由二维数组 path 的值追溯，可以得到从顶点 i 到顶点 j 的最短路径。对图 6.21 所示的有向图，其邻接矩阵如下：

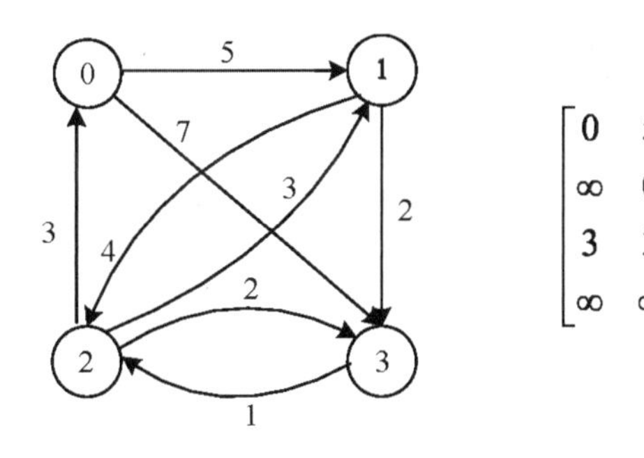

$$\begin{bmatrix} 0 & 5 & \infty & 7 \\ \infty & 0 & 4 & 2 \\ 3 & 3 & 0 & 2 \\ \infty & \infty & 1 & 0 \end{bmatrix}$$

图 6.21　一个有向图及其邻接矩阵

采用弗洛伊德算法求解过程如下（A 中加 * 者表示修改后的距离值，path 中加 * 者表示新加入到最短路径上的顶点）：

初始时有：

$$A_{-1}=\begin{bmatrix} 0 & 5 & \infty & 7 \\ \infty & 0 & 4 & 2 \\ 3 & 3 & 0 & 2 \\ \infty & \infty & 1 & 0 \end{bmatrix} \qquad path_{-1}=\begin{bmatrix} -1 & 0 & -1 & 0 \\ -1 & -1 & 1 & 1 \\ 2 & 2 & -1 & 2 \\ -1 & -1 & 3 & -1 \end{bmatrix}$$

考虑顶点 0，$A_0[i][j]$表示由顶点 i 到顶点 j 经由顶点 0 的最短路径长度，经过比较，没在任何路径得到修改，因此有：

$$A_0 = \begin{bmatrix} 0 & 5 & \infty & 7 \\ \infty & 0 & 4 & 2 \\ 3 & 3 & 0 & 2 \\ \infty & \infty & 1 & 0 \end{bmatrix} \qquad path_0 = \begin{bmatrix} -1 & 0 & -1 & 0 \\ -1 & -1 & 1 & 1 \\ 2 & 2 & -1 & 2 \\ -1 & -1 & 3 & -1 \end{bmatrix}$$

考虑顶点1，顶点0到顶点2由原来没有路径变为0－1－2的路径，其长度为9，所以$A_1[0][2]$修改为9，$path_1[0][2]$修改为1，其他最短路径无变化，因此有：

$$A_1 = \begin{bmatrix} 0 & 5 & 9^* & 7 \\ \infty & 0 & 4 & 2 \\ 3 & 3 & 0 & 2 \\ \infty & \infty & 1 & 0 \end{bmatrix} \qquad path_1 = \begin{bmatrix} -1 & 0 & 1^* & 0 \\ -1 & -1 & 1 & 1 \\ 2 & 2 & -1 & 2 \\ -1 & -1 & 3 & -1 \end{bmatrix}$$

考虑顶点2，顶点1到顶点0由原来没有路径变为1－2－0的路径，其长度为7，所以$A_2[1][0]$修改为7，$path_2[1][0]$修改为2；顶点3到顶点0由原来没有路径变为3－2－0的路径，其长度为4，所以$A_2[3][0]$修改为4，$path_2[3][0]$修改为2；顶点3到顶点1由原来没有路径变为3－2－1的路径，其长度为4，所以$A_2[3][1]$修改为4，$path_2[3][1]$修改为2；其他最短路径无变化，因此有：

$$A_2 = \begin{bmatrix} 0 & 5 & 9 & 7 \\ 7^* & 0 & 4 & 2 \\ 3 & 3 & 0 & 2 \\ 4^* & 4^* & 1 & 0 \end{bmatrix} \qquad path_2 = \begin{bmatrix} -1 & 0 & 1 & 0 \\ 2^* & -1 & 1 & 1 \\ 2 & 2 & -1 & 2 \\ 2^* & 2^* & 3 & -1 \end{bmatrix}$$

考虑顶点3，顶点0到顶点2原来的路径长度为9，路径为0－1－2，现有一条更短的路径0－3－2，其长度为8，所以$A_3[0][2]$修改为8，$path_3[0][2]$修改为3；顶点1到顶点0原来的路径长度为7，路径为1－2－0，现有一条更短的路径1－3－2－0，其长度为6，所以$A_3[1][0]$修改为6，$path_3[1][0]$修改为2；顶点1到顶点2原来的路径长度为4，路径为1－2，现有一条更短的路径1－3－2，其长度为3，所以$A_3[1][2]$修改为3，$path_3[1][2]$修改为3；其他最短路径无变化，因此有：

$$A_3 = \begin{bmatrix} 0 & 5 & 8^* & 7 \\ 6^* & 0 & 3^* & 2 \\ 3 & 3 & 0 & 2 \\ 4 & 4 & 1 & 0 \end{bmatrix} \qquad path_3 = \begin{bmatrix} -1 & 0 & 3^* & 0 \\ 2^* & -1 & 3^* & 1 \\ 2 & 2 & -1 & 2 \\ 2 & 2 & 3 & -1 \end{bmatrix}$$

因此，最后求得的各顶点最短路径长度矩阵A和最短路径矩阵path为：

$$A = \begin{bmatrix} 0 & 5 & 8 & 7 \\ 6 & 0 & 3 & 2 \\ 3 & 3 & 0 & 2 \\ 4 & 4 & 1 & 0 \end{bmatrix} \qquad path = \begin{bmatrix} -1 & 0 & 3 & 0 \\ 2 & -1 & 3 & 1 \\ 2 & 2 & -1 & 2 \\ 2 & 2 & 3 & -1 \end{bmatrix}$$

在得到最终的A和path后，由数组A可以直接得到两个顶点之间的最短路径长度，如A[1][0]＝6，说明顶点1到顶点0的最短路径长度为6。

由path数组可以推导出所有顶点之间的最短路径，其中第i行用于推导顶点i到其他各顶点的最短路径。以求顶点1到0的最短路径及长度为例说经求最短路径的过程。path[1][0]＝2，说明顶点0的前一顶点是顶点2，path[1][2]＝3，说明顶点2的前一顶点是顶点3，

path[1][3]=1,找到起点。依次得到的顶点序列为 0、2、3、1,则顶点 1 到 0 的最短路径为 1、3、2、0。

弗洛伊德算法如下:

```
void Floyd(MGraph g)
{
  int A[MAXV][MAXV],path[MAXV][MAXV];
  int i,j,k;
  for (i=0;i<g.n;i++)
      for (j=0;j<g.n;j++)
      {
          A[i][j]=g.edges[i][j];
          if(i==f)
            path[i][j]=0;
          else if (A[i][j]!=INF)
            path[i][j]=i;
        else
            path[i][j]=-1;
      }
  for (k=0;k<g.n;k++)
  {
      for (i=0;i<g.n;i++)
          for (j=0;j<g.n;j++)
              if (A[i][j]>A[i][k]+A[k][j])
              {
                  A[i][j]=A[i][k]+A[k][j];
                  path[i][j]=k;
              }
  }
  Dispath(g,A,path);    /*输出最短路径*/
}
void Dispath(MGraph g,int A[][MAXV],int path[][MAXV])
{
  int i,j,k,s;
  int apath[MAXV],d;    /*存放一条最短路径中间顶点(反向)及其顶点个数*/
  for (i=0;i<g.n;i++)
      for(j=0;j<g.n;j++)
      if (A[i][j]!=INF && i!=j)
      {
          printf("从%d到%d的路径长度为:",i,j);/*若顶点i和j之间存在路径*/
```

```
            k = path[i][j];
            d = 0;apath[d] = j;              /* 路径上添加终点 */
            while(k! = -1 && k! = i)         /* 路径上添加中间点 *
            {d++;
                apath[d] = k;
                k = path[i][k];
            }
            d++;apath[d] = i;                /* 添加路径上的起点 */
            printf(" %d ",apath[d]);  /* 先输出起点 */
            for(s = d-1;s>=0;s--)            /* 再输出路径上的中间顶点 */
                printf(",%d ",apath[s]);
            printf("\t 路径长度为:%d\n",A[i][j]);
        }
}
```

弗洛伊德算法的时间复杂度为 $O(n^3)$。

6.4.3 拓扑排序

所谓拓扑排序就是对有向图进行如下操作:按照有向图给出的次序关系,将图中顶点排列成一个线性序列,对于有向图中没有限定次序关系的顶点,人为给定任意的次序关系。由此得到顶点的线性序列称为一个拓扑序列。

例如,计算机专业的学生必须完成一系列规定的基础课和专业课才能毕业,假设这些课程的名称与相应代号有如下关系(表 6.1):

表 6.1 课程的先修关系

课程代码	课程名称	先修课程
0	高等数学	无
1	程序设计	无
2	离散数学	0
3	数据结构	1,2
4	编译原理	1,3
5	操作系统	3,6
6	计算机组成原理	1

课程之间的先后关系可用有向图 6.22 表示。

对这个有向图进行拓扑排序可得到一个拓扑序列:0-2-1-3-6-5-4。也可得到另一个拓扑序列:1-6-0-2-3-5-4,还可以得到其他的拓扑序列。学生按照任何一个拓扑序列都可以顺序地进行课程学习。

拓扑排序步骤:

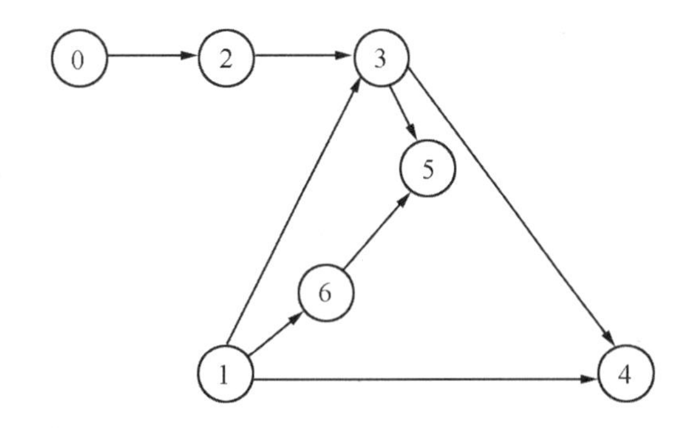

图 6.22　课程之前的先后关系有向图

(1)从有向图中选择一个没有前驱(即入度为 0)的顶点并且输出它。

(2)从有向图中删去该顶点,并且删去从该顶点发出的全部有向边。

(3)重复上述两步,直到剩余的图中不再存在没有前驱的顶点为止。

为了实现拓扑排序的算法,对于给定的有向图,采用邻接表作为存储结构,为每个顶点设立一个链表,每个链表有一个表头结点,这些表头结点构成一个数组,表头结点中增加一个存放顶点入度的域 count。即将邻接表定义中的 VNode 类型修改如下:

```
typedef struct                    /* 表头结点类型 */
{    Vertex data;                 /* 顶点信息 */
     int count;                   /* 存放顶点入度 */
     ArcNode *firstarc;           /* 指向第一条弧 */
} VNode;
```

在执行拓扑排序的过程中,当某个顶点的入度为 0 时,就将此顶点输出,同时将该顶点的所有后继顶点的入度减 1,为了避免重复检测入度为 0 的顶点,设立堆栈 St,存放入度为 0 的顶点。拓扑排序算法如下:

```
void TopSort(ALGraph *G)
  {
  int i,j;
  int St[MAXV],top=-1;        /* 栈 St 的指针为 top */
  ArcNode *p;
  for (i=0;i<G->n;i++)        /* 入度置初值 0 */
      G->adjlist[i].count=0;
  for (i=0;i<G->n;i++)        /* 求所有顶点的入度 */
  {
      p=G->adjlist[i].firstarc;
      while (p!=NULL)
      {
          G->adjlist[p->adjvex].count++;
          p=p->nextarc;
      }
```

```
    }
    for (i=0;i<G->n;i++)
        if (G->adjlist[i].count==0)          /*入度为0的顶点进栈*/
        {
            top++;
          St[top]=i;
        }
    while (top>-1)                        /*栈不为空时循环*/
    {
        i=St[top];top--;                  /*出栈*/
        printf("%d ",i);                   /*输出顶点*/
        p=G->adjlist[i].firstarc;                /*找第一个相邻顶点*/
        while (p!=NULL)
        {
            j=p->adjvex;
            G->adjlist[j].count--;
            if (G->adjlist[j].count==0)    /*入度为0的相邻顶点进栈*/
            {
                top++;
                St[top]=j;
            }
            p=p->nextarc;                   /*找下一个相邻顶点*/
        }
    }
}
```

6.4.4 关键路径

可以用带权有向图表示一个工程，顶点表示事件，有向边表示活动，边 e 的权 c(e)表示完成活动 e 所需的时间(比如天数)，或者说活动 e 持续时间。图中入度为 0 的顶点表示工程的开始事件(如开工仪式)，出度为 0 的顶点表示工程结束事件。则称这样的有向图为 AOE 网(activity on edge)。

可以用 AOE 网络来研究：要完成某个工程至少需要多少时间？在整个工程中哪些活动是影响工程进度的关键等。

通常每个工程只有一个开始事件和一个结束事件，因此表示工程的 AOE 网都只有一个入度为 0 的顶点，称为源点(source)，和一个出度为 0 的顶点，称为汇点(converge)。

在 AOE 网中，从源点到汇点的所有路径中，具有最大路径长度的路径称为关键路径。完成整个工程的最短时间就是网中关键路径的长度。关键路径上的活动称为关键活动。关键活动指的是：该边上的权值增加将使有向图上的最长路径的长度增加。注意：在一个 AOE 网中，可以有不止一条的关键路径。

例如在图 6.23 表示某工程的 AOE 网中,共有 9 个时间和 11 项活动,其中 1 表示源点,9 表示汇点。

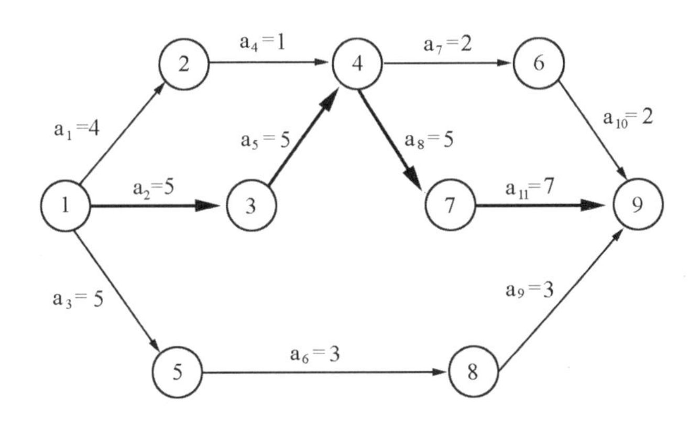

图 6.23　AOE 网(粗线表示一条关键路径)

在 AOE 网中,若存在两条首尾相接的边 a_i = <v,w>和 a_j = <w,z>,则活动 a_i 是活动 a_j 的前驱活动,活动 a_j 是活动 a_i 的后继活动。一个活动可能有多个前驱活动和多个后继活动。

显然,只有活动 a_j 的所有前驱活动都完成,事件 w 才发生(这里 w 是边 a_j 的头),即活动 a_j 才可以开始。如图 6.23 所示,当活动 a_4、a_5 都完成时,事件 4 就发生了,活动 a_7、a_8 就可以开始了,事件 4 称为活动 a_7、a_8 的触发事件。

下面介绍求关键路径的步骤:

(1)事件 v 的最早开始时间:规定源点事件的最早开始时间为 0。定义图中任一事件 v 的最早开始时间(early event),记作 ee(v),如图 6.24 所示,ee(v)等于 x、y、z 到 v 所有路径长度的最大值,即:

ee(v) = 0　　　　当 v 为源点时

ee(v) = MAX{ee(x) + a,ee(y) + b,ee(z) + c}　　　　当 v 为非源点时

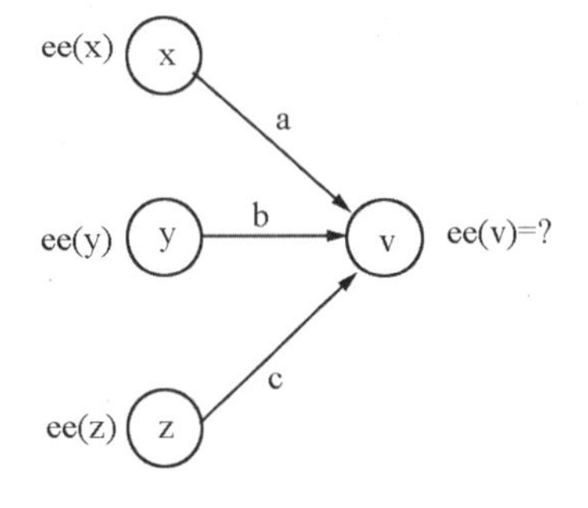

图 6.24　事件 v 的最早开始时间

(2)事件 v 的最迟开始时间:定义在不影响整个工程进度的前提下,事件 v 必须发生的时间称为 v 的最迟开始时间(late event),记作 le(v),如图 6.25 所示,le(v)应等于 x、y、z 的最晚开始时间为 V 与 x、y、z 路径长度之差最小值,即:

$le(v)=ee(v)$ 当 v 为汇点时

$le(v)=MIN\{le(x)-a, le(y)-b, le(z)-c\}$ 当 v 为非汇点时

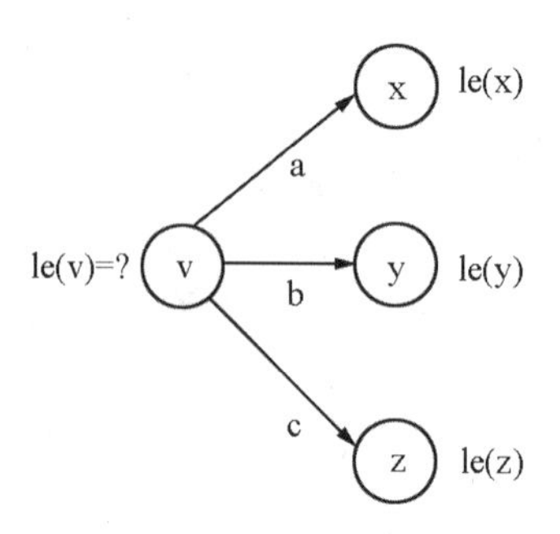

图 6.25 事件的最迟开始时间

(3)活动 a 的最早开始时间：e(a)指该活动起点 x 事件的最早开始时间，即：

$e(a)=ee(x)$

(4)活动 a 的最迟开始时间：如图 6.26 所示，l(a)指该活动终点 y 事件的最迟开始时间与该活动所需时间之差，即：

$l(a)=le(y)-c$

图 6.26 最早和最晚开始时间

(5)关键活动：对于每个活动 a，求出 $d(a)=l(a)-e(a)$，若 d(a)为 0，则称活动 a 为关键活动。

对关键活动来说，不存在富余时间。显然，关键路径上的活动都是关键活动。找出关键活动的意义在于，可以适当地增加对关键活动的投资（人力、物力等），相应地减少对非关键活动的投资，从而减少关键活动的持续时间，缩短整个工程的工期。

例 6.6 求图 6.23 所示 AOE 网的关键路径。

解：计算各事件的 ee(v)，其中 $c(a_i)$ 表示活动 a_i 所需要的时间：

$ee(1)=0$

$ee(2)=ee(1)+c(a_1)=0+4=4$

$ee(3)=ee(1)+c(a_2)=0+5=5$

$ee(4)=MAX\{ee(2)+c(a_4),\ ee(3)+c(a_5)\}=MAX\{4+1, 5+5\}=10$

$ee(5)=ee(1)+c(a_5)=0+5=5$

$ee(6)=ee(4)+c(a_7)=10+2=12$

$ee(7)=ee(4)+c(a_8)=10+5=15$

$ee(8)=ee(5)+c(a_6)=5+3=8$

$ee(9)=MAX\{ee(6)+c(a_{10}),\ ee(7)+c(a_{11}),\ ee(8)+c(a_9)\}$

$=MAX\{12+2, 15+7, 8+3\}=22$

计算各事件的 le(v)：

$le(9)=ee(9)=22$

$le(8)=le(9)-c(a_9)=22-3=19$

$le(7)=le(9)-c(a_{11})= =22-7=15$

$le(6)=le(9)-c(a_{10})=22-2=20$

$le(5)=le(8)-c(a_6)=19-3=16$

$le(4)=MIN\{le(6)-c(a_7),le(7)-c(a_8)\}=MIN\{20-2,15-5\}=10$

$le(3)=le(4)-c(a_5)=10-5=5$

$le(2)=le(4)-c(a_4)=10-1=9$

$le(1)=MIN\{le(2)-c(a_1),le(3)-c(a_2),le(5)-c(a_3)\}=MIN\{9-4,5-5,16-5\}=0$

计算各活动的 e(a)、l(a)和 d(a)：

活动 a_1：$e(a_1)=ee(1)=0$　　$l(a_1)=le(2)-c(a_1)=9-4=5$　　$d(a_1)=5$

活动 a_2：$e(a_2)=ee(1)=0$　　$l(a_2)=le(3)-c(a_2)=5-5=0$　　$d(a_2)=0$

活动 a_3：$e(a_3)=ee(1)=0$　　$l(a_3)=le(5)-c(a_3)=16-5=11$　　$d(a_3)=11$

活动 a_4：$e(a_4)=ee(2)=4$　　$l(a_4)=le(4)-c(a_4)=10-1=9$　　$d(a_4)=5$

活动 a_5：$e(a_5)=ee(3)=5$　　$l(a_5)=le(4)-c(a_5)=10-5=5$　　$d(a_5)=0$

活动 a_6：$e(a_6)=ee(5)=5$　　$l(a_6)=le(8)-c(a_6)=19-3=16$　　$d(a_6)=11$

活动 a_7：$e(a_7)=ee(4)=10$　　$l(a_7)=le(6)-c(a_7)=20-2=18$　　$d(a_7)=8$

活动 a_8：$e(a_8)=ee(4)=10$　　$l(a_8)=le(7)-c(a_8)=15-5=10$　　$d(a_8)=0$

活动 a_9：$e(a_9)=ee(8)=8$　　$l(a_9)=le(9)-c(a_9)=22-3=19$　　$d(a_9)=10$

活动 a_{10}：$e(a_{10})=ee(6)=12$　　$l(a_{10})=le(9)-c(a_{10})=22-2=20$　　$d(a_{10})=8$

活动 a_{11}：$e(a_6)=ee(7)=15$　　$l(a_{11})=le(9)-c(a_{11})=22-7=15$　　$d(a_{11})=0$

因此关键活动有：a_2 a_5 a_8 a_{11}，关键路径是 1－3－4－7－9。

6.5　案例分析与实现

6.4 节我们提到了图的几个典型应用，本节我们将对城市电网建设问题予以分析和实现。其他典型问题可以根据我们本章学习的相关算法自行实现。

案例描述：一个城市有 n 个小区，要实现 n 个小区之间的电网能够相互联通，且总工程造价最低。

1.设计要求

(1)从包含各小区的地图文件中读入各小区的名称和小区间的直接距离；

(2)根据读入的各小区的距离信息，计算出应该建设哪些小区间的电网；

(3)输出应该建设的电网信息和所需建设的总里程信息。

2.数据结构

本设计使用的数据结构是无向图，无向图采用邻接矩阵作为存储结构。

3.分析与实现

根据问题的描述，需要求无向图的最小生成树，下面利用 prim 算法实现。

(1)在设计的过程中除要读取和保存各顶点的名称(用字符数组表示，设其最大长度不超过20)外，还要读入连接各点的边的权值（浮点型），故定义常量，顶点名称及权值数据类型如下：

```
#define MAXVEX 30
#define MAXNAME 20                /*顶点信息长度最大值*/
#define MAX 32767                 /*若顶点间无路径则以此最大值表示不通*/
typedef char VexType[MAXNAME];   /*顶点信息*/
typedef float AdjType;            /*两顶点间的权值信息*/
```

(2)为表示连接两个顶点的边的信息，添加边的数据结构 Edge，以记录边的起点和终点及权值，具体代码如下：

```
typedef struct/*边结构体*/
{
    int start_vex, stop_vex;      /* 边的起点和终点 */
    AdjType weight;               /* 边的权 */
} Edge;
```

(3)同时修改图的邻接矩阵数据结构，添加表示生成树各边的边结构体数组 mst，具体代码如下：

```
typedef struct                    /*图结构*/
{
    int vexNum;                   /* 图的顶点个数 */
    int edgeNum;                  /*图中边的数目*/
    Edge mst[MAXVEX-1];           /*用于保存最小生成树的边数组，只用到顶点数-1条*/
    VexType vexs[MAXVEX];     /*顶点信息 */
    AdjType arcs[MAXVEX][MAXVEX]; /* 边的邻接矩阵 */
} GraphMatrix;
```

(4)在初始化图的过程中，要根据读入的顶点名称查找该顶点在图中的序号，故定义查找顶点函数 LocateVex，具体代码如下：

```
int LocateVex(GraphMatrix *g, VexType u)
/*操作结果：若g中存在顶点u，则返回该顶点在图中位置；否则返回-1*/
{
  int i;
    for(i=0;i<g->vexNum;++i)
        if(strcmp(u,g->vexs[i])==0)
            return i;
    return -1;
}
```

(5)在初始化图时从地图文件(map.txt)中读入图的顶点树和边数，接下来读入顶点信息，然后依次读入地图中各对顶点及其距离(在此过程中要根据顶点信息搜索该顶点是否在图的顶点集中)，具体代码如下：

```
void GraphInit(GraphMatrix * g)/ * 用包含图的信息的文件初始化图 * /
{
  int i,j,t;
  float w;                    / * 边的权值 * /
  VexType va,vb;              / * 用于定位图的顶点(字符串)在邻接矩阵中的下标 * /
  FILE * fp;
    fp=fopen("map.txt","r");
  fscanf(fp,"%d",&g->vexNum);       / * 读入图的顶点数和边数 * /
  fscanf(fp,"%d",&g->edgeNum);
  for(i=0;i<g->vexNum;i++)          / * 初始化邻接矩阵 * /
  for(j=0;j<=i;j++)
      g->arcs[i][j]=g->arcs[j][i]=MAX;
  for(i=0;i<g->vexNum;i++)                  / * 从文件读入顶点信息 * /
      fscanf(fp,"%s",g->vexs[i]);
  for(t=0;t<g->edgeNum;t++)                 / * 定位各边并赋权值 * /
  {
      fscanf(fp,"%s%s%f",va,vb,&w);
      i=LocateVex(g,va);
      j=LocateVex(g,vb);
      g->arcs[i][j]=g->arcs[j][i]=w;
  }
  fclose(fp);
}
```

(6)利用 Prim 算法根据读入的信息求出该无向图的最小生成树,并将生成树各边的信息保存在边结构体数组 mst 中,具体代码如下:

```
void Prim(GraphMatrix * pgraph)   / * 用邻接矩阵求图的最小生成树-普里姆算法 * /
{
    int i, j, min;
     int vx, vy;                          / * 起始,终止点 * /
    float weight, minweight;
     Edge edge;                           / * 用于交换边 * /
    for (i=0; i<pgraph->vexNum-1; i++)  / * 初始化最小生成树边的信息 * /
     {
        pgraph->mst[i].start_vex = 0 ;          / * 起始点为 0 号顶点 * /
        pgraph->mst[i].stop_vex = i+1;          / * 终止点为其他各顶点 * /
        pgraph->mst[i].weight = pgraph->arcs[0][i+1];
        / * 权值为 0 号顶点到其他各顶点的路径权值,无路径则为 MAX * /
     }
```

```
    for (i = 0; i < pgraph->vexNum-1; i++)/* 共 n-1 条边 */
    {
        minweight = MAX;  min = i;
        for (j = i; j < pgraph->vexNum-1; j++)
        /* 从所有边(vx,vy)(vx∈U,vy∈V-U)中选出最短的边 */
            if(pgraph->mst[j].weight < minweight)
   {
                minweight = pgraph->mst[j].weight;
                min=j;
            }
      /* mst[min]是最短的边(vx,vy)(vx∈U, vy∈V-U),将 mst[min]加入最小生
成树 */
        edge=pgraph->mst[min];
        pgraph->mst[min]=pgraph->mst[i];
        pgraph->mst[i]=edge;
        vx=pgraph->mst[i].stop_vex; /* vx 为刚加入最小生成树的顶点的下标 */
        for(j=i+1; j < pgraph->vexNum-1; j++)
                /* 调整 mst[i+1]到 mst[n-1] */
    {
            vy=pgraph->mst[j].stop_vex;
            weight=pgraph->arcs[vx][vy];
            if (weight < pgraph->mst[j].weight)
   {
                pgraph->mst[j].weight=weight;
                pgraph->mst[j].start_vex=vx;
            }
        }
    }
}
```

(7)在 main 函数中根据计算出的最小生成树的边信息,输出应该建设的电网线路和总里程数,具体代码如下:

```
int main(int argc, char * argv[])
{
int i;
  float totallen=0;      /* 路线总长度 */
  GraphMatrix graph;       /* 图的邻接矩阵 */
  GraphInit(&graph);       /* 用图信息文件初始化图 */
Prim(&graph);            /* 用普里姆算法求出该图的最小生成树 */
```

```
  printf("\n  应建设以下电网路线!! \n\n");
 for (i = 0; i < graph.vexNum - 1; i++)       /* 打印生成树信息 */
  {
     printf("  %s<->%s 段,%.2f 公里)\n", graph.vexs[graph.mst[i].start_
vex],
              graph.vexs[graph.mst[i].stop_vex],  graph.mst[i].weight);
      totallen += graph.mst[i].weight;
  }
  printf("\n  总路线长%f 公里\n",totallen);
  return 0;
}
```

地图文件为 map.txt。

4. 运行与测试

下面以某城市的小区为测试用例,小区距离如图 6.27 所示:

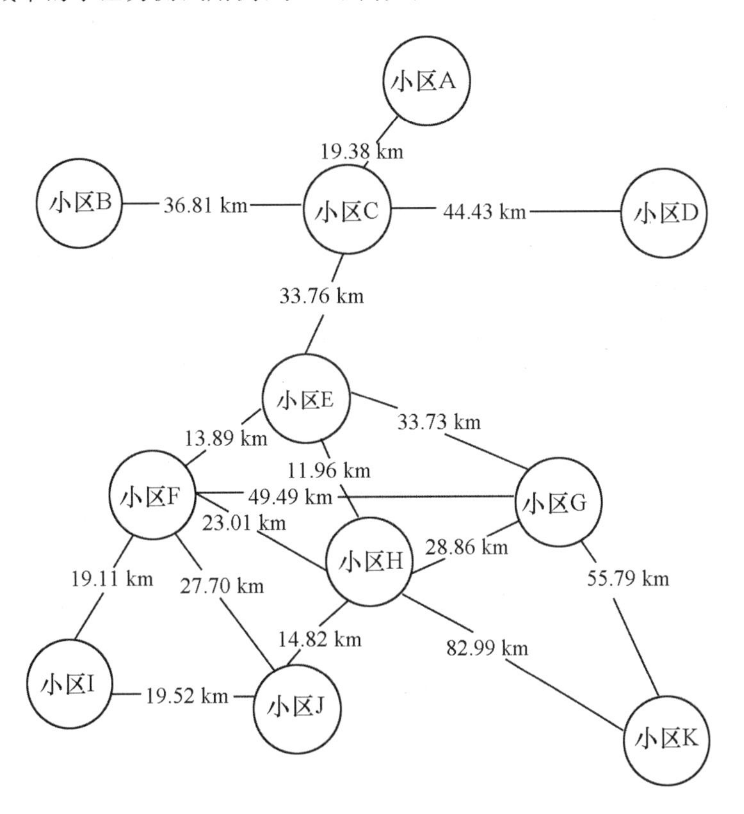

图 6.27　某城市各小区距离图

map.txt.的内容为:

11 16

小区 A　小区 B　小区 C　小区 D　小区 E　小区 F　小区 G　小区 H　小区 I　小区 J

小区 K

小区 A　小区 C　19.38
小区 B　小区 C　36.81
小区 C　小区 D　44.43
小区 C　小区 E　33.76
小区 E　小区 F　13.89
小区 E　小区 H　11.96
小区 E　小区 G　33.73
小区 F　小区 G　49.49
小区 F　小区 H　23.01
小区 F　小区 J　27.70
小区 F　小区 I　19.11
小区 I　小区 J　19.52
小区 J　小区 H　14.82
小区 H　小区 G　28.86
小区 H　小区 K　82.99
小区 G　小区 K　55.79

算法运行的输出结果如下：

应建设以下电网路线!!

小区 A＜－＞小区 C 段,19.38 公里
小区 C＜－＞小区 E 段,33.76 公里
小区 E＜－＞小区 H 段,11.96 公里
小区 E＜－＞小区 F 段,13.89 公里
小区 H＜－＞小区 J 段,14.82 公里
小区 F＜－＞小区 I 段,19.11 公里
小区 H＜－＞小区 G 段,28.86 公里
小区 C＜－＞小区 B 段,36.81 公里
小区 C＜－＞小区 D 段,44.43 公里
小区 G＜－＞小区 K 段,55.79 公里

总路线长 278.809 998 公里

小　结

图是一种常用的非线性数据结构。在图结构中,每个元素可以有零个或多个前驱元素,也可以有零个或多个后继元素,即顶点之间的关系是多对多的。

图常采用的存储结构有邻接矩阵、邻接表、十字链表和邻接多重表。邻接矩阵存储结构简单,但所占用的存储空间是图中顶点个数的平方的函数,所以邻接矩阵适合于存储边的数目较多的稠密图,且要确定图中有多少条边,则必须按行、按列对每个元素进行检测,所花费的时间

代价很大。而图的邻接表表示不唯一，且在图中点多边少的情况下，邻接表比邻接矩阵要节省空间。

图的遍历可以采用深度优先遍历和广度优先遍历两种算法。图的深度优先遍历算法类似于树的先序遍历，采用的搜索方法的特点是尽可能先对纵深方向进行搜索。图的广度优先遍历算法类似于树的层序遍历，采用的搜索方法的特点是尽可能先对横向进行搜索。

图的典型应用包括求图的最小生成树、最短路径、拓扑排序和关键路径。

如果无向连通图是一个带权图，那么它的所有生成树中必有一棵边的权值总和最小的生成树，即最小生成树。构造图的最小生成树有普里姆算法和克鲁斯卡尔算法两种算法。

求图中一个顶点到其余各顶点最短路径的算法为迪克斯特拉算法，求图中每对顶点之间的最短路径既可以采用迪克斯特拉算法，也可以采用弗洛伊德算法。

习题 6

6.1 (1)如果 G_1 是一个具有 n 个顶点的连通无向图，那么 G_1 最多有多少条边？G_1 最少有多少条边？

(2)如果 G_2 是一个具有 n 个顶点的强连通有向图，那么 G_2 最多有多少条边？G_2 最少有多少条边？

6.2 用邻接矩阵表示图时，矩阵元素的个数与顶点个数是否相关？与边的条数是否有关？

6.3 简述图的邻接矩阵、邻接表、十字链表表示法的优缺点。

6.4 已知图的邻接矩阵为：

	V_1	V_2	V_3	V_4	V_5	V_6	V_7	V_8	V_9	V_{10}
V_1	0	1	1	1	0	0	0	0	0	0
V_2	0	0	0	1	1	0	0	0	0	0
V_3	0	0	0	1	0	1	0	0	0	0
V_4	0	0	0	0	0	1	1	0	1	0
V_5	0	0	0	0	0	0	1	0	0	0
V_6	0	0	0	0	0	0	0	1	1	0
V_7	0	0	0	0	0	0	0	0	1	0
V_8	0	0	0	0	0	0	0	0	0	1
V_9	0	0	0	0	0	0	0	0	0	1
V_{10}	0	0	0	0	0	0	0	0	0	0

(1)设邻接表按序号从大到小排序，画出该图的邻接表存储结构；

(2)以顶点 V_1 为出发点，写出该图的深度优先遍历序列；

(3)以顶点 V_1 为出发点，写出该图的广度优先遍历序列；

(4)写出该图的拓扑序列。

6.5 对于如图 1 所示的带权无向图，给出利用普里姆算法(从顶点 A 开始构造)和克鲁斯卡尔算法构造出的最小生成树的过程。

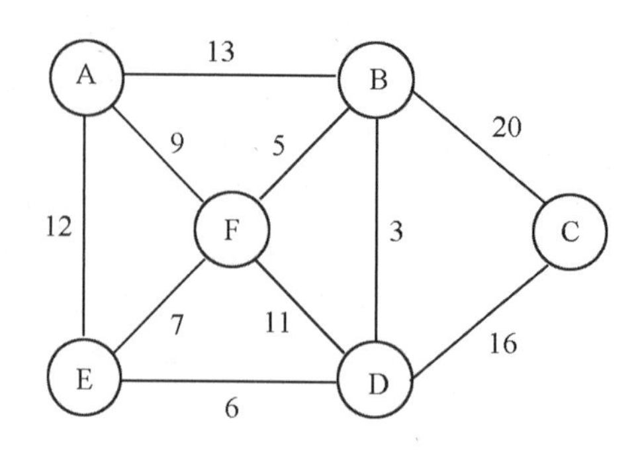

图 1　带权无向图

6.6 对于如图 2 所示的带权有向图,采用狄克斯特拉算法求出从顶点 0 到其他各顶点的最短路径及其长度。

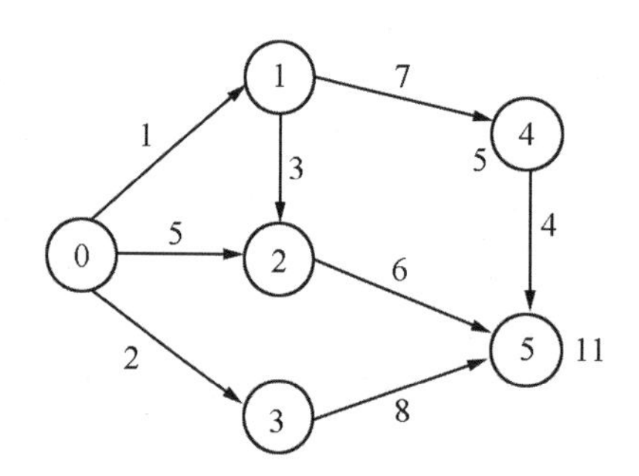

图 2　带权有向图

6.7 下表给出了某工程各工序之间的优先关系和各工序所需时间

(1)画出相应的 AOE 网;

(2)列出各事件的最早发生时间,最迟发生时间;

(3)找出关键路径并指明完成该工程所需最短时间。

工序代号	A	B	C	D	E	F	G	H	I	J	K	L	M	N
所需时间	15	10	50	8	15	40	300	15	120	60	15	30	20	40
先驱工作	—	—	A,B	B	C,D	B	E	G,I	E	I I	F,I	H,J,K	L	G

6.8 假设图 G 采用邻接表存储,编写一个算法输出邻接表。

6.9 假设图 G 采用邻接表存储,分别设计实现以下要求的算法:

(1)求出图 G 中每个顶点的出度;

(2)求出图 G 中出度最大的一个顶点,输出该顶点编号;

(3)计算图 G 中出度为 0 的顶点数;

(4)判断图 G 中是否存在边<i,j>。

6.10 假设图采用邻接表存储结构,编写一个实现连通图的深度优先搜索非递归算法。

第7章　查找

学习要点

- 熟悉查找的基本概念和方法
- 掌握顺序查找和折半查找技术
- 了解分块索引查找技术
- 深刻领会二叉排序树的构造和查找方法
- 掌握平衡二叉树的基本概念

查找(Search)是数据处理中经常使用的重要运算,在系统程序和应用程序中均有广泛的应用。查找算法既可以查找内存中的数据元素,也可以查找存放在外存中的数据元素。本章主要讨论内存中的查找算法,主要包括线性表的查找算法、二叉搜索(查找)树、动态平衡树、B－树、B＋树和哈希查找算法。

7.1　查找的基本概念

查找又称为检索,是指在同一类型的记录组成的集合中找出满足条件的记录。查找是人们在日常工作或生活中经常进行的操作,例如在通讯录中查找某人的手机号,在学生表中查找某个学生的成绩,在图书馆查找某作者所著的图书位置等。查找是比较耗时的一种操作,因此设计出一个好的查找算法能大大提高查找的效率。本章将介绍几种常用的查找算法。

1. 查找表

由同一类型的记录组成的集合称为查找表。

广义的查找包括以下基本操作:查询某个特定的记录是否存在;查询某个特定的记录的特定的属性;在查找表中插入特定的记录;在查找表中删除指定的记录等。

按查找表的结构在查找过程中是否改变,可将查找表分为静态查找表和动态查找表两类。静态查找表是指在查找过程中其结构始终不发生变化的查找表。动态查找表是指其结构在查找过程中发生变化的查找表。动态查找表由于其结构在查找过程中发生变化,一般都采用树表的形式。

2. 关键字

关键字指记录中某一项或某几项的组合值。能唯一确定一个记录的关键字称为主关键字,不能唯一确定一个记录的关键字称为次关键字。例如,在某班级学生成绩表中,学号是唯一的,已知学号能唯一确定该同学的记录,因此学号是主关键字;而姓名由于有相同姓名的现象,已知姓名不能唯一确定是哪位同学,因此姓名则是次关键字。

3. 查找

查找是指给定一个值 k,在含有 n 个元素的表中找出关键字等于 k 的记录。若找到符合条件的记录,则查找成功,并返回该记录的位置或相关信息;否则查找失败,返回失败的相关提示信息。

例如,表 7.1 所示的学生成绩表可以用顺序存储结构保存记录。假设给定学号 201320214115,通过查找可得到学号为 201320214115 的同学的各科成绩,此时查找成功。若给定学号 201320214135,由于表中没有学号为 201320214135 的同学,因此查找失败。

表 7.1 计算机应用专业 2015—2016 学年第一学期各科成绩表

学号	姓名	英语	数据结构	C++程序设计	操作系统
201320214101	陈浩冰	85	86	85	90
⋮	⋮	⋮	⋮	⋮	⋮
201320214112	黄培欣	85	85	88	80
201320214115	游俊湖	90	90	92	88
201320214117	王武练	75	78	82	85
⋮	⋮	⋮	⋮	⋮	⋮
201320214134	林伟锋	80	75	85	80

4. 平均查找长度

查找算法的主要操作是关键字的比较,通常把查找过程中对关键字的平均比较次数称为平均查找长度(ASL,average search length)。ASL 是衡量一个查找算法优劣的时间标准。ASL 定义为:

$$ASL = \sum_{i=1}^{n} P_i C_i$$

其中,n 是查找表中记录的个数,P_i 是查找第 i 个记录的概率,一般认为每个元素被查找的概率均等,即 $P_i = 1/n$,C_i 是查找第 i 个记录所需的关键字的比较次数。

7.2 线性表的查找

本节将介绍 3 种在线性表上进行查找的方法,分别是顺序查找、折半查找和分块查找。查找算法与数据的存储结构有关,线性表有顺序存储和链式存储两种存储结构。本节介绍的线性表采用的都是顺序存储结构。查找表的类型定义如下:

```
#define MAXL <表中最多记录个数>
typedef struct {
    KeyType key;          /* KeyType 为关键字的数据类型 */
    InfoType data;        /* 其他数据 */
} NodeType;
typedef NodeType SeqList[MAXL]; /* 顺序表类型 */
```

7.2.1　顺序查找

顺序查找是一种最简单的查找。它的基本思想是:从线性表的一端向另一端逐个将关键字与给定值k进行比较,若相等,则查找成功,给出该记录在表中的位置;若整个表检测完仍未找到与给定值k相等的关键字,则查找失败,给出失败信息,并返回-1。

【算法7.1】顺序查找的算法

```
int SeqSearch(SeqList R,int n,KeyType k)
{/* 在顺序表R[0··n-1]中查找关键字为k的记录 */
  int i=0;
  while (i<n && R[i].key! =k) i++;     /* 从表头往后找 */
  if (i>=n)  return -1;
  else  return i+1;
}
```

为了提高查找速度,可以对上述算法进行改进,改进的顺序查找的基本思想:设置"哨兵"。哨兵就是待查值,将它放在查找方向的尽头处,免去了在查找过程中每一次比较后都要判断查找位置是否越界,从而提高了查找速度。例如如果查找方向是从左到右,则将待查值放在R[n]位置;如果查找方向是从右到左,则将待查值放在R[0]位置。书中查找方向默认为从左到右。

例7.1　线性表其关键字列表为{55,10,15,24,6,12,35,40,98},在表中查找关键字为12和25的记录。

解:

(1)查找关键字为12时查找过程如图7.1所示。

(2)查找关键字为25时查找过程如图7.2所示。

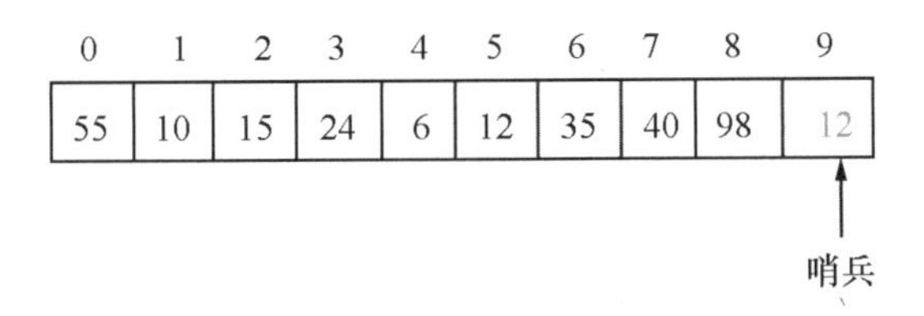

图7.1　顺序查找12成功的过程

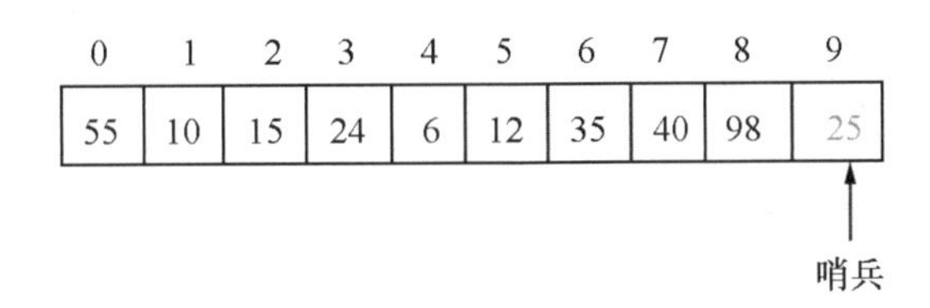

图7.2　顺序查找25失败的过程

【算法7.2】改进的顺序查找的算法

```
int SeqSearch2(SeqList R,int n,KeyType k)
{/* 在顺序表R[0··n-1]中查找关键字为k的记录 */
```

```
    int i=0;
    R[n].key=k;
    while (R[i].key! =k) i++;
    if (i<n)
      return i+1;
    else
      return -1;
}
```

在顺序查找算法中,对于包含 n 个记录的表,给定值 k 与表中第 i 个元素关键字相等时,需进行 i 次关键字的比较,即 $c_i = i$。因此,查找成功时顺序查找的平均查找长度为:

$$ASL = \sum_{i=1}^{n} ip_i = \sum_{i=1}^{n} i\frac{1}{n} = \frac{n+1}{2}$$

查找算法的基本工作是关键字的比较,因此顺序查找算法的时间复杂度为 O(n)。顺序查找的优点是算法简单,对表的存储结构没有要求,顺序存储和链式存储均可,且对记录的有序性也没有要求,无论记录是否按关键字有序均可;缺点是当 n 很大时,平均查找长度较大,效率较低。

7.2.2 折半查找

当查找表是有序表时,可采用折半查找,也称为二分查找(binary search)。它是一种效率较高的查找方法。在下面的讨论中,假设查找表是递增有序的。

折半查找的基本思想是:在有序表中,取中间记录作为比较对象,若待查找的关键字与中间记录的关键字相等,则查找成功;若待查找的关键字小于中间记录的关键字,则在中间记录的左半区继续查找;否则,在中间记录的右半区继续查找。不断重复上述过程,直到查找成功,或所查找的区域无记录,查找失败。

例 7.2 有序表按关键字排列为{7,14,18,21,23,28,31,35,38,42,46,49,52},在表中查找关键字为 28 和 36 的记录。

解:low 表示数组的下标,high 表示数组的上标,mid 表示中间记录。

(1)查找关键字为 28 的记录的查找过程如图 7.3 所示。

(2)查找关键字为 36 的记录的查找过程如图 7.4 所示。

【算法 7.3】 折半查找的非递归算法

```
int BinSearch(SeqList R,int n,KeyType k)
{ /* 在有序表 R[0··n-1]中进行二分查找,成功时返回记录的位置,失败时返回
-1 */
    int low=0,high=n-1,mid;
    while (low<=high) {
      mid=(low+high)/2;
      if (R[mid].key==k)    /* 查找成功返回 */
        return mid+1;
```

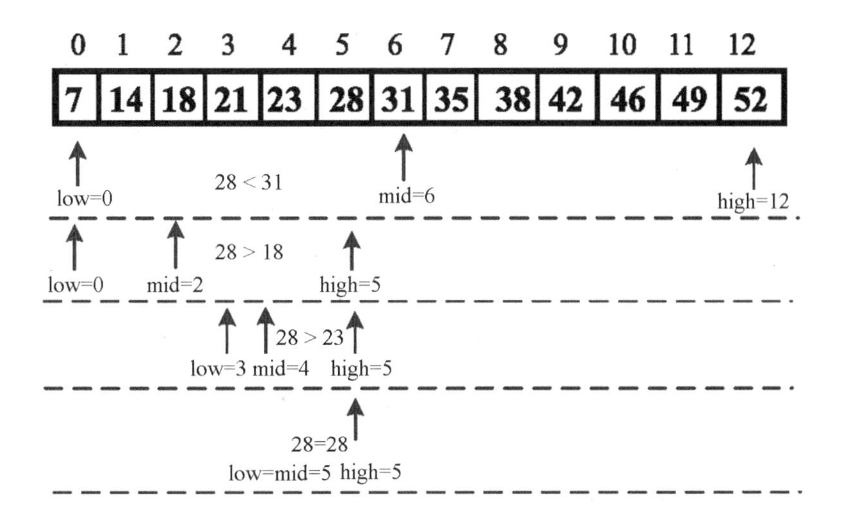

图 7.3　折半查找 28 成功的过程

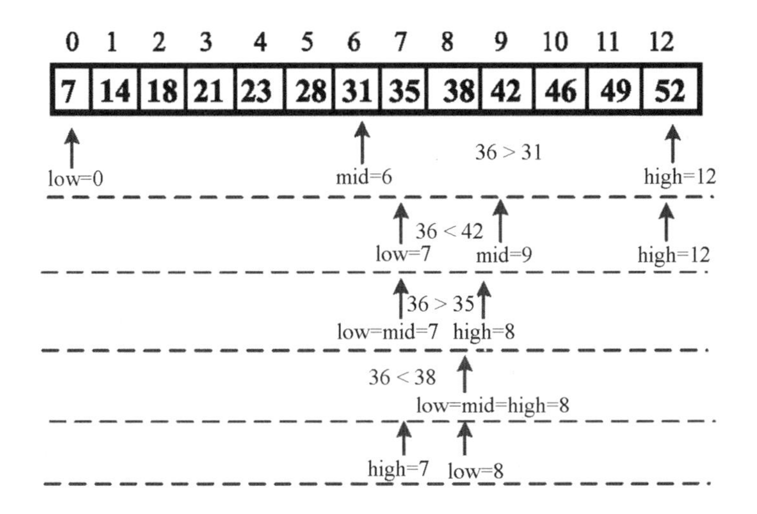

图 7.4　折半查找 36 失败的过程

```
        if (R[mid].key>k)        /*继续在 R[low..mid-1]中查找*/
            high=mid-1;
        else
            low=mid+1;          /*继续在 R[mid+1..high]中查找*/
        }
    return -1;
}
```

【算法 7.4】　折半查找的递归算法

```
int BinSearch2(SeqList R,int low,int high,int k)
{/*在有序表 R[low··high]中进行二分查找,成功时返回记录的位置,失败时返回
-1*/
```

```
    int mid;
    if (low>high)  return -1;
    else {
        mid=(low+high)/2;
    if (R[mid].key==k)  return mid+1;
    else
    if (R[mid].key<k)  return BiSearch2(R,mid+1,high,k);
    else  return BiSearch2(R,low,mid-1,k);
    }
}
```

折半查找的过程可以用二叉树来描述，称这个二叉树为判定树。判定树中每个节点的值对应有序表中记录的下标。n 为待查找记录的个数。当 n=0 时，判定树为空；当 n>0 时，判定树的根结点值为 mid=(n-1)/2，根结点的左子树是与有序表 R[0] ～ R[mid-1]相对应的判定树，根结点的右子树是与 R[mid+1] ～ R[n-1]相对应的判定树。图 7.5 所示的是例 7.2 中的有序表折半查找过程对应的判定树。

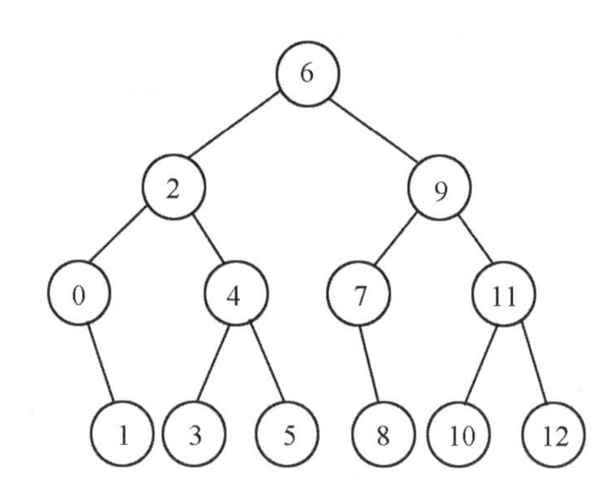

图 7.5 例 7.2 对应的判定树

可以看出，在有序表中查找任一记录的过程，即是判定树中从根结点到该记录对应结点的路径，和待查找关键字的比较次数等于该记录对应结点在树中的层数。折半查找在查找成功时进行比较的关键字次数最多不超过树的高度，而具有 n 个结点的查找树的高度为$\lfloor \log_2^n \rfloor+1$，因此折半查找在查找成功时和给定值进行比较的关键字次数至多为$\lfloor \log_2^n \rfloor+1$。

接下来讨论折半查找的平均查找长度。假设查找表的长度 $n=2^h-1$，那么判定树就是高度为 h 的一棵近似完全二叉树。假定查找表中每个记录的查找概率相等($P_i=1/n$)，则折半查找的平均查找长度为：

$$ASL=\sum_{i=0}^{n-1}P_iC_i=\frac{1}{n}\sum_{j=1}^{h}(j\times 2^{j-1})=\frac{n+1}{n}\log_2(n+1)-1\approx\log_2(n+1)-1$$

7.2.3 分块查找

分块查找又称为分块索引查找。当查找表有序时，我们可以采用折半查找来提高查找效率。如果查找表可以动态地变化，此时插入一个记录或删除一个记录，都将引起查找表中其他记录跟着移动。如果这种插入和删除操作比较频繁，或者查找表很大，那么都将导致查找表的效率低下。

为了解决这种问题，我们可以设计一种分块索引表。分块索引表(index blocked table)由两部分组成：其一为无序的基本分块子表，其二为建立在各个基本分块子表之上的索引表。

将查找表分成若干基本分块子表，每个子表中的记录是任意存放的，但是块与块之间必须有序。如果是降序排列的，那么第一块中任一记录的关键字都会大于第二块中所有记录的关键字，第二块中任一记录的关键字都会大于第三块中所有记录的关键字，……，最后一块中所有记录的关键字都会小于倒数第二块中任何一个记录的关键字。

将每一个分块子表中记录的最大关键字取出，按照子表的顺序存放在另外一个辅助表中，从而构成了一个索引表。显然该索引表是按照降序排列的。

根据分块索引查找表的构造原则，我们不难找出其查找算法：在索引表中按照顺序查找或改进的折半查找，找出给定值所在的分块子表，然后在分块子表中按照顺序查找的方式，最终查找出满足条件的记录或者报告查找失败。图7.6给出了分块查找示意图。索引表中的各个结点均对应一个分块子表，当且仅当给定值小于或等于该结点上的关键字，并且大于紧相邻的前一个结点上的关键字时，才进入相应的分块子表继续查找。特别地，对于最后一个结点，只要给定值小于等于该结点上的关键字就进入相应的分块子表继续查找。

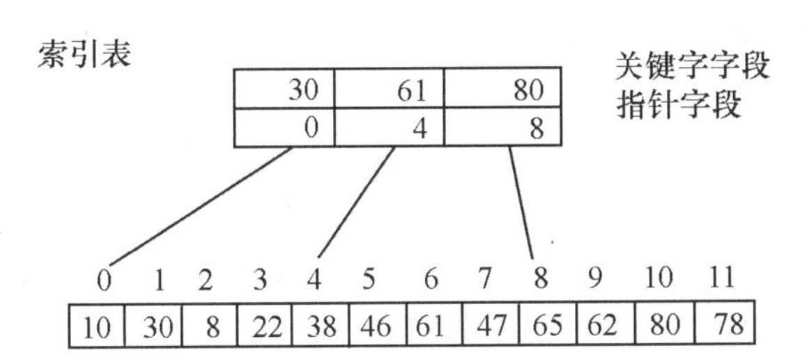

图7.6　分块查找示意图

设n个记录的查找表分为m个子表，且每个子表均有t个元素，则t = n/m。这样。分块查找的平均查找长度：

$$ASL = ASL_{索引表} + ASL_{子表} = \frac{1}{2}(m+1) + \frac{1}{2}(\frac{n}{m}+1) = \frac{1}{2}(m+\frac{n}{m})+1$$

由此可见，平均查找长度不仅和表的总长度n有关，而且和子表的个数m有关。

由于索引表是有序的，因此检索索引表时可以采用折半查找的方法，这样分块查找的平均查找长度：

$$ASL = ASL_{索引表} + ASL_{子表} = \log_2(m+1) - 1 + \frac{1}{2}(\frac{n}{m}+1) \approx \log_2(m+1) + \frac{n}{2m}$$

7.3　树表的查找

在某些应用软件中，表不是一次性生成的，而是在使用过程中逐步产生的。例如，在商品进销存管理系统中需要建立一个商品信息表，对每一批新进的商品都要先查找该商品是否存在。如果存在，则只需要增加该商品的库存数量；若不存在，则需要在商品信息表中插入该商品的信息。通常称这种在程序运行过程中可进行插入、删除等操作的查找表为动态查找表。

由于动态查找表需要频繁进行插入、删除等操作，顺序表已不适合作为它的存储结构，由此引入二叉排序树。

7.3.1 二叉排序树

1.二叉排序树的定义

二叉排序树(BST，binary search tree)，也称为二叉查找树，或者是一棵空的二叉树，或者是具有下列性质的二叉树：

(1)若它的左子树不空，则左子树上所有结点的值均小于根结点的值；

(2)若它的右子树不空，则右子树上所有结点的值均大于根结点的值；

(3)它的左右子树也都是二叉排序树。

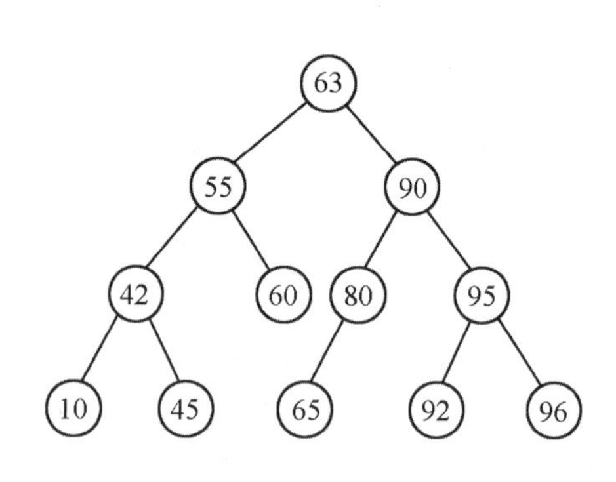

图 7.7 二叉排序树

由图 7.7 可以看出，对二叉排序树进行中序遍历可得到一个按关键字排序的有序序列，因此一个无序序列可通过构造一棵二叉排序树而成为有序序列。

二叉排序树的结点类型定义如下：

```
typedef int keyType;
typedef struct node {
    keyType key;
    inforType data;
    struct node * lchild, * rchild;
}BSTNode;
```

2.二叉排序树的操作

(1)查找　在二叉排序树中查找给定值 k 的过程是：

①若二叉排序树为空，则表明查找失败，返回空指针；否则，若给定值 k 等于根结点的值，则表明查找成功，返回根结点；

②若给定值 k 小于根结点的值，则继续在根的左子树中查找；

③若给定值 k 大于根结点的值，则继续在根的右子树中查找。

因为二叉排序树可看作是一个有序表，所以在二叉排序树上进行查找，和二分查找类似，也是一个逐步缩小查找范围的过程。

【算法 7.5】递归查找算法 SearchBST()

```
BSTNode * SearchBST(BSTNode * bt,KeyType k)
{ /* 在二叉排序树 bt 上查找关键字为 k 的记录，成功时返回该结点指针，否则返回NULL */
    if (bt = = NULL || bt - >key = = k)                /* 递归终结条件 */
        return bt;
      if (k<bt - >key)
```

```
        return SearchBST(bt->lchild,k);          /*在左子树中递归查找*/
    else
        return SearchBST(bt->rchild,k);          /*在右子树中递归查找*/
}
```

(2)插入　在一棵二叉排序树中插入值为k的结点,步骤如下:

①若二叉排序树为空,则生成值为k的新结点s,同时将新结点s作为根结点。

②若k小于根结点的值,则在根的左子树中插入值为k的结点。

③若k大于根结点的值,则在根的右子树中插入值为k的结点。

④若k等于根结点的值,表明二叉排序树中已有此关键字,则无需插入。

【算法7.6】　在以*p为根结点的BST中插入一个关键字为k的结点

```
int InsertBST(BSTNode *&p,KeyType k)
{ /*插入成功返回1,否则返回0*/
  if (p==NULL){    /*原树为空, 新插入的记录为根结点*/
    p=(BSTNode *)malloc(sizeof(BSTNode));
    p->key=k;p->lchild=p->rchild=NULL;
    return 1;
    }
  else if  (k==p->key) /*存在相同关键字的结点,返回0*/
    return 0;
  else if (k<p->key)
    return InsertBST(p->lchild,k);/*插入到左子树中*/
  else
    return InsertBST(p->rchild,k);  /*插入到右子树中*/
}
```

(3)建立　二叉排序树的生成,是从一个空树开始,每插入一个关键字,就调用一次插入算法将它插入到当前已生成的二叉排序树中。

【算法7.7】　从关键字数组A[0..n-1]生成二叉排序树的算法CreatBST()

```
BSTNode *CreatBST(KeyType A[],int n)
{ /*返回树根指针*/
BSTNode *bt=NULL;      /*初始时bt为空树*/
  int i=0;
  while (i<n)  {
InsertBST(bt,A[i]);  /*将A[i]插入二叉排序树T中*/
  i++;
  }
  return bt;          /*返回建立的二叉排序树的根指针*/
}
```

(4)删除　对删除来说,我们考虑包含被删除元素的节点p的四种情况:①p是树叶;②p只有左子树,而无右子树;③p只有右子树,而无左子树;④p有两个非空子树。

①p 是树叶。若待删除的结点是叶子结点，只要将被删节点的双亲节点的相应指针域的值置为空，并删除该结点即可。

如图 7.8 所示，当删除关键字为 10 的叶子结点时，只需要将关键字为 42 的结点的左指针域置为空；当删除关键字为 96 的叶子结点时，只需要将关键字为 95 的结点的右指针域置为空，这是最简单的删除结点的情况。

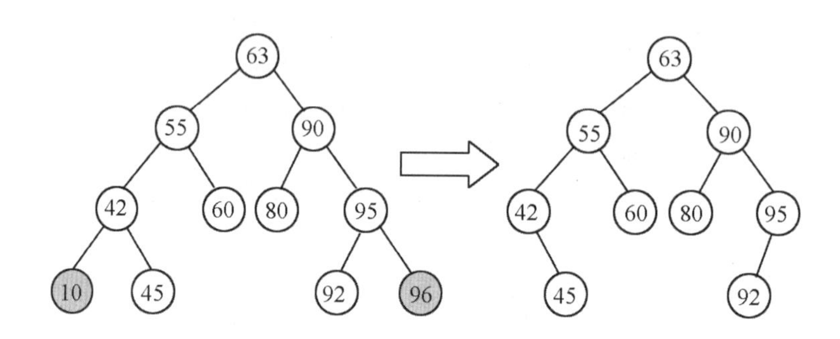

图 7.8 删除叶子结点

②p 只有左子树，而无右子树。若待删除的结点只有左子树而无右子树。根据二叉排序树的特点，可以直接将其左子树的根结点放在被删结点的位置。

如图 7.9 所示，要删除关键字为 95 的结点时，只需将该结点的左子树（其根结点为 92）作为关键字为 90 的结点的右子树。

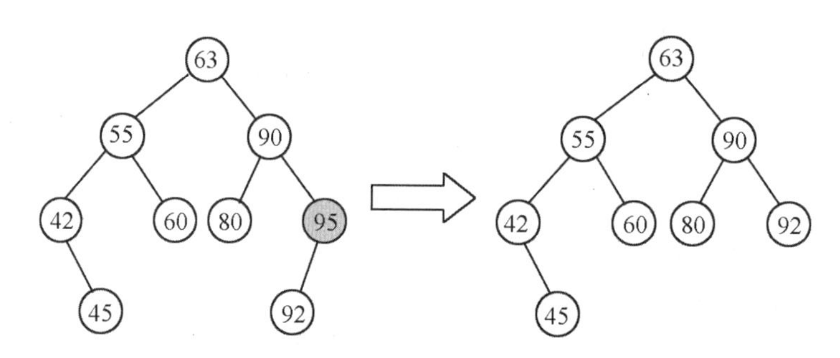

图 7.9 删除只有左子树而无右子树的节点

③p 只有右子树，而无左子树。若待删除的结点只有右子树而无左子树。与②情况类似，可以直接将其右子树的根结点放在被删结点的位置。

如图 7.10 所示，要删除关键字为 42 的结点，只需将该结点的右子树（其根结点为 45）作为关键字为 55 的结点的左子树。

④p 有两个非空子树。若待删除的结点同时有左子树和右子树。根据二叉排序树的特点，可以从其左子树中选择关键字最大的结点或从其右子树中选择关键字最小的结点放在被删去结点的位置上。假如选取左子树上关键字最大的结点，那么该结点一定是左子树的最右下结点。

如图 7.11 所示，若要删除其关键字为 63 结点，找到其左子树最右下结点 60，用该结点来替换被删结点，然后将关键字为 60 的结点删除；或者找到其右子树最左下结点 80，用该结点

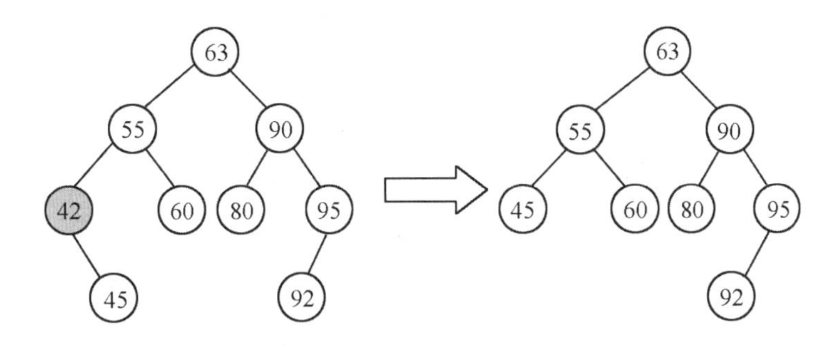

图7.10 删除只有右子树而无左子树的节点

来替换被删结点,然后将关键字为80的结点删除。

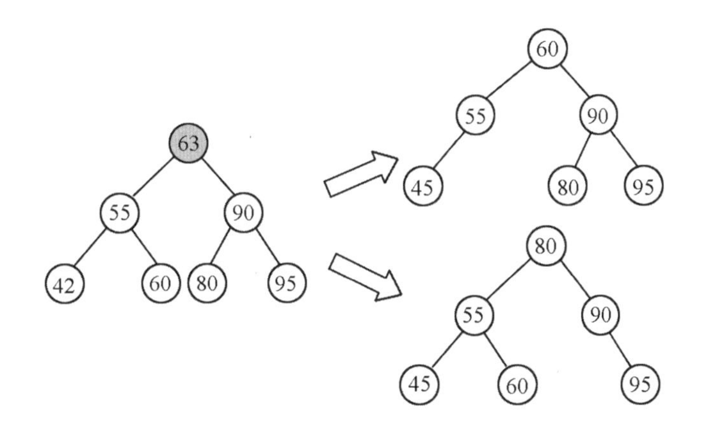

图7.11 删除有左、右孩子的结点

在二叉排序树中删除值为k的结点的算法可以是递归的,也可以是非递归的。下面给出递归算法。

递归算法的步骤如下:

①若二叉排序树为空,则不进行删除操作;

②若给定值k小于根节点的值,则在根的左子树中进行删除;

③若给定值k大于根节点的值,则在根的右子树中进行删除;

④若给定值k等于根节点的值,则根节点即为要删除的结点,此时需要根据上述分析的四种情况进行相应的删除操作。

算法的具体实现如算法7.8所示。

【算法7.8】 二叉排序树的删除操作的递归实现

```
int DeleteBST(BSTNode *&bt,KeyType k)
{  /* 在bt中删除关键字为k的结点 */
   if (bt==NULL) return 0;  /* 空树删除失败 */
   else {
     if (k<bt->key)   return DeleteBST(bt->lchild,k);  /* 递归在左子树中删
除为k的结点 */
```

```
        else if (k>bt->key)   return DeleteBST(bt->rchild,k); /* 递归在右子树中
删除为 k 的结点 */
      else  {
        Delete(bt);       /* 调用 Delete(bt)函数删除 bt 结点 */
        return 1;}
      }
  }

  void Delete(BSTNode *&p)
  {/* 从二叉排序树中删除 p 结点 */
  BSTNode *q;
    if (p->rchild==NULL)  {      /* p 结点没有右子树的情况 */
      q=p;   p=p->lchild;      /* 其右子树的根结点放在被删结点的位置上 */
      free(q);
      }
    else if (p->lchild==NULL)  {    /* p 结点没有左子树 */
      q=p;      p=p->rchild;     /* 将 p 结点的右子树作为双亲结点的相应子树/
      free(q);
      }
    else Delete1(p,p->lchild);      /* p 结点既有左子树又有右子树的情况 */
  }
  void Delete1(BSTNode *p,BSTNode *&r)
  { /* 当被删结点 p 有左右子树时的删除过程 */
      BSTNode *q;
  if (r->rchild! =NULL)
     Delete1(p,r->rchild);  /* 递归找最右下结点 */
    else  {  /* 找到了最右下结点 *r */
      p->key=r->key;               /* 将 r 的关键字值赋给 p */
      p->data=r->data
      q=r;     r=r->lchild;     /* 将左子树的根结点放在被删结点的位置上 */
      free(q);                     /* 释放原 r 的空间 */
    }
  }
```

7.3.2 平衡二叉树

二叉排序树的效率取决于二叉排序树的形态。为了获得较好的查找效率,就要构造一棵形态均匀的二叉排序树。1962 年,Adelson - Velskii 和 Landis 提出了一种现在非常流行的平衡二叉树,又称为 AVL 树(AVL tree)。

平衡二叉树或者是一棵空的二叉排序树,或者是具有下列性质的二叉排序树:①根结点的

左子树和右子树的深度最多相差 1；②根结点的左子树和右子树也都是平衡二叉树，如图 7.12 所示。

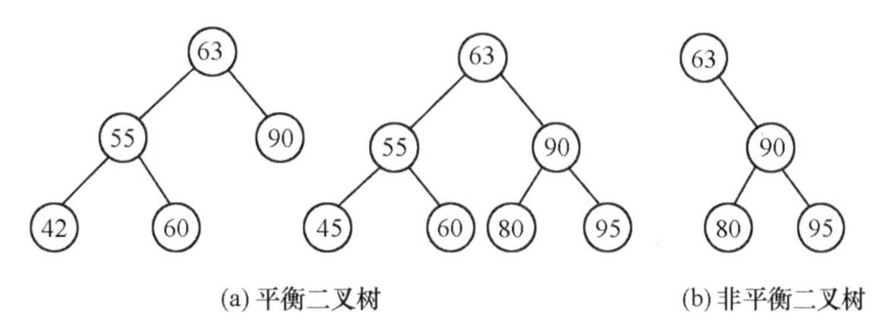

图 7.12　平衡二叉树和非平衡二叉树

平衡因子（balanced factor，用 bf 表示）：结点的平衡因子是该结点的左子树的深度与右子树的深度之差。

平衡二叉树的构造：在构造平衡二叉排序树的过程中，每插入一个结点时，首先检查是否因插入而破坏了树的平衡性，若是，在保持二叉排序树特性的前提下，调整各结点之间的链接关系，进行相应的旋转，使之成为新的平衡子树。

设结点 A 为最小不平衡子树的根结点，对该子树进行平衡调整归纳起来有以下四种情况：

（1）LL 型：如图 7.13 所示，这是由于在结点 A 的左孩子 B 的左子树上插入结点 NEW，使得 A 结点的平衡因子由 1 变为 2 而引起的不平衡。调整方法是进行一次向右的顺时针旋转，使得 B 为根，NEW 和 A 分别为左右子树。

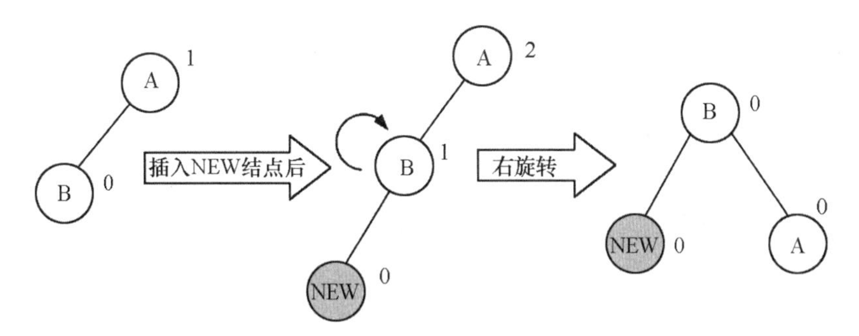

图 7.13　LL 型调整过程

（2）RR 型：如图 7.14 所示，这是由于在结点 A 的右孩子 B 的右子树上插入结点 NEW，使得 A 结点的平衡因子由 -1 变为 -2 而引起的不平衡。调整方法是进行一次向左的逆时针旋转，使得 B 为根，A 和 NEW 分别为左右子树。

（3）LR 型：如图 7.15 所示，这是由于在结点 A 的左孩子 B 的右子树上插入结点 NEW，使得 A 结点的平衡因子由 1 变为 2 而引起的不平衡。调整方法是进行两次旋转。首先 A 结点不动，左子树 B 作一次向左的逆时针旋转，将支撑点由结点 B 调整到结点 NEW 处；然后再进行一次向右的顺时针旋转，将支撑点由结点 A 调整到结点 NEW 处。

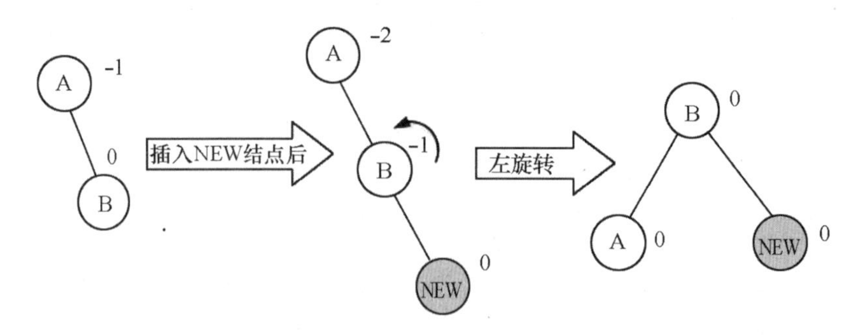

图 7.14 RR 型调整过程

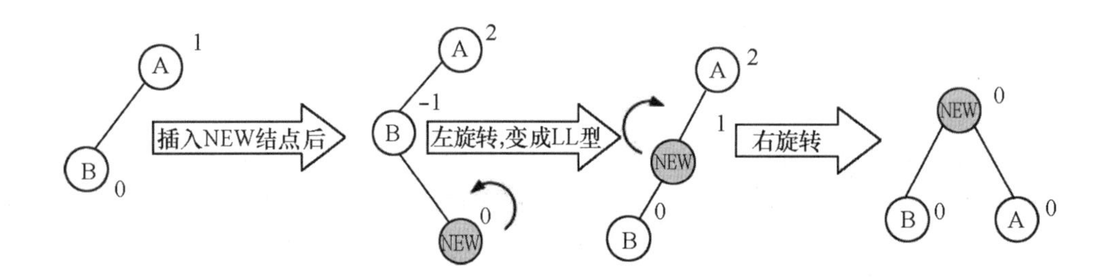

图 7.15 LR 型调整过程

(4)RL 型:如图 7.16 所示,这是由于在结点 A 的右孩子 B 的左子树上插入结点 NEW,使得 A 结点的平衡因子由 -1 变为 -2 而引起的不平衡。调整方法是进行两次旋转。首先 A 结点不动,右子树 B 作一次向右的顺时针旋转,将支撑点由结点 B 调整到结点 NEW 处;然后再进行一次向左的逆时针旋转,将支撑点由结点 A 调整到结点 NEW 处。

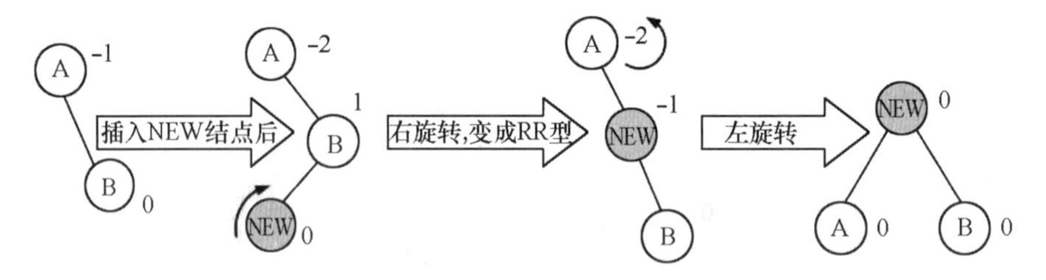

图 7.16 RL 型调整过程

例 7.3 设一组关键字序列为{4,5,7,2,1,3,6},试建立一棵平衡二叉树。

解:平衡二叉树生成步骤如图 7.17 所示。

7.3.3 B-树

1972 年,R.Bayer 和 E.M.McCreight 提出了一种称之为 B-树的多路平衡查找树。它适合在磁盘等直接存取设备上组织动态的查找表。

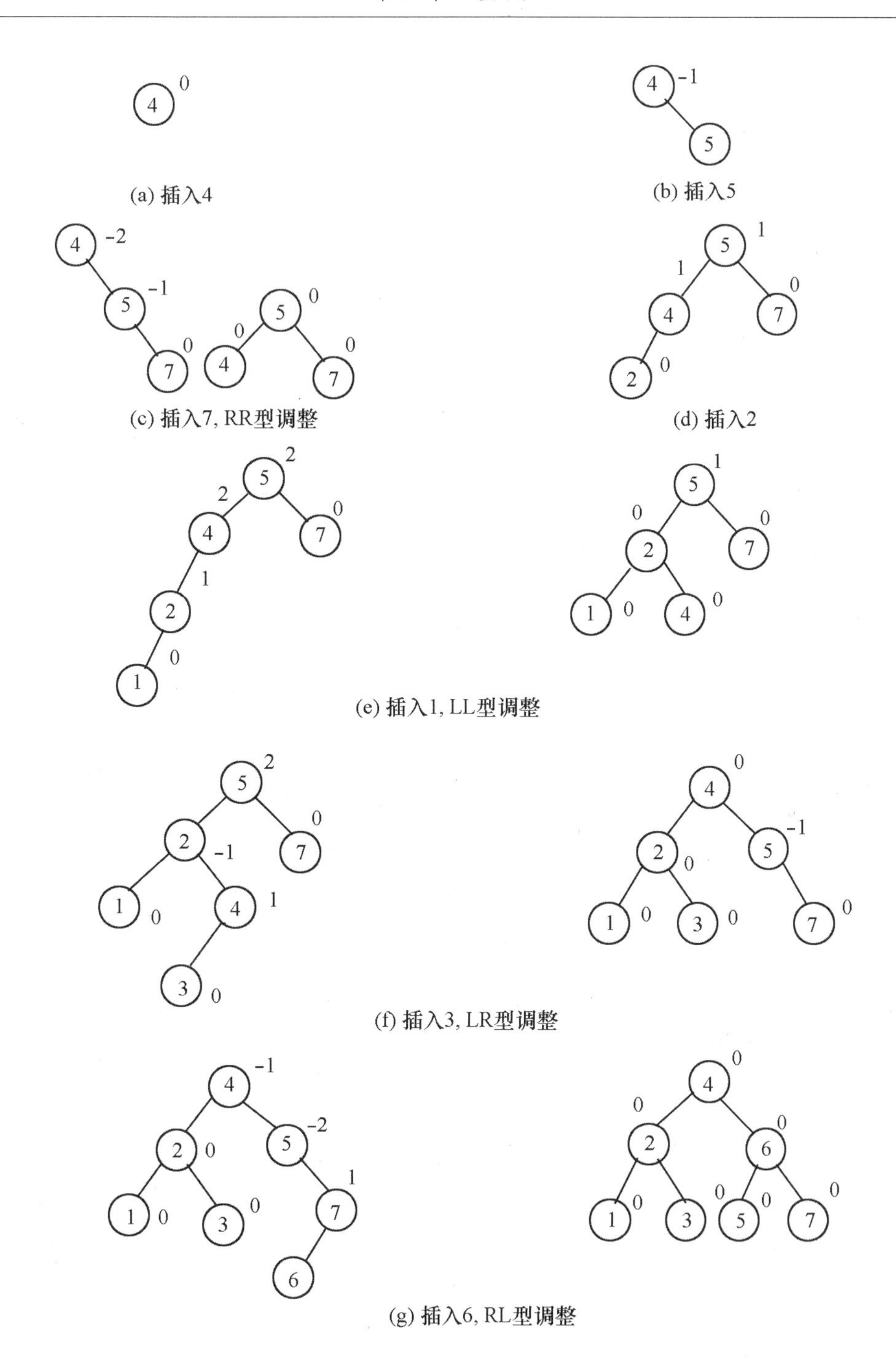

图 7.17　平衡二叉树的生成过程

B－树(B－Tree)是一种平衡的多路查找树，它在文件系统中很有用。

一棵 m 阶的 B－树，或者为空树，或为满足下列特性的 m 叉树：

(1)树中每个结点至多有 m 棵子树；

(2)若根结点不是叶子结点，则至少有两棵子树；

(3)根结点之外的所有非终端结点至少有⌈m/2⌉棵子树；

(4)所有的非终端结点中包含以下信息数据：$(n,A_0,K_1,A_1,K_2,\cdots,K_n,A_n)$，其中：$K_i(i=1,2,\cdots,n)$为关键字，且 $K_i<K_{i+1}$，$A_i(i=0,1,\cdots,n)$为指向子树根结点的指针，且指针 A_{i-1} 所指子树中所有结点的关键字均小于 $K_i(i=1,2,\cdots,n)$，A_n 所指子树中所有结点的关键字均大于 K_n，$\lceil m/2\rceil-1\leqslant n\leqslant m-1$，n 为关键字的个数；

(5)所有的叶子结点都出现在同一层次上，并且不带信息(可以看作是外部结点或查找失败的结点，实际上这些结点不存在，指向这些结点的指针为空)。

B－树的查找类似二叉排序树的查找，所不同的是 B－树上的每个结点是多关键字的有序表，在到达某个结点时，先在有序表中查找，若找到，则查找成功；否则，到相应指针所指向的子树中去查找，当到达叶子结点时，则说明树中没有对应的关键字，查找失败。即在 B－树上的查找过程是一个沿着指针顺序地寻找结点，然后在结点中查找关键字交替进行的过程。

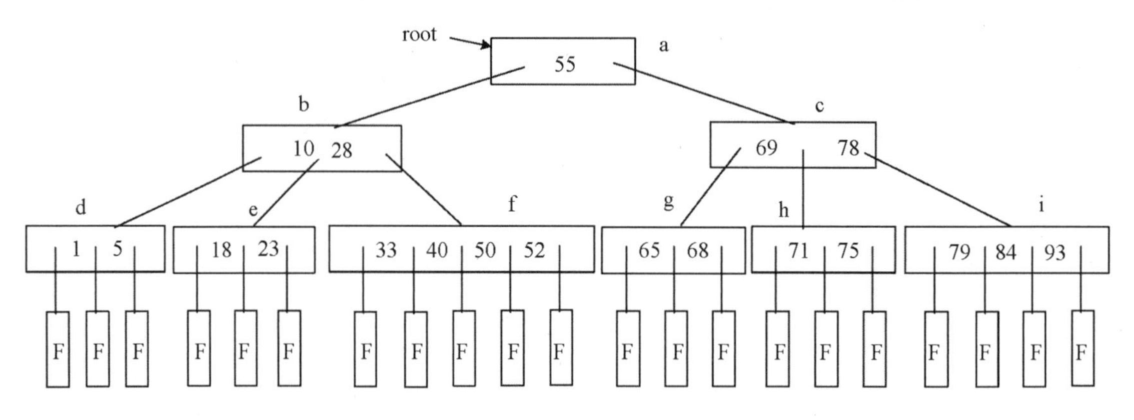

图 7.18 一颗 5 阶的 B-树

图 7.18 给出了一棵深度为 4 的 5 阶的 B－树。在图 7.18 中查找关键字为 84 的元素。首先，从 root 指向的根结点(a)开始，结点(a)中只有一个关键字 55，且 84 大于 55，因此，按(a)结点指针域 A_1 到结点(c)去查找，结点(c)有两个关键字 69、78，而 93 也都大于它们，因此查找过程转入(c)结点指针域 A_2 到结点(i)，在结点(i)中顺序比较关键字，于是找到了关键字 84。

查找不成功的过程和查找成功的过程极为类似。在图 7.18 中查找关键字为 38 的元素。首先，从 root 指向的根结点(a)开始，结点(a)中只有一个关键字 55，且 38 小于 55，因此，按(a)结点指针域 A_0 到结点(b)去查找。结点(b)中有两个关键字 10、28，而 38 比它们都大，于是查找转入(b)结点指针域 A_2 所指向的结点(f)。在结点(f)中顺序比较关键字，得知 40 介于关键字(33,40)之间，继续按(f)结点的指针域 A_1 去查找。由于(f)结点的指针域 A_1 是一个叶子结点，所以查找失败。

7.3.4 B＋树

索引顺序文件组织的一个最大缺点是随着文件的增大，索引查找性能和顺序扫描性能都会下降。B＋树(B＋ Tree)采用平衡树结构，其中每个叶子结点到根的路径长度相同，每个非叶子结点有⌈m/2⌉～m 个孩子结点，其中 m 为 B＋树的阶数。

B+树是一个多级索引,但是其结构不同于多级索引顺序文件。典型的B+树结点结构如图7.19所示。它最多包含有m-1个关键字值$k_1,k_2,\cdots,k_{m-1}$和m个指针$P_1,P_2,\cdots,P_m$。每个结点中的索引值按次序存放,即如果i<j,那么$K_i<K_j$。

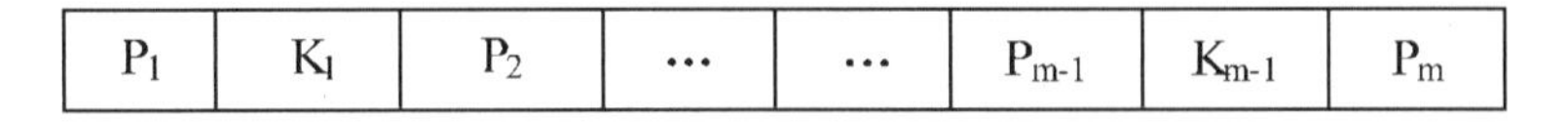

P_1	K_1	P_2	…	…	P_{m-1}	K_{m-1}	P_m

图7.19　典型的B+树索引结点结构

B+树是应文件系统所需而产生的一种B-树的变形树。一棵m阶的B+树和m阶的B-树的差异在于:

(1)有n棵子树的结点中含有n个关键字;

(2)所有的叶子结点中包含了全部关键字的信息,及指向含有这些关键字记录的指针,且叶子结点本身依关键字的大小自小而大的顺序链接;

(3)所有的非终端结点可以看成是索引部分,结点中仅含有其子树根结点中最大(或最小)关键字。

B+树结构的示意图如图7.20所示。

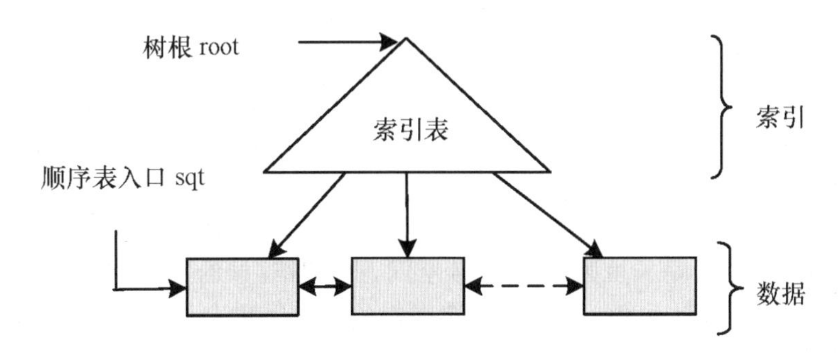

图7.20　B+树结构的示意图

例如图7.21所示为一棵5阶的B+树,通常在B+树上有两个头指针,一个指向根结点,另一个指向关键字最小的叶子结点。因此,可以对B+树进行两种查找运算:一种是从最小关键字开始的顺序查找,另一种是根结点开始的随机查找。

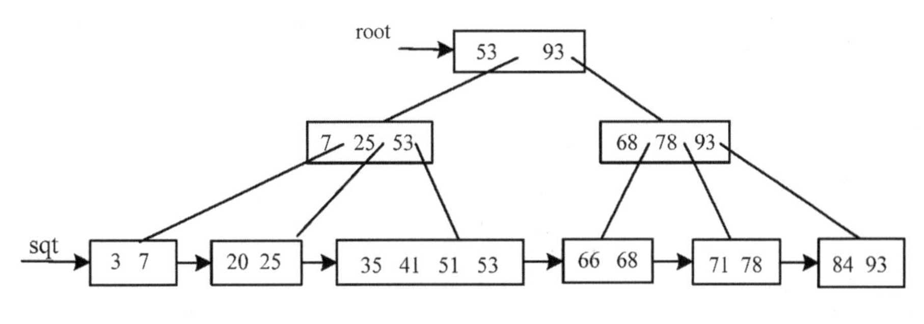

图7.21　一棵5阶B+树

在B+树上进行随机查找、插入和删除的过程基本上与B-树类似。只是在查找时稍微有些区别:在查找过程中,当某个非终端结点上的关键字等于给定值时,B-树立即终止查找过程并返回成功;而在B+树中继续向下查找直到叶子结点。因此,在B+树,不管查找成功与否，每次查找都是走了一条从根到叶子结点的路径。

B+树查找的分析类似于B-树。B+树的插入仅在叶子结点上进行。当结点中的关键字个数大于m时，该结点要分裂成两个结点，它们所含关键字的个数分别为$\lfloor \frac{m+1}{2} \rfloor$和$\lceil \frac{m+1}{2} \rceil$。并且它们的双亲结点中应同时包含这两个结点的最大关键字。B^+树的删除也仅在叶子结点进行，当叶子结点中的最大关键字被删除时，其在非终端结点中的值可以作为一个“分界关键字”存在。若因删除而使结点中关键字的个数少于$\lceil m/2 \rceil$(m/2结果取上界，如5/2结果为3)时，其和兄弟结点的合并过程亦和B-树类似。

7.4 哈希表的查找

7.4.1 哈希表的基本概念

哈希查找(Hash search)，又称散列查找，是通过对关键字的变换(计算)直接得到关键字存取地址的一种查找算法。它是一种不同于顺序查找、二分查找、二叉排序树及B-树等基于比较的查找技术。

哈希查找的基本思想是：构造某个函数H(key)，对于任意给定的关键字key，计算H(key)的值，再根据H(key)的值确定关键字为key的数据元素(记录)在查找表中的位置。其中H(key)称为Hash函数(或哈希函数)，由哈希函数得到的地址称为哈希地址(或散列地址)。在理想情况下，无须任何比较就可以找到待查关键字，查找期望时间为O(1)。

给定一个正整数M，若对于所有的关键字key，其哈希地址H(key)都满足：$0 \leqslant H(key) < M$，且对应的哈希地址空间是长度为M的连续空间，那么称这样的空间为哈希表(空间)(Hash Table)，或散列表(空间)，杂凑表。设所有可能出现的关键字集合记为U(简称全集)，实际发生(真正在哈希表中出现)的关键字集合记为K(显然，$|K| << |U|$)。散列方法是使用函数H将U映射到表T[0..M-1]中。

两个不同的关键字，由于哈希函数值相同，因而被映射到哈希表中的同一位置上。称这种现象为冲突(Collision)或碰撞。发生冲突的两个关键字称为该哈希函数的同义词(Synonym)。图7.22中的两个关键字k_2，k_5和k_7发生了冲突。

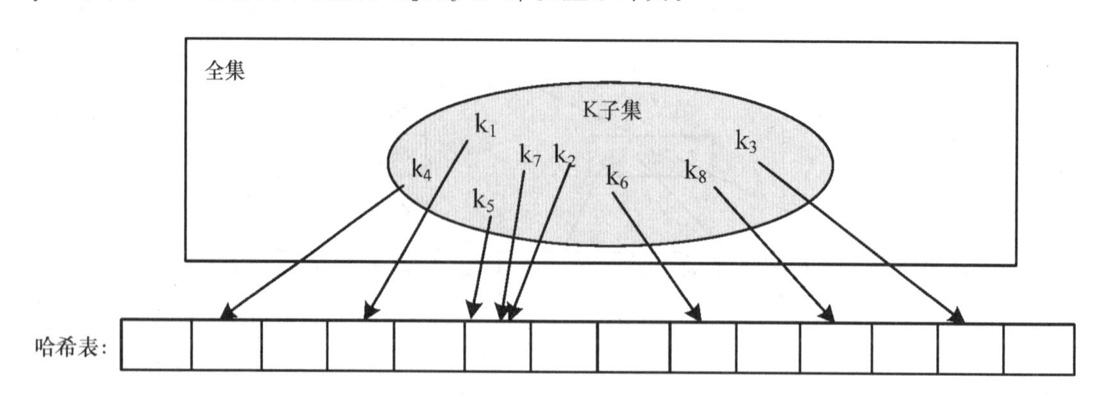

图7.22 哈希冲突示意图，图中k2，k5和k7构成哈希同义词，发生冲突

通常情况下，哈希函数 H 是一个压缩映像。虽然 $|K| \leqslant M$，但 $|U| >> M$，因此无论怎样设计 H，也不可能完全避免冲突。因此，在设计 H 时应尽可能使冲突最少，同时还需要确定一种冲突解决方法，使发生冲突的同义词能够存储到表中。

冲突的频繁程度除了与哈希函数 H 相关外，还与表的填满程度相关。设 m 和 n 分别表示哈希表的容量和表中已填入的结点数，则定义 $\alpha = n/m$ 为哈希表的装填因子(Load Factor)。α 越大，表越满，冲突的机会也越大，通常取 α 小于等于 1。

7.4.2　哈希函数的构造方法

1. 直接定址法

直接定址法通常是取关键字的某个线性函数值为哈希地址。直接定址的哈希函数为：

$$H(key) = a * key + b，其中 a,b 为常数$$

当关键字与散列空间的单元地址存在一一对应关系时，可采用这种方法。这种哈希函数不会产生冲突，但要求地址集合与关键字集合大小相同，因此，对于较大的关键字集合不适用。

2. 除留余数法

除留余数法是取关键字除以 P 的余数作为哈希地址，除留余数法的哈希函数为：

$$H(key) = key \% P$$

除留余数法的优点是计算比较简单，适用范围广，是经常使用的一种哈希函数。该方法的关键是 P 的选取。若取 P 为偶数，则凡是奇数的关键字都散列到奇地址，凡是偶数的关键字都散列到偶地址，这样的函数的均匀性也很差。如果 P 为某素数的倍数，或是含有某个较小的素因子的合数，此时散列的均匀性也较差。理论分析和试验结果表明，若 P 为素数，则哈希函数的均匀性很好。

3. 数字分析法

数字分析法是指对关键字中每一位的取值分布情况做出分析，取关键字中某些取值较均匀的数字位作为哈希地址。这种方法适用于事先知道所有关键字的情况。

有一组关键字如下：

```
2 6 7 5 7 2 4
2 6 9 2 4 8 7
2 6 7 1 5 9 6
2 6 7 6 2 7 0
2 6 9 0 3 0 5
2 6 9 3 0 5 8
2 6 4 8 6 4 1
2 6 4 9 1 1 3
-------------
① ② ③ ④ ⑤ ⑥ ⑦
```

第 1、2 位均是“2 和 6”，第 3 位也只有“4、7、9”，因此，这几位不能用，余下四位分布较均匀，可作为哈希地址选用。若哈希地址是两位，则可取这四位中的任意两位组合成哈希地址，也可以取其中两位与其他两位叠加求和后，取低两位作哈希地址。

4. 平方取中法

平方取中法是指对关键字平方后，按哈希表大小取中间的若干位作为哈希地址的方法。

例如，若哈希表长度为 10 000 位，则可取关键字平方值的其中 4 位，如表 7.2 所示。

表 7.2 平方取中法示例

关键字	关键字的平方	取 5～8 位
200524	40209874576	9874
200502	40201052004	1052
012005	00144120025	4120
022005	00484220025	4220
032005	01024320025	4320

5. 折叠法

折叠法是将关键字自左到右分成位数相等的几部分，最后一部分位数可以短些，然后将这几部分叠加求和，并按哈希表表长，取后几位作为哈希地址的方法。

有两种叠加方法：

(1)移位法——将各部分的最后一位对齐相加。

(2)间界叠加法——从一端向另一端沿各部分分界来回折叠后，最后一位对齐相加。

例 7.4 关键字为 key＝25346358705，设哈希表长为三位数，则可对关键字每三位一部分来分割。

解：关键字分割为如下四组： 253 463 587 05

用上述方法计算哈希地址对于位数很多的关键字，且每一位上符号分布较均匀时，可采用此方法求得哈希地址。

```
   253                 253 ┐
   463              ┌  364 ┘
   587              └  587 ┐
+   05              +   50 ┘
------              ------
  1308                1254
Hash(key)=308       Hash(key)=254
   移位法              间界叠加法
```

7.4.3 处理冲突的方法

散列方法的关键是选取好的哈希函数，尽量避免冲突发生。任何一种哈希函数都不能绝对避免发生冲突，因此我们必须建立一种解决冲突的机制，当发生冲突时，确定一种探测序列，找到关键字应该插入的正确位置。

通常有两类方法处理冲突：开放定址法和拉链法。前者是将所有结点均存放在哈希表 T[0‥n－1]中；后者通常是将互为同义词的结点连成一个单链表，而将此链表的首元素存放在哈希表 T[0‥n－1]中。

1. 开放定址法

用开放定址法解决冲突的做法是：当冲突发生时，使用某种探测技术在哈希表中形成一个探测序列。沿此序列逐个单元地查找，直到找到给定的关键字，或者碰到一个开放的地址（即该地址单元为空）为止（若要插入，在探测到开放的地址，则可将待插入的新结点存入该地址单元）。查找时探测到开放的地址则表明表中无待查的关键字，即查找失败。

用开放定址法建立哈希表时，建表前必须将表中所有单元（更严格地说，是指单元中存储的关键字）置空。当然，空（无效）单元的表示与具体的应用相关。

(1)线性探测法(linear probing)：线性探测法的基本思想是：当发生冲突时，按线性次序向下寻找新的地址，直到找到空位为止。

利用线性探测法造表的过程是：对给定的关键字 key，计算 H(key)，得到散列地址。若该地址空闲，将 key 存于该地址，过程结束。若该地址非空闲，检查关键字是否相等，相等时表示关键字重复；若不等，再检查下一个地址，重复上述过程，直到找到一个空闲地址或关键字重复时为止。

线性探测法的探测序列为：$h_i = (H(key) + i) \% m$，其中 $0 \leqslant i \leqslant m-1$

例 7.5　已知一组关键字为(13,23,28,25,31,2,55,38,19,51)，用除留余数法构造哈希函数，用线性探测法解决冲突构造这组关键字的哈希表。

为了减少冲突，通常令装填因子 $\alpha < 1$。这里关键字个数 $n = 10$，不妨取 $m = 13$，此时 $\alpha \approx 0.77$，哈希表为 T[0..12]，哈希函数为：$h(key) = key \% 13$。

由除留余数法的哈希函数计算出的上述关键字序列的哈希地址为(0,10,2,12,5,2,3,12,6,12)。

前 5 个关键字插入时，其相应的地址均为开放地址，故将它们直接插入 T[0]，T[10]，T[2]，T[12]和 T[5]中。当插入第 6 个关键字 2 时，其哈希地址 2 已被关键字 28(2 和 28 互为同义词)占用。故探查 $h1 = (2+1) \% 13 = 3$，此地址开放，所以将 2 放入 T[3]中。当插入第 7 个关键字 55 时，其哈希地址 3 已被非同义词 2 先占用，故将其插入到 T[4]中。当插入第 8 个关键字 38 时，哈希地址 12 已被同义词 25 占用，故探测 $h1 = (12+1) \% 13 = 0$，而 T[0]亦被 13 占用，再探测 $h2 = (12+2) \% 13 = 1$，此地址开放，可将 38 插入 T[1]中。类似地，第 9 个关键字 19 直接插入 T[6]中；而最后一个关键字 51 插入时，因探测的地址 12,0,1,…,6 均非空，故 51 插入 T[7]中。

构造出来的哈希表如图 7.23 所示。

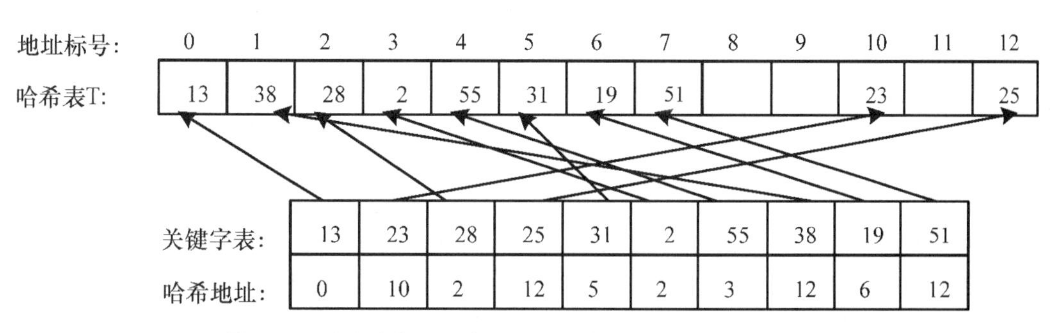

图 7.23　除留余数法配合线性探测技术的哈希表的构造示意图

用线性探测法解决冲突时，当表中 $i, i+1, \cdots, i+k$ 的位置上已有结点时，一个哈希地址为 $i, i+1, \cdots, i+k+1$ 的结点都将插入在位置 $i+k+1$ 上。把这种哈希地址不同的结点争夺同一个后继哈希地址的现象称为聚集或堆积(clustering)。这将造成不是同义词的结点也处在同一个探测序列之中，从而增加了探测序列的长度，即增加了查找时间。若哈希函数不好或装填因子过大，都会使堆积现象加剧。

例 7.5 中的 h(2) = 2,h(55) = 3,即 2 和 55 不是同义词。但由于处理 2 和同义词 28 的冲突时,2 抢先占用了 T[3],这就使得插入 55 时,这两个本来不应该发生冲突的非同义词之间也会发生冲突。

为了减少堆积的发生,不能像线性探测法那样探查一个顺序的地址序列(相当于顺序查找),而应使探查序列跳跃式地散列在整个哈希表中。

(2)二次探测法(quadratic probing):二次探测法的基本思想是:探测地址序列的增量不是 1,而是某个整变元二次函数 h(i)的值,即 h(1),h(2),…,h(M-1)。特别地,我们可以选择 $h(i) = i^2$。因此二次探测法的探测序列的一般形式是:

$$h_i = (H(key) + h(i))\%m,其中\ 0 \leqslant i \leqslant m-1$$

若取 $h(i) = i^2$,那么探测序列为 $d = H(key), d + 1^2, d + 2^2, \cdots$,等。

该方法的缺陷是不易探查到整个哈希空间。但有研究表明,当散列空间长度 m 为 4j+3 的素数时(j 为一个整数),二次探测法能检测到 0~m-1 的所有地址。

2. 拉链法

拉链法是把所有的同义词用单链表链接起来的方法。在这种方法中,哈希表每个单元中存放的不再是记录本身,而是相应同义词单链表的头指针。由于单链表中可插入任意多个结点,所以此时装填因子 α 根据同义词的多少既可以设定为大于 1,也可以设定为小于或等于 1,通常取 α = 1。

例 7.6 关键字序列为{16,74,60,43,54,90,46,31,29,88,77},建立哈希表,哈希函数为 H(key) = key%13,用拉链法处理冲突。

解:建立的哈希表如图 7.24 所示。

7.4.4 散列表的查找

哈希表的查找过程和建表过程相似。假设给定的值为 key,根据建表时设定的哈希函数,计算出哈希地址 hash(key),若表中该地址单元为空,则查找失败;否则将该地址中的结点与给定值 key 比较。若相等则查找成功,否则按建表时设定的处理冲突的方法找下一个地址。如此反复下去,直到某个地址单元为空(查找失败)或者关键字比较相等(查找成功)为止。

哈希表的结构定义如下:

```
#define MaxSize 100       /* 定义最大哈希表长度 */
#define NULLKEY -1        /* 定义空关键字值 */
#define DELKEY  -2        /* 定义被删关键字值 */
typedef int KeyType;      /* 关键字类型 */
```

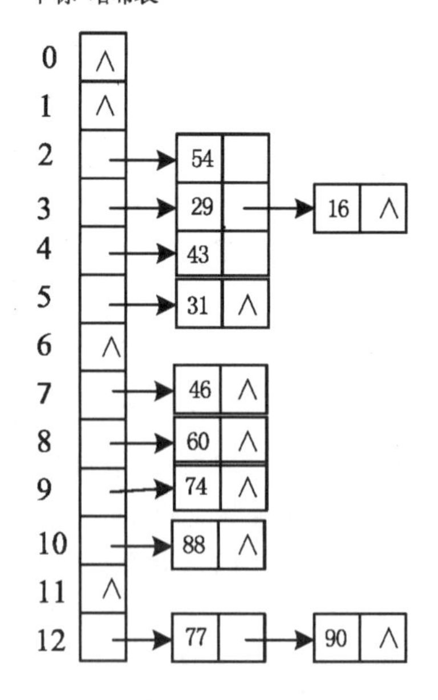

图 7.24 用拉链法处理冲突的哈希表

```
typedef char * InfoType;                  /* 其他数据类型 */
typedef struct
{
    KeyType key;                          /* 关键字域 */
    InfoType data;                        /* 其他数据域 */
    int count;                            /* 探查次数域 */
} HashTable[MaxSize];                     /* 哈希表类型 */
```

【算法7.9】 基于线性探测冲突处理技术的哈希表的查找算法。

```
int SearchHT(HashTable ha,int p,KeyType k)
{   /* 在哈希表中查找关键字 k */
    int i=0,adr;
    adr=k % p;
    while (ha[adr].key!=NULLKEY && ha[adr].key!=k)
    {
        i++;                              /* 采用线性探查法找下一个地址 */
        adr=(adr+1) % p;
    }
    if (ha[adr].key==k)                   /* 查找成功 */
        return adr;
    else                                  /* 查找失败 */
        return -1;
}
```

小　结

本章介绍了几种常用的查找技术,并给出了各种查找技术的C语言算法描述。既有适合于无序表的顺序查找技术;又有适合于有序表的折半查找技术、树型查找技术,还有根据记录的关键字直接进行计算定址的哈希查找技术。各种查找技术都有各自的适用条件,不能笼而统之地说哪种查找技术好,哪种查找技术不好,应该根据具体情况决定使用相应的查找技术。

选择查找算法时,不仅要考虑查找表的存储结构(顺序存储还是链式存储),还要考虑查找表中的各个数据元素逻辑组织方式(有序的还是无序的),同时还要考虑查找表是否在内存等诸多因素。只有这样,才能找到一种适合于应用的查找算法。

顺序查找技术是一种比较低效的查找技术,它需要按顺序逐个地比较查找表的记录,直到找到元素或遇到查找表的结束标志为止。顺序查找对查找表的存储结构没有限制,也不要求查找表有序,因此当查找表较小,并且查找操作不是很频繁时多采用顺序查找。

折半查找技术是一种高效的查找技术,它不仅要求查找表顺序存储,并且要求查找表中的各个元素有序。查找时,总是用待查关键字和有序表的中间元素进行比较,如果相等,则成功退出;否则缩小有序表的搜索范围(原表的一半),继续进行查找,直到找到该记录或搜索的有序表为空表。当查找表为静态表时，采用折半查找比较合适。

二叉查找树和 AVL 树都是基于二叉树的查找技术，它们都比较适合于动态有序表的查找。二叉查找树的树高与关键字的插入顺序直接相关，当插入的关键字本身就是有序时，二叉查找树就退化为一棵树高等于关键字个数的二叉树，因此二叉查找树要求插入的关键字分布均匀。AVL 树克服了二叉查找树的这种退化现象，它能始终保持该查找树的左右子树高度之差不超过 1，因此 AVL 树又称为平衡二叉树，它具有较好的查找效率。向 AVL 树中插入一个关键字时，可能引起 AVL 失去平衡，此时要根据不同的情形（LL 型，LR 型，RL 型和 RR 型）进行相应的调整，基本的调整操作是 LL 和 RR。

B－树和 B＋树是索引顺序存取方法中的两种索引技术，均适合在磁盘等直接存取设备上组织动态的查找表，是一种外查找算法。通过在文件上使用 B＋树索引，可以解决索引查找时性能下降的问题。在 B＋树文件组织中，每个关键字都出现在叶结点中，有的还重复出现在非叶结点中，树叶结点中存储的是记录而不是指向记录的指针；而在 B－树中，每个关键字在 B－树中仅出现一次，从而去除了关键字在存储中的冗余。

哈希查找技术，也称为散列技术或杂凑技术，直接用事先构造好的哈希函数对记录的关键字进行计算，得到记录在存储器中的存储位置。由于很难构造出一一对应的哈希函数，所以冲突现象在哈希表中是不可避免的，因此每种哈希函数都会有相应的冲突处理技术。哈希函数的构造方法有直接定址法、除留余数法、数字分析法、平方取中法等，冲突处理技术有开放定址法、溢出区法和拉链法。哈希表是一种快速的查找表，难在寻找一种具有普适性的哈希函数，需要针对不同的应用寻找不同的哈希函数。

习题 7

7.1 对于两个大小相同的顺序查找表 T1 和 T2，T1 是有序的，T2 是无序的，那么就下面三种情形，比较两表在等概率情况下的平均查找长度。

a）查找不成功。

b）查找成功。假定查找表的关键字是唯一的。

c）查找成功。假定查找表的关键字不唯一，要求一次找出所有满足条件的记录。

7.2 如果插入序列是有序的，那么一个二叉查找树呈现出什么样的性质，为什么会这样？对于 AVL 树，这种情况会不会发生？为什么？

7.3 何谓哈希冲突？何谓冲突处理？

7.4 设计一个算法，输出在顺序表{3,6,2,10,1,8,5,7,4,9}中采用顺序方法查找关键字 5 的过程。

7.5 计一个算法，输出在顺序表{1,2,3,4,5,6,7,8,9,10}中采用二分查找法查找关键字 9 的过程。

7.6 设计一个算法，输出在顺序表{8,14,6,9,10,22,34,18,19,31,40,38,54,66,46,71,78,68,80,85,100,94,88,96,87}中采用分块查找法查找（每块的块长为 5，共有 5 块）关键字 46 的过程。

7.7 设计一个算法实现二叉排序树的基本运算，并在此基础上完成如下功能：

(1)由{4,9,0,1,8,6,3,5,2,7}创建一棵二叉排序 bt 并以括号表示法输出。

(2)判断 bt 是否为一棵二叉排序树。

(3)采用递归和非递归两种方法查找关键字6的节点,并输出其查找路径。

(4)分别删除bt中关键字为4和5的节点,并输出删除后的二叉排序树。

7.8 设计一个算法读入一个字符串,统计该字符串中出现的字符及其次数,然后输出结果。要求用一个二叉树来保存处理结果,字符串中的每个不同的字符用树描述,每个节点包含4个域,格式为:

(1)字符

(2)该字符的出现次数

(3)指向ASCII码小于该字符的左子树指针

(4)指向ASCII码大于该字符的左子树指针

7.9 设计一个算法实现哈希表的相关运算,并在此基础上完成如下功能:

(1)建立{16,74,60,43,54,90,46,31,29,88,77}哈希表A[0..12],哈希函数为:H(k)=key%p,并采用线性探查法解决冲突。

(2)在上述哈希表中查找关键字为29的记录;

(3)上述哈希表中删除关键字为77的记录,再将其插入。

第8章　排序

学习要点

- 掌握各种内部排序方法和外部排序方法的基本思想
- 熟练掌握插入排序、交换排序、选择排序、归并排序和基数排序等内部排序方法的算法实现
- 了解多路归并排序和置换选择排序等外部排序方法

8.1　基本概念和排序方法概述

1.排序的基本概念

排序是数据处理领域的一种常用操作,其功能是将一组数据元素(记录)的任意序列,重新排列成一个按关键字有序的序列。

设 n 个记录的输入序列是 $R_1,R_2,\cdots,R_n$,相应的关键字序列为 $K_1,K_2,\cdots,K_n$,排序操作后的输出序列是 $R_{p1},R_{p2},\cdots,R_{pn}$,其中 $p_1,p_2,\cdots,p_n$ 是 $1,2,\cdots,n$ 的一种排列且相应关键字满足 $K_{p1}\leqslant K_{p2}\leqslant\cdots\leqslant K_{pn}$(或 $K_{p1}\geqslant K_{p2}\geqslant\cdots\geqslant K_{pn}$),称这种操作为递增(递减)排序,也称为升序(降序)排序。

当排序记录的关键字都不相同时,排序的结果是唯一的;如果待排序记录序列中存在有多个关键字相同的记录,则排序的结果不唯一。待排序的表中任何 R_i 和 R_j 两个记录,如果其关键字 $K_i=K_j(1\leqslant i\leqslant n,\ 1\leqslant j\leqslant n,\ i\neq j)$,在排序前的序列中 R_i 领先于 R_j(即 $i<j$),经过排序后得到的序列中 R_i 仍领先于 R_j,即那些具有相同关键字的所有记录,经过排序后它们的次序仍然保持不变,则称所用的排序方法是稳定的;反之,当某两个相同关键字记录的先后关系在排序过程中发生变化。则称所用的排序方法是不稳定的。注意,排序的稳定性是针对所有输入实例而言的,如果存在一个实例使排序不稳定,则该排序就是不稳定的。

2.待排序记录的存储方式

由于待排序的记录数量不同,使得排序过程中涉及的存储器不同,可将排序方法分为两大类:一类是内部排序,指的是待排序记录存放在计算机内存(随机存储器)中进行的排序过程;另一类是外部排序,指的是待排序记录的数量很大,以致内存不能容纳全部记录,在排序过程中尚需对外部存储器(如磁盘、磁鼓等)进行访问的排序过程。

3.内部排序方法的分类

按所用的排序策略不同,内排序可以归纳为插入排序、交换排序、选择排序、归并排序和基

数排序等五类。

内排序是外排序的基础，内排序的归并排序经过简单修改也适合于外排序，所以本书重点讲述内排序，对外排序部分只讲述最常见和重要的多路归并排序及置换选择排序。

4. 排序算法效率的评价指标

内排序的方法很多，很难提出一种最好的排序方法，每种方法都有各自的优缺点，适用于不同的场合。评价一个排序算法好坏的标准主要有：

(1)对 n 个记录的待排序所需比较关键字的次数，比较次数越少越好；

(2)对 n 个记录的待排序所需移动记录的次数，移动次数越少越好；

(3)排序过程中所需要的辅助存储空间的大小，所用的辅助内存越少越好。

5. 待排序记录的数据类型

在本章的讨论中，设待排序的一组记录采用顺序结构存储，便于用记录所在位置表示记录的先后次序关系；记录的关键字均为整型，待排记录的数据类型为：

```
typedef int keyType;              /* 关键字类型为整型 */
typedef struct RecordType {
keyType key;                      /* 关键字项 */
InfoType otherdata;               /* 其他数据项 */
} RecordType;                     /* 记录类型 */
```

8.2 插入排序

插入排序(Insertion Sort)的基本思想是：每次把待排序中的一个记录按关键字大小插入到已排好序的子表的适当位置，使这个有序表的记录数增1并仍然保持升序，重复这样的操作直到全部记录都插入有序表中为止。根据不同的插入方法，插入排序简单地分为直接插入排序、折半插入排序和希尔排序三种。

8.2.1 直接插入排序

直接插入排序是一种最简单的排序方法，整个排序过程为：先将第一个记录看作只有一个记录的有序子表，然后从第二个记录开始，依次将待排序的记录 R_i $(1<i\leqslant n)$插入到前面的有序子表中，直到全部记录排序完毕。在排序过程中，前面的记录序列是已经排好序的，而后面的记录序列为待排序处理。

例 8.1 设有待排序记录的关键字序列(43,21,89,15,43,28)，存储在从下标 1 起始的数组 r 中，如图 8.1 的第一行所示，关键字为 43 的记录有两个，为了加以区别，后一个记录的关键字 43 带了下划线。r[0]作为一个临时变量，用于存储要插入的记录。每次插入都是从后面待排序记录中取出第一个，先放入 r[0]中暂存，然后从有序表后端向前进行比较，如果关键字大于要插入记录的关键字就向后移动一位，直到找到一个不大于该关键字的记录，其后的空位为插入的位置。因为 r[0]存储了要插入的记录，比较时肯定不能超过该位置，所以 r[0]也称为监视哨。图 8.1 中用方括号表示有序区域，圆括号为监视哨，没有在括号内的为待排序记录的关键字序列，i 为要插入的记录在线性表中的下标，具体实现过程如算法 8.1 所示。

	r[0]	r[1]	r[2]	r[3]	r[4]	r[5]	r[6]
初始关键字	( )	[43]	21	89	15	43	28
i=2	(21)	[21	43]	89	15	43	28
i=3	(89)	[21	43	89]	15	43	28
i=4	(15)	[15	21	43	89]	43	28
i=5	(43)	[15	21	43	43	89]	28
i=6	(28)	[15	21	28	43	43	89]
	↑—— 监视哨						

图 8.1　直接插入排序

直接插入排序算法 8.1 void DirectInsertSort(RecordType r[], int n):

将存储数组中 n－1 个待排序记录,进行直接插入排序;待排序记录的起始位置为 1,数组的第 0 个元素不存数据。

【算法 8.1】

```
void DirectInsertSort(RecordType r[], int n)
{/* 含 n-1 个记录的数组 r,运行后数组元素按关键字从小到大有序 */
  int i, j;
  for (i=2; i<n; i++)                    /* 执行了 n-2 次 */
    if (r[i].key < r[i-1].key)
    {
      r[0]=r[i];
      j=i-1;                             /* 将待插入记录存放到监视哨中 */
      while (r[0].key < r[j].key)        /* 寻找插入位置 */
      {
        r[j+1]=r[j];
        j=j-1;                           /* 记录后移 */
      }
      r[j+1]=r[0];                       /* 将待插入记录插入到正确位置 */
    }
}
```

直接插入排序的算法简洁,容易实现,它也是讨论下述各种排序方法的一个基础。

从空间分析来看,它只需要一个记录的辅助空间,空间复杂度为 O(1)。

从时间分析来看,外循环 for 执行了 n－2 次,每次循环的基本操作为:比较两个关键字的大小和移动记录。算法 8.1 中内循环 while 的执行次数取决于待插记录的关键字与前 i－1 个记录的关键字之间的关系。若 r[i].key≥ r[i－1].key,则只在 if 语句进行一次关键字间的比较,而不移动记录;反之,则内循环中,待插记录的关键字需与有序子序列 r[1‥ i－1]中 i－1 个记录的关键字和监视哨中的关键字进行比较,并将 r[1‥ i－1]中大于 r[0]关键字的 i－1 个记录逐步向后移一个位置。则在整个排序过程,进行 n－1 趟插入排序(此处 n 为记录的个数)

中，当待排序列中记录按关键字非递减有序排列（正序）时，所需进行关键字间比较的次数达最小值 n－1（即 $\sum_{i=2}^{n} 1$），记录不需移动；反之，当待排序中记录按关键字非递增有序排列（逆序）时，总的比较次数达最大值（n＋2）（n－1）/2（即 $\sum_{i=2}^{n} i$），记录移动的次数也达最大值（n＋4）（n－1）/2（即 $\sum_{i=2}^{n}(i+1)$）。若待排序记录是随机的，即待排序列中的记录可能出现的各种排列的概率相同，则可取上述最小值和最大值的平均值，作为直接插入排序时所需进行关键字间的比较次数和移动记录的次数，约为 $n^2/4$，所以，直接插入排序的时间复杂度为 $O(n^2)$。由算法分析得知，当原始记录的序列越接近有序时，该算法的执行效率就越高。

在算法 8.1 中，由于待插入元素的比较是从后向前进行的，当遇到关键字小于等于要插入记录的关键字就停止操作，从而保证了后面出现的关键字不可能插入到与前面相同的关键字之前。所以，直接插入排序算法是稳定的。

8.2.2 折半插入排序

直接插入排序的基本操作是向有序表中插入一个记录，插入位置的确定通过对有序表中记录按关键码逐个比较得到的，平均情况下总比较次数约为 $n^2/4$。既然是在有序表中确定插入位置，可以不断地用二分有序表来确定插入位置。即一次比较，通过待插入记录与有序表居中的记录按关键码比较，将有序表一分为二，下次比较在其中一个有序子表中进行，将子表又一分为二。这样继续下去，直到要比较的子表中只有一个记录时，比较一次便确定了插入位置，这样的插入排序称为折半插入排序或者二分插入排序。

二分判定待插入 r[i]记录在有序表 r[1‥i－1]中插入位置算法描述：

（1）low＝1；high＝i－1；r[0]＝r[i]；有序表长度为 i－1，第 i 个记录为待插入记录，设置有序表区间，待插入记录送辅助单元 r[0]；

（2）若 low＞high，得到插入位置，转（5）；

（3）low≤high，mid＝（low＋high）/2；取表的中点，把顺序表一分为二，确定待插入区间。

（4）若 r[0].key＜r[mid].key，high＝mid－1；否则，low＝mid＋1；转（2）；如果插入位置在低半区，则设置 high 为中点位置，如果插入位置在高半区，则设置 low 为中点位置。

（5）high＋1 即为待插入位置，从 i－1 到 high＋1 的记录，逐个后移；r[high＋1]＝r[0]；放置待插入记录。

折半插入排序算法 8.2 void BiInsertSort（RecordType r[]，int n）：

将存储数组中 n－1 个待排序记录，进行折半插入排序；待排序记录的起始位置为 1。

【算法 8.2】

```
void BiInsertSort(RecordType r[], int n)
{  /* n-1 个记录的数组 r，运行后数组元素按关键字从小到大有序 */
  int i, j, low, high, mid;
  for(i=2;i<n;i++)
  {
    r[0]=r[i];                /* 保存待插入元素 */
```

```
    low = 1;high = i - 1;          /* 设置初始区间 */
    while(low< = high)             /* 该循环语句完成确定插入位置 */
    {
      mid = (low + high)/2;
      if(r[0].key>r[mid].key)
        low = mid + 1;             /* 插入位置在高半区中 */
      else
        high = mid - 1;            /* 插入位置在低半区中 */
    }
    for(j = i - 1;j> = high + 1;j- - )    /* high + 1 为插入位置 */
      r[j + 1] = r[j];             /*后移元素,留出插入空位 */
    r[high + 1] = r[0];            /* 将元素插入 */
  }
}
```

从算法 8.2 中可以看出,折半插入排序的空间复杂度与直接插入排序相同,都是 O(1)。从时间上看,确定插入位置所进行的折半查找,关键码的比较次数至多为$\lfloor \log_2 i \rfloor$次,则总的比较次数为 $n\log_2 n$,移动记录的次数和直接插入排序相同,所以折半插入排序算法的时间复杂度仍为 $O(n^2)$。当 n 较大且关键字分布比较随机时,该算法总的比较次数比直接插入排序情况好得多;如果 n 个记录基本有序或已排好顺序,则直接插入排序要比折半插入排序的比较次数要少。折半插入排序仍然是一个稳定的排序方法。

8.2.3 希尔排序

希尔(Shell)排序又称缩小增量排序(diminishing increment sort),也是一种插入排序方法,它是在 1959 年由 D.L.Shell 提出来的,较前述 2 种插入排序方法有较大的改进。

直接插入排序算法简单,在 n 值较小时,效率比较高;在 n 值很大时,如果待排序记录是按关键码基本有序,效率依然较高,其时间效率可提高到 O(n)。希尔排序即是从这两点出发,设计的一个新型插入排序方法,其基本思想是:先取定一个小于 n 的整数 d_1 作为第一个步长(或增量),把顺序表的全部记录分成 d_1 个组(或子表),所有距离为 d_1 的记录都放在同一个组中,在各组内进行直接插入排序;然后,取第二个步长 d_2($d_2 < d_1$,很多情况取 $d_2 = \lceil d_1/2 \rceil$),重复上述的分组和排序,直至所取的步长 $d_t = 1$($d_t < d_{t-1} < \cdots < d_2 < d_1$),即所有记录放在同一组中进行直接插入排序为止。等到排序的后期,d_t 取值逐渐变小,组中记录个数逐渐变多,但由于前面的工作基础,大多数记录已基本有序,所以排序速度仍然很快。

例 8.2 设 14 个记录待排序列的关键字为(39,80,76,41,13,29,50,78,30,11,100,7,<u>41</u>,86)。步长分别取 5、3、1,则排序过程如下:

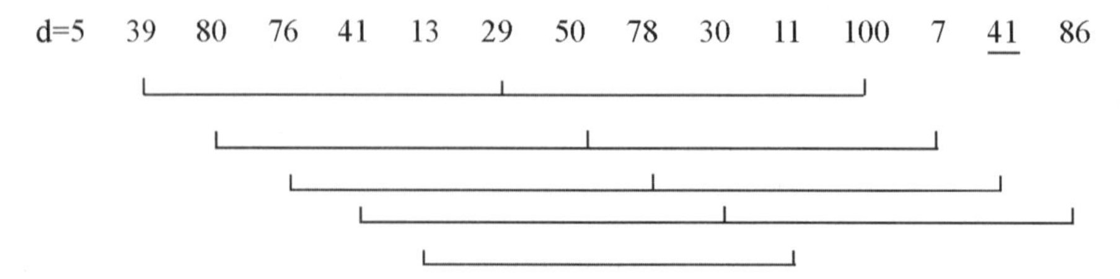

子序列分别为{39,29,100},{80,50,7},{76,78,41},{41,30,86},{13,11}。

第一趟排序结果为(29,7,41,30,11,39,50,76,41,13,100,80,78,86)。

d=3　29　7　41　30　11　39　50　76　41　13　100　80　78　86

子序列分别为{29,30,50,13,78},{7,11,76,100,86},{41,39,41,80}。

第二趟排序结果为(13,7,39,29,11,41,30,76,41,50,86,80,78,100)。

d=1　13　7　39　29　11　41　30　76　41　50　86　80　78　100

此时,序列基本"有序",对其进行直接插入排序,得到最终结果:

7　11　13　29　30　39　41　41　50　76　78　80　86　100

(1)一趟增量排序 8.3 void ShellInsert(RecordType r[], int n, int dk)

待排序 n－1 个记录存储在 r[1],…,r[n－1]中,对它们进行一趟增量为 dk 的插入排序。

【算法 8.3】

```
void ShellInsert(RecordType r[], int n, int dk)
{
  int i, j;int k;
  for(k = 1;k< = dk;k + + )
  for(i = dk + 1;i<n;i = i + dk)
    if(r[i].key < r[i - dk].key)          /* 小于时,需 r[i]将插入有序表 */
    {
      r[0] = r[i];                        /* 为统一算法设置监测 */
      for(j = i - dk;j>0&&r[0].key < r[j].key;j = j - dk)
        r[j + dk] = r[j];                 /* 记录后移 */
      r[j + dk] = r[0];                   /* 插入到正确位置 */
    }
}
```

(2)希尔排序 8.4 ShellSort(RecordType r[], int n,int dlta[],int t)

t 个增量存储数组 dlta[0,1…,t－1]中,对 n－1 个记录存储 r[1],…,r[n－1]作希尔排序。

【算法 8.4】

```
void ShellSort(RecordType r[], int n,int dlta[],int t)
{
    for(k = 0;k<t;k + + )
        ShellInsert (r, n, dlta[k]); /* 一趟增量为 dlta[k]的插入排序 */
}
```

希尔排序时效分析很难,关键码的比较次数与记录移动次数依赖于步长序列的选取,特定情况下可以准确估算出关键码的比较次数和记录的移动次数。目前为止还没有人给出选取最好的步长序列的方法。步长序列可以有各种取法,有取奇数的,也有取质数的,但需要注意:所有步长中除了 1 外没有公因子,且最后一个步长因子必须为 1。

一般认为希尔排序的平均时间复杂度约为 $O(n^{1.3})$,希尔排序的速度通常要比直接插入排序要快。希尔排序需要一个临时变量和一个增量序列,但是它们与问题规模 n 无关,所以其空间复杂度为 O(1)。从例 8.2 可以看出,希尔排序方法是一个不稳定的排序方法。

8.3 交换排序

交换排序(Switching Sort)的基本思想是:两两比较待排序记录的关键字,若为逆序则相互交换位置,否则保持原来的位置不变,进行这样的操作直到没有逆序的记录为止。交换排序有冒泡排序和快速排序两种。

8.3.1 冒泡排序

冒泡排序(bubble sort)是一种非常简单的排序方法。设待排序记录为($R_1, R_2, \cdots, R_n$),对应的关键字为($K_1, K_2, \cdots, K_n$)。冒泡排序的基本思想是:从 K_1 开始,依次比较两个相邻的关键字 K_i 和 K_{i+1}($i=1,2,\cdots,n-1$) 。若 $K_i > K_{i+1}$,则交换相应记录 R_i 和 R_{i+1} 的位置;否则,不进行交换。经过这样一遍处理后,使关键字最大的记录如冒泡一样逐步"漂浮"至"水面",关键字最大的记录移到了第 n 个位置上。然后,对前面的 n-1 个记录进行第 2 遍排序,重复上述处理过程。第 2 遍之后,前 n-1 个记录中关键字最大的记录移到了第 n-1 个位置上。继续进行下去,直到经过 n-1 遍为止完成升序排序操作。

泡排序算法 8.5 void BubbleSort (RecordType r[], int n)

将 n-1 个记录存储在数组 r[n]进行冒泡排序,其中 r[0]为暂存单元使用。

【算法 8.5】

```
void BubbleSort (RecordType r[], int n)
{/ * 输入含 n-1 个记录的数组 r,运行后数组元素按关键字从小到大有序 * /
  int i, j;
  for (i=1; i<n-1; ++i)                    / * 执行 n-2 遍 * /
  {
  for (j=1; j<n-i; ++j)
    if (r[j].key> r[j+1].key)              / * 如果逆序则交换记录 * /
    {
      r[0]=r[j];                 / * r[0]为暂存单元 * /
      r[j]=r[j+1];
      r[j+1]=r[0];
    }
  }
}
```

例 8.3 给出一组 8 个记录的关键字序列为(28,6,72,85,39,41,13,20),排序后得到(6,13,20,28,39,41,72,85),其冒泡排序过程如图 8.2 所示。

在图 8.2 的第 5 遍排序之后,已经是升序了,所以第六遍没有再进行交换了,排序程序应该停止,即冒泡排序的过程应该进行到不需要再交换记录为止,而不是严格的 n-1 遍比较和

初始关键字	28	6	72	85	39	41	13	20
第1遍排序后	6	28	72	39	41	13	20	[85]
第2遍排序后	6	28	39	41	13	20	[72	85]
第3遍排序后	6	28	39	13	20	[41	72	85]
第4遍排序后	6	28	13	20	[39	41	72	85]
第5遍排序后	6	13	20	[28	39	41	72	85]
第6遍排序后	6	13	[20	28	39	41	72	85]
第7遍排序后	6	[13	20	28	39	41	72	85]
冒泡排序后	[6	13	20	28	39	41	72	85]

图 8.2　冒泡排序过程

交换。

改进冒泡排序算法 8.6 void BubbleSort1(RecordType r[], int n)

定义 change 变量来表示内循环中是否发生了交换,如果没有交换,表面排序已经完成,应结束冒泡排序。

【算法 8.6】

```
void BubbleSort1(RecordType r[], int n)
{
  int i,j,change;
  change = 1;                                 /* 置交换标志 */
  for (i = 1;i<n - 1 && change;   + + i) /* 最多做 n - 2 遍 */
  {
      change  =  0;                           /* 清除交换标志 */
      for (j = 1;j<n - I; + + j)
         if (r[j].key> r[j + 1].key)    /* 如果逆序则交换记录 */
         {
           r[0] = r[j];                       /*  r[0]为暂存单元  */
           r[j] = r[j + 1];
           r[j + 1]  = r[0];
           change = 1;                        /*  本次冒泡发生了交换  */
         }
   }
}
```

在执行冒泡排序前,如果待排序顺序表的记录关键字是升序,则只需一次冒泡过程即可,此时比较和移动次数均为最少,比较次数为 n - 1 次,移动次数为 0 次,所以冒泡排序的最好的时间复杂度为 O(n)。如果待排序顺序表中的记录关键字是逆序的,则需进行 n - 1 次排序,每趟排序要进行 n - i - 1 次关键字的比较(0≤i<n - 1),此时比较次数和移动次数均达到最大,

比较次数为：

$$\sum_{i=2}^{n}(i-1)=\frac{n(n-1)}{2}$$

每次比较后要进行交换，每次交换需要三次移动，移动次数为：

$$3\sum_{i=2}^{n}(i-1)=\frac{3n(n-1)}{2}$$

冒泡排序的最坏时间复杂度为 $O(n^2)$。平均情况分析就比较复杂了，因为算法可能在某次排序后没有交换就终止了，可证明平均的排序趟数 k 仍是 O(n)阶，从而总的比较次数仍是 $O(n^2)$，平均的时间复杂度为 $O(n^2)$。虽然冒泡排序不一定要进行 n－1 趟排序，但是每次交换都需要三次的移动，移动记录的次数比较多，从而平均时间性能比直接插入排序要差。

冒泡排序中只需要 i、j、change 和 r[0]等四个辅助变量，与问题规模 n 无关，所以其空间复杂度为 O(1)。

从算法 8.5 和 8.6 中可以看出，相同的关键字的记录是不需要发生交换的，所以冒泡排序是一种稳定的排序算法。

8.3.2 快速排序

快速排序(quick sort)又称划分排序，它是对冒泡排序的一种改进，它是目前所有排序算法中速度最快的一种，这也是它名字的由来。快速排序的基本思想是，通过一趟排序将待排记录分割成独立的两部分，其中一部分记录的关键字均比另一部分记录的关键字小。之后对所有的两部分分别重复上面的过程，直到每个部分内只有一个记录或空为止，从而以达到整个序列有序。

假设待排序列为{R[s], R[s+1],… ,R[t]}，首先选取第 1 个记录 R[s]作为基准(或枢轴，或支点)(pivot)，将所有关键字比它小的记录都放置在它的位置之前，将所有关键字较大的记录都放置在它的位置之后。当该"基准"记录最后所落的位置 i 时，可以作分界线将序列{R[s], …, R[t]}分割成两个子序列{R[s],R[s+1],…,R[i-1]}和{ R[i+1], R[i+2],…,R[t]}。这个过程称作一趟快速排序(或一次划分)。如图 8.3 所示。

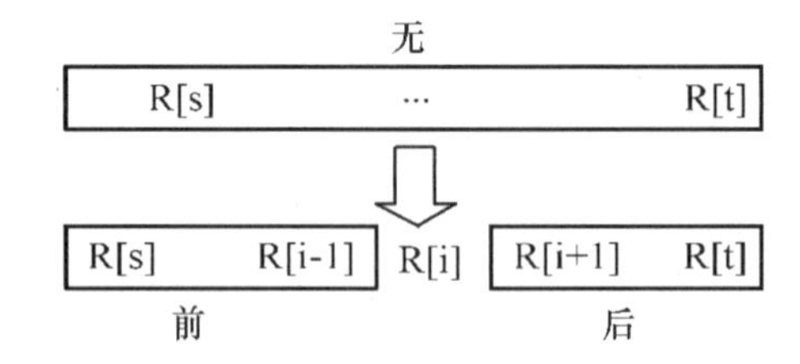

图 8.3 快速排序的一趟排序过程

一趟快速排序的具体做法是采用从表首尾两头向中间扫描，同时交互与基准记录逆序的记录，设两个顺序表位置指示器 low 和 high，它们的初值分别指向无序区的第一个记录和最后一个记录，首先把第一个记录为枢轴保存在 tmp 变量中，其关键字为 pivotkey。首先从 high 所指位置起向前搜索，找到第 1 个关键字小于 pivotkey 的记录和 low 位置互相交换，low 向后移动一位；然后从 low 所指位置起向后搜索，找到第 1 个关键字大于 pivotkey 的记录和

high 位置互相交换，high 向前移动一位。这样重复这两步直至 low = high 为止。

例 8.4　给出一组关键字(23,13,49,6,31,19,28)，排序后得到(6,13,19,23,28,31,49)，其快速排序第一趟排序过程如图 8.4 所示(其中圆括号为临时变量 tmp)，整个快排过程如图 8.5 所示，其中黑体并加框的关键字为比较的基准，一次划分后基准落在中间，前后为待排序的序列，用方括号包括，黑体加框的为当前划分的内容。

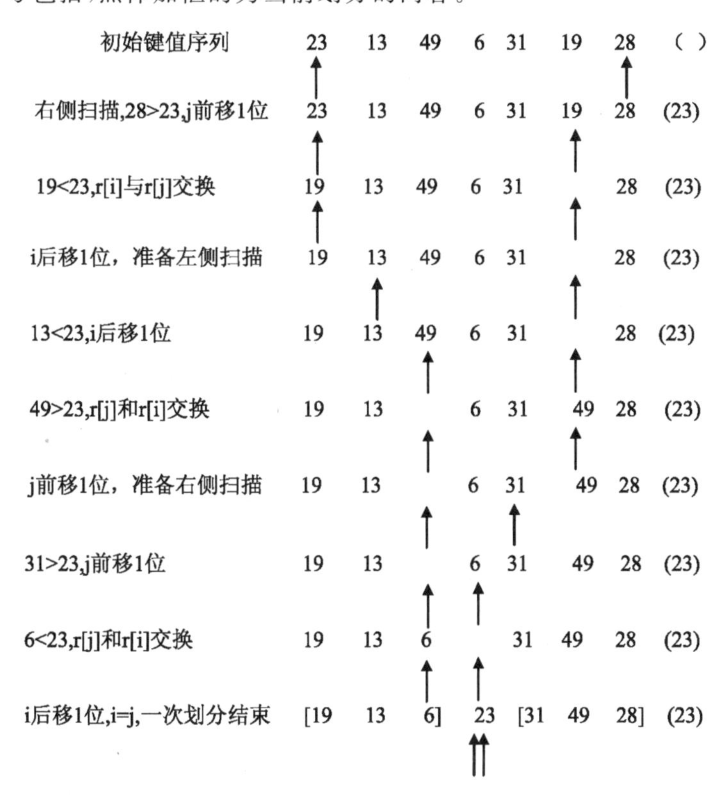

图 8.4　一趟快排过程

初始键值序列	23	13	49	6	31	19	28
第一次划分之后	[19	13	6]	**23**	[31	49	28]
前半区划分之后	[6	13]	**19**	23	[31	49	28]
前半区再划分之后	**6**	[13]	19	23	[31	49	28]
前半区划分结束	6	**13**	19	23	[31	49	28]
后半区划分之后	6	13	19	23	[28]	**31**	[49]
后半区再划分之后	6	13	19	23	**28**	31	[49]
后半区划分结束	6	13	19	23	28	31	**49**
快速排序结果	6	13	19	23	28	31	49

图 8.5　快速排序的过程示例

一趟快速排序算法 8.7 int QKPass(RecordType r[ ], int low, int high)

对记录数组 r 中的 r[low]至 r[high]部分无序区进行一趟排序,并返回支点的位置,使得排序后的结果满足其之后(前)的记录的关键字均不小于(大于)基准记录。

【算法 8.7】

```
int QKPass(RecordType r[ ], int low, int high)
{
  RecordType tmp;
  tmp = r[low];                      /* 选择基准记录 */
  while (low<high)
    {
      /* 从 high 前扫描找小于 tmp 支点关键字的记录 */
      while(low<high&&r[high].key>= tmp.key)
        high--;
      if (low<high)        /* 找到小于 tmp.key 的记录,则放置到低半区 */
        {
          r[low] = r[high];
          low++;
        }
      /* 从 low 向后扫描找大于 tmp.key 的记录 */
      while (low<high&&r[low]. key< tmp.key)
        low++;
      if (low<high)        /* 找到大于 tmp.key 的记录,则放置到高半区 */
        {
          r[high] = r[low];
          high--;
        }
    }
    r[low]= tmp;           /* 将支点保存到 low = high 的位置 */
    return low;            /* 返回支点的位置 */
}
```

快速算法 8.8 void QKSort (RecordType r[ ], int low, int high)

对顺序表 r[low・・high]的记录用快速排序算法进行排序。

【算法 8.8】

```
void QKSort (RecordType r[ ], int low, int high)
{
  int pos;
  if (low<high)
    {
      pos = QKPass (r, low, high);
```

```
        QKSort (r, low, pos-1);
        QKSort (r, pos+1, high);
    }
}
```

分析快速排序的时间耗费，共需进行多少趟排序，取决于递归调用深度。

(1)快速排序的最好情况是每趟将序列一分两半，支点正好在表中间，将表分成两个大小相等的子表，总的比较次数 $C(n) \leqslant n + 2C(n/2) \leqslant 2n + 4C(n/4) \leqslant \cdots \leqslant kn + nC(1)$，其中 k 为分解的次数。若 n 为 2 的整数次幂且每次分解都是等长的，则分解过程可以用一棵满二叉树描述，分解次数为二叉树的深度，即 $k = \lceil \log_2 n \rceil$，所以 $C(n) = O(n\log_2 n)$。如果待排序中记录关键字分布比较随机，则平均时间复杂度也是 $O(n\log_2 n)$。

(2)快速排序的最坏情况是已经为降序，第一趟经过 n-1 次比较，第 1 个记录定在原位置，左部子表为空表，右部子表为 n-1 个记录。第二趟 n-1 个记录经过 n-2 次比较，第 2 个记录定在原位置，左部子表为空表，右部子表为 n-2 个记录，依此类推，共需进行 n-1 趟排序，其比较次数为：

$$\sum_{i=1}^{n-1}(n-i) = (n-1) + (n-2) + \cdots + 1 = \frac{n(n-1)}{2} \approx \frac{n^2}{2}$$

$$T(n) = O(n^2)$$

快速排序所需时间的平均值为 $O(n\log_2 n)$，这是目前内部排序方法中所能达到的最好平均时间复杂度。但是若初始记录序列按关键字有序或基本有序时，并且选择的基准又是关键字最大或最小，这时快速排序就蜕变为冒泡排序，其时间复杂度为 $O(n^2)$。为改进之，可采用其他方法选取基准元素，以弥补缺陷。如果采用三者值取中的方法来选取，对于{46,94,80}来说，则取 80，即

$$k_i = mid(r[low].key,\ r[\lfloor (low+high)/2 \rfloor].key,\ r[high].key)$$

或者取表中间位置的值作为枢轴的值，如{46,94,80}中取位置序号为 2 的记录 94 为枢轴。

在算法实现中，虽然只用了 tmp 一个临时变量，但是 QKSort 的递归也是需要辅助内存空间的，把递归算法修改为非递归，则需要一个长度最大为 n 的栈来完成，平均的长度 $\log_2 n$，所以快速排序的空间复杂度为 $O(\log_2 n)$。

快速排序是不稳定的排序。

8.4　选择排序

选择排序(Selection Sort)的基本思想是每一趟从待排序列中选取一个关键码最小的记录，也即第一趟从 n 个记录中选取关键码最小的记录，形成一个元素有序表；第二趟从剩下的 n-1 个记录中选取关键码最小的记录，放在有序表的后面，这样操作直到整个待排序记录选完。这样，由选取记录的顺序，便得到按关键码有序的序列。本节的选择排序分为简单选择排序、树型选择排序和堆排序三种。

8.4.1 简单选择排序

简单选择排序是一种常用的简单排序，其操作方法：第一趟，从 n 个记录中找出关键码最小的记录与第一个记录交换；第二趟，从第二个记录开始的 n－1 个记录中再选出关键码最小的记录与第二个记录交换；如此，第 i 趟，则从第 i 个记录开始的 n－i＋1 个记录中选出关键码最小的记录与第 i 个记录交换，如图 8.6 所示。每趟排序均使有序区中增加了一个记录，且有序区中的记录关键字均不大于无序区中记录的关键字，重复这样的过程 n－1 次，直到整个序列按关键码升序排列。

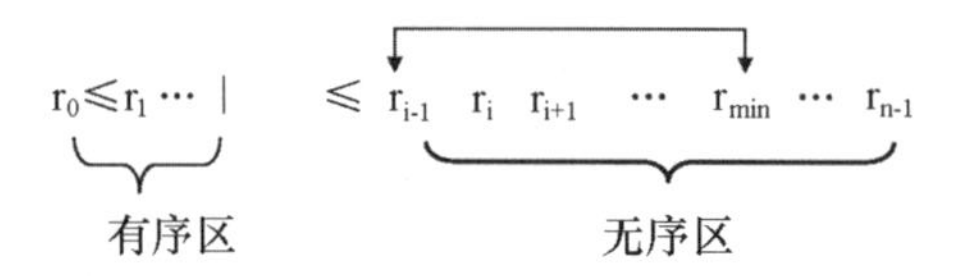

图 8.6 直接选择排序的基本思想图解

例 8.5 给出一组关键字（49，27，65，97，76，13，38），排序后得到（13，27，38，49，65，76，97），其直接选择排序过程如图 8.7 所示。

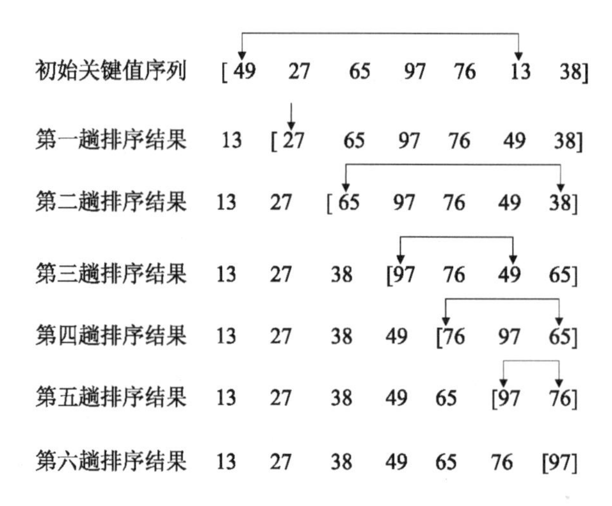

图 8.7 直接选择排序的过程示例

直接选择排序算法 8.9：

【算法 8.9】

```
void SelectSort(RecordType r[], int n)
{  /*n个数值存放在r[0··n-1]中进行直接选择排序*/
int i, j, t;
   RecordType tmp;
   for(i=0;i<n-1;i++)             /* 作n-1趟选取 */
   {
       t=i;                       /* t中存放关键码最小记录的下标 */
   for(j=i+1;j<n;j++)             /* n-1-i个记录中选关键码最小的记录 */
```

```
        if(r[t].key>r[j].key)
            t=j;
    if (t! =i)
    {
      tmp = r[t];
      r[t] = r[i];
      r[i] = tmp;
  }
    }
  }
```

从程序中可看出，无论初始的状态如何，在第i趟排序中选出最小关键字的记录，其内层循环中比较的次数为 $n-i-1$，从而总的比较次数 $C(n)=(n-1)+(n-2)+\cdots+1=n(n-1)/2$。移动次数与初始记录的有关，当初始顺序表为升序时，移动的次数为0；当初始顺序表为降序时，每趟排序均要执行交换操作，所以总的移动次数为 $3(n-1)$，所以冒泡选择排序的时间复杂度为 $O(n^2)$。

冒泡排序中只需要i、j、t和tmp 4个辅助变量，与问题规模n无关，所以其空间复杂度为 $O(1)$。

直接选择排序算法是一个不稳定的排序算法。

8.4.2 树形选择排序

树型选择排序(tree selection sort)又称锦标赛排序(Tournament Sort)，是一种按照锦标赛的思想进行选择排序。初始时将n个参赛的选手看成完全二叉树的叶结点，则该完全二叉树共有 $2n-2$ 或 $2n-1$ 个结点。首先，两两进行比赛(在树中是兄弟的进行，否则轮空，直接进入下一轮)，值小胜出的兄弟间再两两进行比较，直到产生第一名，输出第一名；接下来，把第一名所在的叶子结点设置为最小的关键字值，并从该叶子结点开始，沿该结点到根路径上，依次进行各分支结点子女间的比较，胜出的就是第二名。因为和他比赛的均是刚刚输给第一名的选手。如此，继续进行下去，直到所有选手的名次排定。

例8.6 给出一组关键字(47，13，80，91，67，51，62，29，72，46，31，47，25，83，79，69)，作为16名选手进行淘汰模式的锦标赛，选出冠军的过程如图8.8所示。

图8.8中，从叶结点开始的兄弟间两两比赛，胜者上升到父结点；胜者兄弟间再两两比赛，直到根结点，产生第一名91。比较次数为 $2^3+2^2+2^1+2^0=2^4-1=15$。91为无序区中的最大值选出，并在91的叶子用取值范围的最小值替代，并从该最小值到根的路径上进行与兄弟的比较，胜者上升到父节点，这样产生了第二名83，其过程如图8.9所示。

图8.9中比较次数为4，即 $\log_2 n$ 次。其后各结点的名次均是这样产生的，所以，对于n个参赛选手来说，即对n个记录进行树形选择排序，总的关键码比较次数为 $(n-1)+(n-1)\log_2 n$，故时间复杂度为 $O(n\log_2 n)$。该方法占用辅助空间较多，除需输出排序结果的n个单元外，尚需 $n-1$ 个辅助单元。为了弥补这种缺陷，维洛姆斯(J. Willions)在1964年提出一种新的选择排序——堆排序。

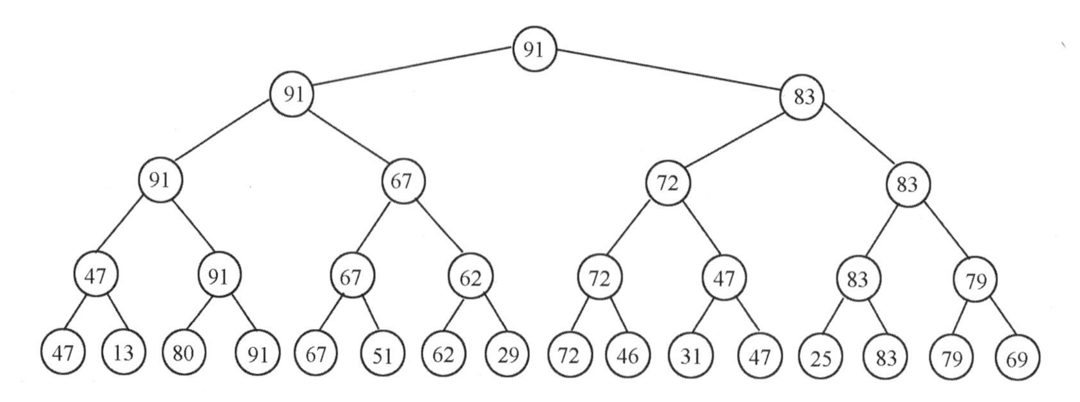

图 8.8　16 名选手的第一趟比赛冠军 91

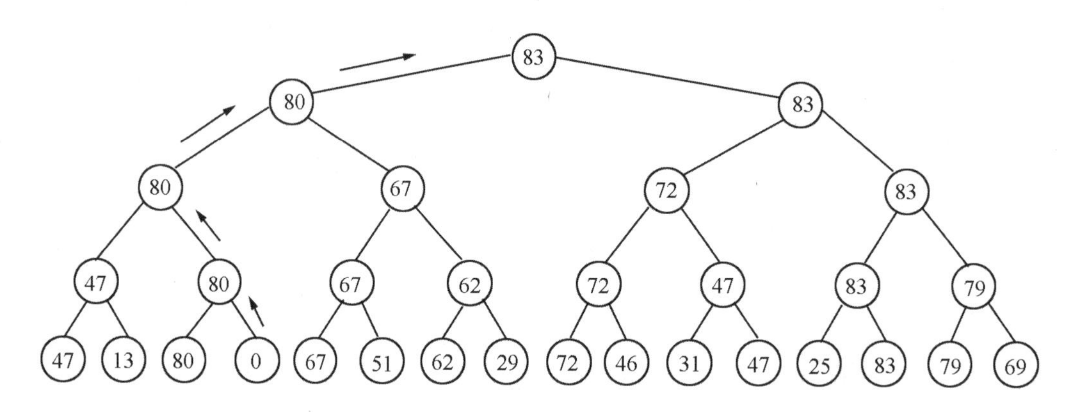

图 8.9　叶子 91 设为 0 后完全二叉树的调整选择冠军 83

8.4.3　堆排序

堆排序是一种树形选择排序的变形，它把待排序的记录顺序表看成一棵完全二叉树的顺序存储结构，它利用了完全二叉树中双亲结点和孩子结点之间的内在关系，从当前无序区中选择关键字最大的记录。

堆的定义是：设有 n 个待排序记录的关键字顺序表$(k_1, k_2, \cdots, k_n)$，对应一个完全二叉树时，所有的内部结点都不大于(不小于)其左右孩子的值：

(1) $\begin{cases} K_i \leqslant K_{2i} \\ K_i \leqslant K_{2i+1} \end{cases} \quad (i=1,2,\cdots,\lfloor n/2 \rfloor)$

(2) $\begin{cases} K_i \geqslant K_{2i} \\ K_i \geqslant K_{2i+1} \end{cases} \quad (i=1,2,\cdots,\lfloor n/2 \rfloor)$

满足第一个情况的堆称之为小根堆(所有树及其子树根的关键字最小)，满足第二个情况的堆称之为大根堆(所有树及其子树根的关键字最大)。

例如 8 个记录关键字的顺序表(91,47,85,24,36,53,30,16)，其对应的完全二叉树为图 8.10 所示。可以看出任何一个分支结点的值都是不小于其左右孩子的值，所以这是一个大根堆。

例如 8 个记录关键字的顺序表(12,36,24,85,47,30,53,91)，其对应的完全二叉树为图

8.11 所示。可以看出任何一个分支结点的值都是不大于其左右孩子的值，所以这是一个小根堆。

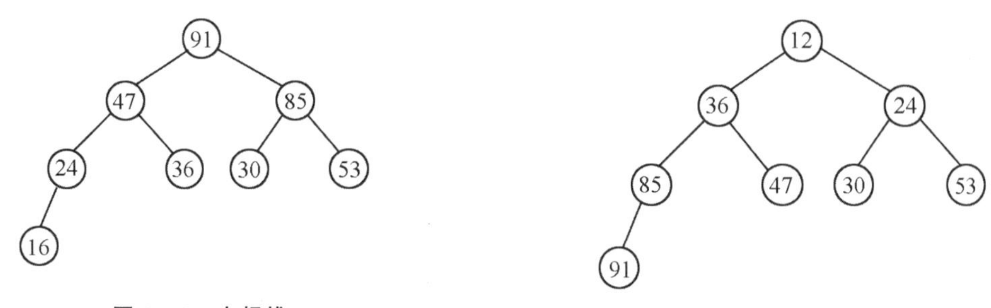

图 8.10　大根堆　　**图 8.11　小根堆**

设有 n 个元素，将其按关键码排序。首先将这 n 个记录按关键码建成小(大)根堆，将堆顶元素输出，得到 n 个元素中关键码最小(或最大)的元素。然后，再对剩下的 n－1 个元素再建成堆，再输出堆顶元素，得到 n 个元素中关键码次小(或次大)的元素。如此反复，便得到一个按关键码有序的序列，称这个过程为堆排序。

因此，实现堆排序需解决两个问题：

(1)如何将 n 个待排序记录按关键码建成堆；

(2)输出堆顶记录后，怎样调整剩余 n－1 个记录，使其按关键码成为一个新堆。

首先，讨论第二个问题的解决方法。即输出堆顶记录后，对剩余元素重新建成堆的调整过程。其调整方法：设有 m 个记录的大根堆，输出堆顶记录后，剩下 m－1 个元素；然后将堆底记录送入堆顶，堆将被破坏，其原因仅是根结点不满足堆的性质。将根结点与左、右孩子中较大者进行比较，如果根小于最大者则进行交换。若与左孩子交换，则左子树堆被破坏，且仅左子树的根结点不满足堆的性质；若与右孩子交换，则右子树堆被破坏，且仅右子树的根结点不满足堆的性质。继续对不满足堆性质的子树进行上述交换操作，直到叶子结点，堆被建成。称这个自根结点到叶子结点的调整过程为筛选。

筛选的具体做法是：把待排序的顺序表的关键字存放在数组 R[1‥n](为了与完全二叉树的顺序存储结构一致，堆排序的数据序列的下标从 1 开始)之中，将 R 看作一棵完全二叉树，R[1]是树根，内部结点的序号为 s，则其左孩子为 R[2s]，右孩子是 R[2s＋1]。如果完全二叉树的内部结点 R[s]的左右孩子树都已经是大根堆，仅仅 R[s]为根的树不满足大根堆，需要将 R[s]与左右孩子之中最大者进行比较，如果 R[s]较小则进行交换，交互后有可能破坏了孩子的堆，需要继续采用上述方法构造下一级堆，直到完全二叉树中结点 s 构成堆为止。

(1)筛选算法 8.10 void HeapAdjust(RecordType r[],int s,int m)

直到完全二叉树的叶子结点为止，这样小树 s 构成了堆。

数组 r[s…m]中的记录关键码除了 r[s]外，其他的内部结点都满足堆的定义，本算法将对以 r[s]结点为根的子树筛选，使数组 r[s・・m]成为大根堆。

【算法 8.10】

```
void HeapAdjust(RecordType r[],int s,int m)
{
```

```
int j;
RecordType rc;
rc = r[s];
     for(j = 2 * s;j< = m;j = j * 2)      /* 沿关键码较大的子女结点向下筛选 */
     {   if(j<m&& r[j].key< r[j+1].key)
               j = j + 1;   /* 为关键码较大的元素下标 */
         if(rc.key> = r[j].key)      /* 筛选算法结束 */
break;
  else  /* 如果 rc 的关键字小于左右孩子的最大关键字,则交换并继续筛选 */
{   r[s] = r[j];
s = j;
}
     }
     r[s] = rc;      /* 被筛选结点的值放入的最终位置 */
}
```

例如图 8.10 的大根堆,输出根 91,其实是根 91 与堆的最后一个结点 16 互换,不再参与堆排序。16 为根结点后,完全二叉树不再是堆了,如图 8.12(a)所示。调整该完全二叉树为堆的过程如如图 8.12 的(b)、(c)所示。

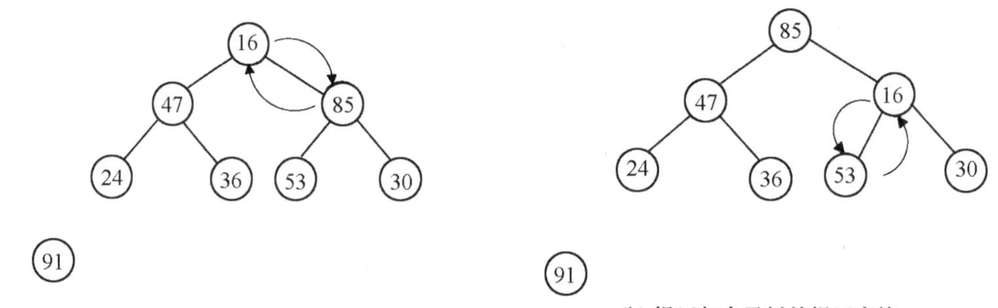

(a) 输出堆的根91，将堆底16送入根后，堆被破坏

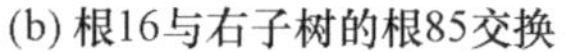
(b) 根16与右子树的根85交换

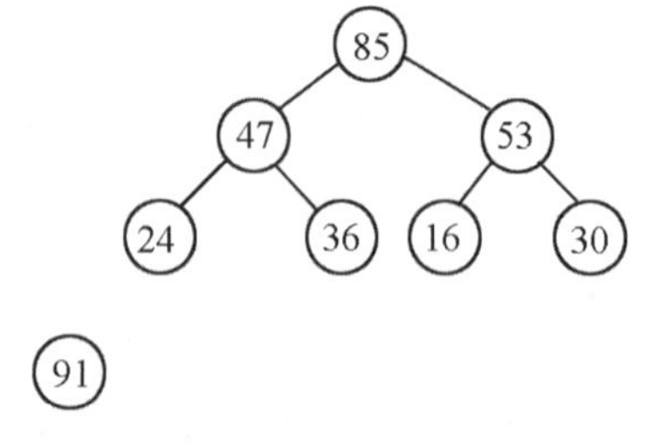

(c) 子树根16与左叶子的53交换，形成新的大根堆

图 8.12　自堆顶到叶子的调整过程

对于第一个问题，n 个记录初始建堆的过程就是一个反复进行筛选的过程。把待排序 n 个记录的关键字存放在数组 R[1‥n]，形成一棵完全二叉树，从序号(n/2)到 1，顺序进行筛选，利用堆的调整方法建堆，这样值大的记录“上浮”，小者被“筛选”下去，这样就把 n 个记录的完全二叉树的子树调整为大根堆。

在 n 个结点的初始堆构造好之后，根结点一定是最大的关键字结点，将其与堆的最后一个叶子结点交换，这样最大关键字值的结点已经选择出来，该叶子结点不再属于堆集合了。剩余的完全二叉树的根结点是原来的叶子结点，这样需要一次从根开始的一次筛选，使剩余的 n－1 个结点成为大根堆，让其根再与最后一个叶子结点交换，选择得到次大结点，这样直到完全二叉树只剩下一个根为止。

(2)堆排序算法 8.11 void HeapSort(RecordType r[],int n)

对 n 个记录存储在数组 r[1‥n]中，r[0]为临时变量使用，利用 HeapAdjust 函数进行堆排序。

【算法 8.11】

```
void HeapSort(RecordType r[],int n)
{
   int i;
   RecordType tmp;
   for(i = n/2;i>0;i- - )              /* 将 r[1‥n]建成堆 */
        HeapAdjust(r,i,n);
   for(i = n;i>1;i- - )
   {
tmp = r[1]; r[1] = r[i]; r[i] = tmp; /* 堆顶与堆底元素交换 */
        HeapAdjust(r,1,i-1);          /*将 r[1‥i-1]重新调整为堆*/
   }
}
```

例 8.7　有 8 个记录的关键字的顺序表(53,36,30,91,47,12,24,85)，其对应的完全二叉树为图 8.13(a)所示。它不满足大根堆的要求，它是一个初始状态，堆排序算法的第一个 for 语句完成了堆的建立，由于$\lfloor n/2 \rfloor = \lfloor 8/2 \rfloor = 4$，所以其具体过程是从 4 到 1 顺序表中筛选的进行，其过程如图 8.13 所示。

对图 8.13 所构建的初始堆进行排序，堆的根与最后一个叶子互换，并在二叉树中不包括该叶子结点。然后进行从根的筛选，再次形成一个大根堆，根与最后一个叶子互换，完全二叉树不包括交换过的叶子结点；这样每次输出堆中关键字最大的记录，都进行一次堆调整，直到只剩下一个根为止，如图 8.14 所示。这样进行的堆排序输出为(12, 24, 30, 36, 47, 53, 85, 91)。

堆排序的时间主要耗费在建初始堆和调整建新堆时进行的反复“筛选”上。对深度为 k 的堆，筛选算法中进行的关键字的比较次数至多为 2(k－1)次，则在建含 n 个元素、深度为 h 的堆时，总共进行的关键字比较次数不超过 4n。另外，n 个结点的完全二叉树的深度为$\lfloor \log_2 n \rfloor$，则调整建新堆时调用 HeapAdjust 过程 n－1 次总共进行的比较次数不超过：

$$2(\lfloor \log_2(n-1) \rfloor + \lfloor \log_2(n-2) \rfloor + \cdots + \lfloor \log_2 2 \rfloor) < 2n\lfloor \log_2 n \rfloor$$

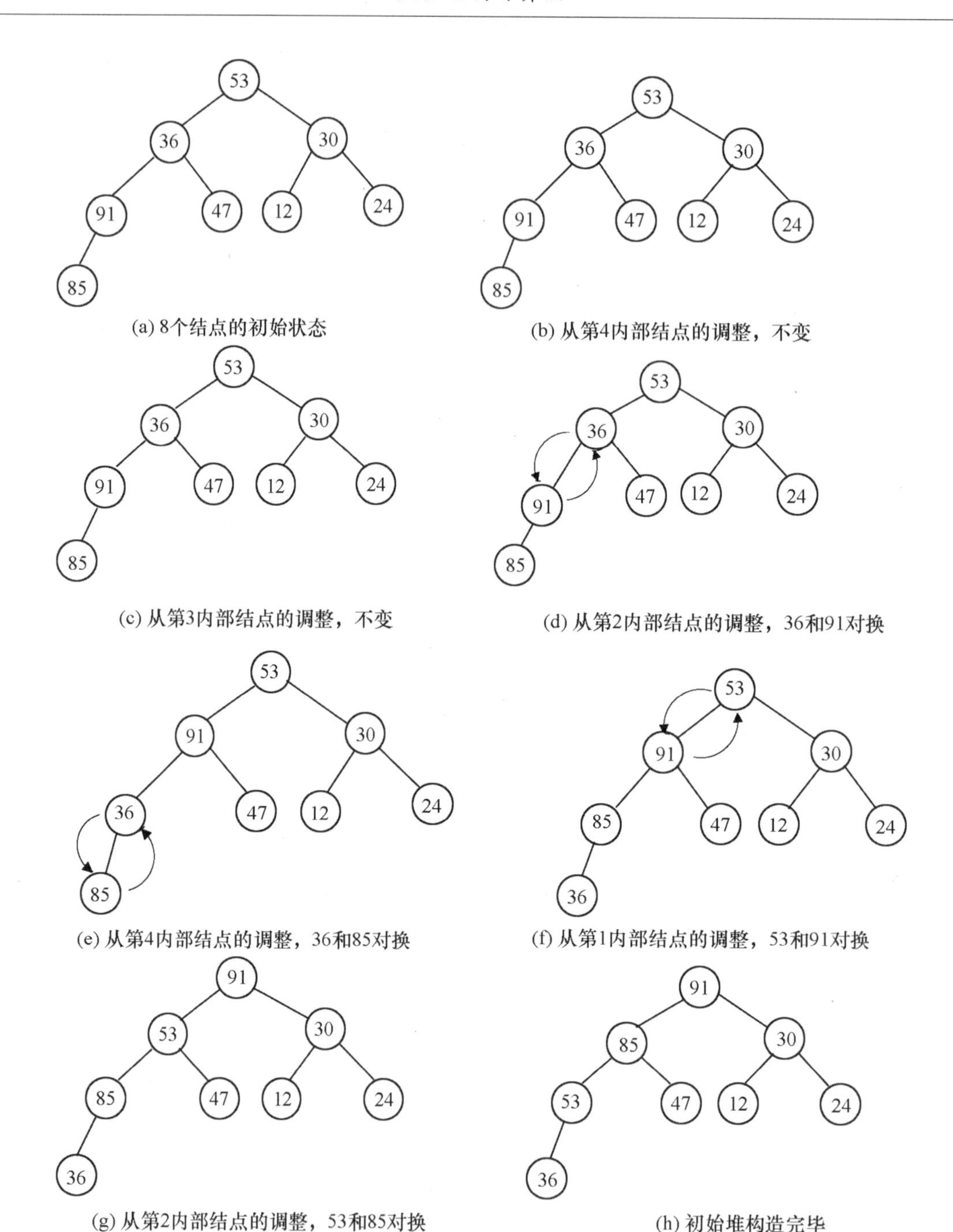

图 8.13 建堆示例

因此，堆排序在最坏的情况下，其时间复杂度也为 $O(n \log_2 n)$，这是堆排序的最大优点。堆排序与树形排序相比较，排序中只需要存放一个记录的辅助空间，因此也将堆排序称作原地排序。堆排序是一种不稳定的排序方法，它不适用于待排序记录个数 n 较少的情况，但对于 n 较大的待排序序列还是很有效的。

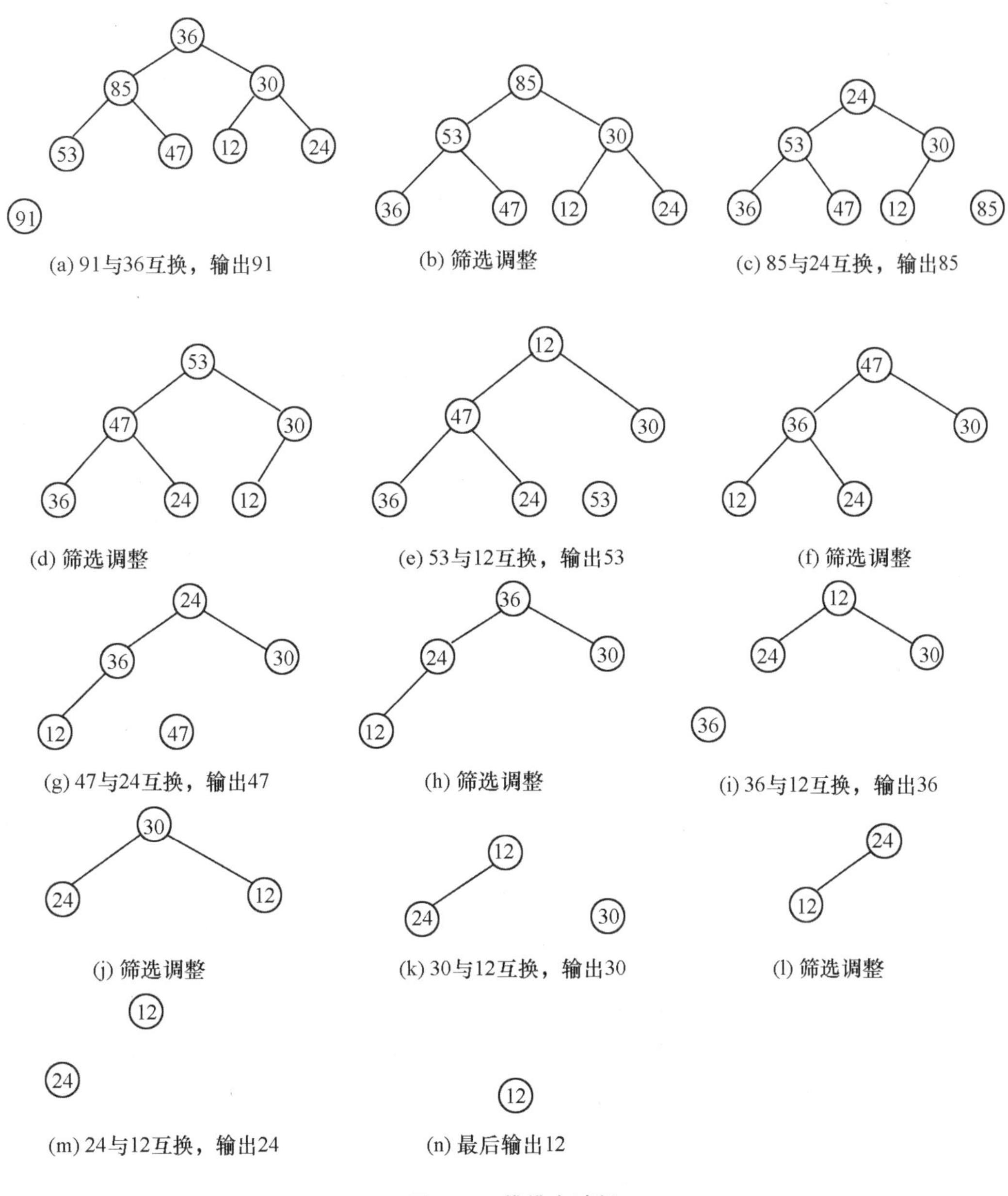

图 8.14　堆排序过程

8.5　归并排序

"归并"的含义是将两个或两个以上的有序表合并成一个新的有序表。归并排序(merge sort)是多次利用归并实现的排序。最简单的归并是将两个有序表合并成一个有序表的二路归并排序，还有效率更高的多路归并排序。由于篇幅所限，本书只讲授二路归并排序。

假设初始序列含有 n 个记录，则可看成是 n 个有序的子序列，每个子序列的长度为 1，然后两两归并，得到$\lceil n/2 \rceil$个长度为 2 或 1 的有序子序列，这一过程称为一趟归并排序；再两两归并，如此重复，直至得到一个长度为 n 的有序序列为止，这种排序方法称为二路归并排序。

例 8.8 设待排序的顺序表有 7 个记录，其关键字分别为（60，20，10，50，55，15，30），其二路归并排序的过程如图 8.15 所示。

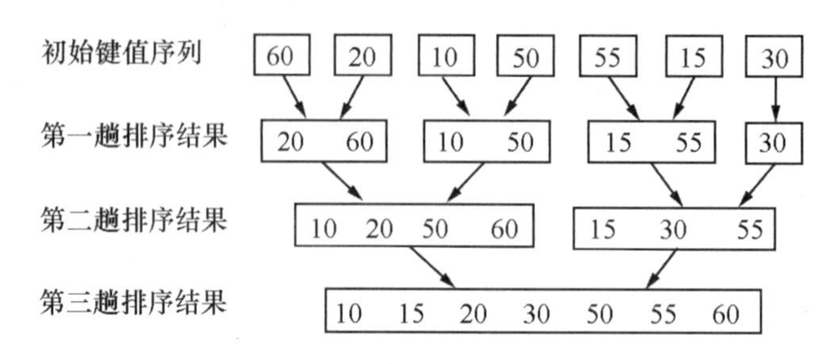

图 8.15 二路归并的排序过程示例

二路归并排序中的核心操作是将一维数组中前后相邻的两个有序序列合并为一个有序序列。设两个有序表存放在同一个数组中相邻的位置上 R[low..mid]和 R[mid+1..high]，称前面的数组为第一段，后面的数组为第二段。为了实现合并需要一个临时数组 R1，合并操作时，每次从两个段中各取出一个记录进行关键字的比较，将关键字小的记录放入 R1 中，当一个段取空时将另外一个段中剩余的部分直接赋值到 R1，这样 R1 中就是一个升序的表，最后将 R1 的内容复制回 R，这样 R 中的记录就按照升序排序了。

（1）二路归并算法 8.12 void Merge (RecordType r[],int low, int mid, int high)

两个有序记录分别存储在 r[low..mid]和 r[mid+1..high]中，把这两个表归并为一个表，使之 r[low..high]为按关键字升序。

【算法 8.12】

```
void Merge (RecordType r[],int low, int mid, int high)
{
  RecordType *r1;    /*存储两个有序段合并的临时数组的指针*/
  int i, j, k;  /*k 为 r1 数组的下标变量*/
  r1=(RecordType *)malloc((high-low+1)*sizeof(RecordType));/*为 r1 分配内存空间*/
  /*将 r 中记录由小到大地并入 r1 */
  for (i=low, j=mid+1, k=0; i<=mid && j<=high; ++k)
    if  (r[i].key < r[j].key)
        r1[k]=r[i++];
    else
        r1[k]=r[j++];
    while(i<=mid)   /*  将剩余的 r[i..mid]复制到 r1 */
    {
        r1[k]=r[i];
        i++; k++;
    }
```

```
    while(j<=high)   /* 将剩余的 r[j..high]复制到 r1 */
    {
        r1[k]=r[j];
        j++; k++;
    }
    for (i=low, k=0; i<=high; i++, k++) /* 将 r1[0..high-low+1]复制到 r
[low..high] */
  r[i] = r1[k];
    free(r1);
}
```

一趟归并排序的操作是，调用⌈n/2h⌉次算法 Merge 将 r[0..n-1]中前后相邻且长度为 h 的有序段进行两两归并，得到前后相邻、长度为 2h 的有序段，并存放在 r[0..n-1]中。如果有序段个数⌈n/2h⌉为奇数个，则最后一个有序段不用参与归并。如果有序段个数为偶数，且最后一对有序表的长度不等，Merge 算法的最后一个有序段的边界为 n-1。上述的过程就是算法 Merge 实现 n 个存储在 r[0..n-1]中待排序记录的用长度为 h 的一趟二路归并排序算法。

(2)一趟二路归并算法 8.13 void MergePass(RecordType r[], int h, int n)

n 个记录存储在数组 r[n]，按照长度 h 划分的子表都是有序的，本算法是对长度为 h 的相邻的子表两两合并成长度为 2h 的子表。

【算法 8.13】

```
void MergePass(RecordType r[], int h, int n)
{
  int i;
  for(i=0; i+2*h-1<n;i=i+2*h)
    Merge(r, i, i+h-1, i+2*h-1);
  if(i+h-1<n)              /* 有序段个数为偶数且第二段长度不够 h */
    Merge(r, i, i+h-1, n-1);
}
```

二路归并排序就是利用一趟二路归并算法完成的，其归并的有序段长度 h 从 1、2、4…直到长度小于 n 为止，进行 r[0..n-1]上的($\log_2 n$)趟二路归并。

(3)二路归并排序算法 8.14 void MergeSort(RecordType r[], int n)

n 个待排序记录存储在数组 r[n]中，对数组进行分别进行长度为 1,2,4,…2t 的一趟排序，其中 2t 小于 n，这就是二路归并排序。

【算法 8.14】

```
void MergeSort(RecordType r[], int n)
{
  int h;
  for(h=1; h<n; h=2*h)
    MergePass(r, h, n);
}
```

二路归并排序算法也可以采用递归的方式实现，当然算法的核心仍然是一趟二路归并算法，其过程是：对于存储在 r[low..high]中的待排序的记录，通过 mid=(high+low)/2 中间点分为 r[low..mid]和 r[mid+1..high]两个段，用二路归并排序对分为两个段进行排序，排好顺序后用二路归并算法进行合并为一个有序的段。

(4)二路归并排序的递归算法 8.15 void MergeSortDC(RecordType r[], int low, int high)

利用递归和一趟二路归并算法实现二路归并排序。

【算法 8.15】

```
void MergeSortDC(RecordType r[], int low, int high)
{
  int mid;
  if (low<high)
    {
      mid=(low+high)/2;   /* 将 r[low..high]平分为 r[low..mid]和 r[mid+1..high] */
      MergeSortDC (r, low, mid);   /* 递归地将 r[low..mid]归并为有序段 */
      MergeSortDC (r, mid +1, high);/* 递归地将 r[mid+1..high]归并为有序段 */
      Merge(r, low, mid, high);  /* 将 r[low..mid]和 r[mid+1..high]归并到 r [low..high] */
    }
}
```

二路归并排序算法是采用自底向上的思想，先进行小段的两两合并，让后进行大段的合并，直到合并为 n 个记录的段，此算法效率较高，但是比较复杂，需要一个一趟二路归并算法，不容易理解。二路归并排序递归算法是采用自顶向下的思想，利用的递归的思路完成，算法比较简洁，但实用性很差。这两个算法都需要进行($\log_2 n$)趟归并，每趟归并的时间复杂度都是 O(n)，所以无论待排序的记录初始状态如何其时间复杂度都为 $O(n\log_2 n)$。

每趟归并排序都需要一个辅助的动态数组暂存两个有序段归并的结果，所以其总的辅助空间复杂度为 O(n)。

二路归并排序是一个稳定的排序。

8.6 基数排序

基数排序是一种借助于多关键码排序的思想实施的排序，实际上它是将单关键码按基数分解为“多关键码”，通过多次的“分配”和“收集”过程来实现排序，它不需要进行关键字的比较和记录的移动(交换)。

8.6.1 多关键字的排序

一般情况下，假设有 n 个记录的序列：(R_1, R_2, …, R_n)，其中 R_i 的关键字是由有 d 位数字(k^{d-1}, k^{d-2}, …k^1, k^0)组成的，其中 k^{d-1} 是最高位，k^0 是最低位，它们的取值范围 $0 \leqslant k^i < r$，r

称为基数。若关键字不足 d 位时，左边用“0”补齐。

采用基数排序方法需要使用分配和收集两种基本操作，从而基数排序分为两种，即最低位优先和最高位优先。最为常用的是最低位优先(least significant digit first)法，简称 LSD 法，其过程是：先按最低位的值对记录进行排序，在此基础上，再按次低位进行排序，依此类推。由低位向高位，每趟都是根据关键字的一位并在前一趟的基础上对所有记录进行排序，直至最高位，则完成了基数排序的整个过程。最高位优先(most significant digit first)法，简称 MSD 法：先按 k^{d-1} 排序分组，同一组中记录，关键码 k^{d-1} 相等，再对各组按 k^{d-2} 排序分成子组，之后，对后面的关键码继续这样的排序分组，直到按最次位关键码 k^0 对各子组排序后。再将各组连接起来，便得到一个有序序列。

例如扑克牌的排序。每张扑克牌的关键字是由两个“关键码”组成，即花色和面值。它们有序关系为：

(1)花色：♣ < ♦ < ♥ < ♠

(2)面值：2 < 3 < 4 < 5 < 6 < 7 < 8 < 9 < 10 < J < Q < K < A

若对扑克牌按花色、面值进行升序排序：

♣2，3，…，A，♦2，3，…，A，♥2，3，…，A，♠2，3，…，A

即两张牌，若花色不同，不论面值怎样，花色低的那张牌小于花色高的，只有在同花色情况下，大小关系才由面值的大小确定。这就是多关键码排序。

为得到扑克牌的排序结果，此处讨论两种排序方法。

MSD 方法：先对花色排序，将其分为 4 个组，即梅花组、方块组、红心组、黑心组。再对每个组分别按面值进行排序，最后，将 4 个组连接起来即可。

LSD 方法：先按 13 个面值给出 13 个编号组(2 号，3 号，…，A 号)，将牌按面值依次放入对应的编号组，分成 13 堆。再按花色给出 4 个编号组(梅花、方块、红心、黑心)，将 2 号组中牌取出分别放入对应花色组，再将 3 号组中牌取出分别放入对应花色组，……，这样，4 个花色组中均按面值有序，然后，将 4 个花色组依次连接起来即可。

例如关键字为十进制的基数排序。设某 n 个记录 $\{R_1, R_2, \cdots, R_n\}$，记录 R_i 的关键字为 k_i，且 k_i 是不超过 d 位的非负十进制整数，按最低位优先法，其排序过程为：

(1)建立 10 个队列，编号分别为 0，1，…，9；

(2)重复执行下列操作 d 遍，设 s = 0；

①分配：10 个队列清空；若 $k_i^s = j$，则将 R_i 入第 j 号队列($j = 0,1,\cdots,9$，$i = 1,2,\cdots,n$)；

②收集：按 0、1、…、9 低位优先次序从各队列中记录收集起来形成一个新序列；

③s = s + 1。

例 8.9　给定 10 个记录并由两位 10 进制数组成的关键字序列为(02，77，70，54，64，21，55，11，38，21)。

按照 LSD 方法进行基数排序过程如表 8.1 所示。

表 8.1　十进制的两位基数排序示例

关键字	基数	10 个队列	关键字	基数	10 个队列	关键字
02	0	70	70	0	02	02
77	1	21，11，21	21	1	11	11

续表 8.1

关键字	基数	10 个队列	关键字	基数	10 个队列	关键字
70	2	02	11	2	21,21	21
54	3		21	3	38	21
64	4	54,64	02	4		38
21	5	55	54	5	54,55	54
55	6		64	6	64	55
11	7	77	55	7	70,77	64
38	8	38	77	8		70
21	9		38	9		77
初始状态	按个位数分配	收集	按十位数分配	收集		

例 8.9 中待排序记录和进行排序的 10 个队列都采用顺序表存储;有可能所有记录某个关键码都相同,所以需要每个队列都需要和待排序的顺序表长度相同,从而需要一个 10 倍于待排序记录的附加空间,这样太浪费内存资源了。

如果事先知道每个队列里最多有多少个元素,则可使用一个长度为 n 的辅助数组来取代上述的 10 个队列,再用一个长度为 10 的数组来记录各个队列中记录的数目及所在起始的位置,在每一遍分配结束时,记录都被复制回原数组。

设待排序的记录个数为 n,关键字的基数为 r,关键字的码个数为 d,待排序记录存储在 A[n]中,辅助数组 B[n]用于临时存贮记录,辅助数组 count[r]用于指定关键字某位码的个数。如下程序段可以巧妙地实现这一思想。

```
int k, i, j;
k = 1;        /* k 用于表示关键码所代表的权,例如个位 1、十位 10、百位 100 */
for (i = 0; i<d; i++, k = k * r)   /* 进行 d 遍的分配和回收完成基数排序 */
{
  for (j = 0; j<r; j++)    /* 各 r 个队列中记录个数清空 */
    count[j] = 0;
  for (j = 0; j<n; j++)   /* 统计 r 个队列中的记录个数 */
    count[A[j]/k % r]++;  /* 关键字整除当前权值,再求基数的模为关键码 */
  for (j = 1; j<r; j++)
    count[j] = count[j-1] + count[j];      /* 计算每个码值所占位置,相当于分配 */
  for (j = n-1; j>=0; j--)
    B[--count[A[j]/k % r]] = A[j];   /* 根据记录 A[j]关键字的当前权值指示的
在 B 中位置来存储,相当于收集过程 */
  for (j = 0; j<n; j++)
    A[j] = B[j];
}                 /* B 数组复制回原数组 A,一次分配收集结束 */
```

上述程序段如果采用十进制,则 k 为 1 表示从个位开始排序(低位优先),依次 1 * 10 为十位、1 * 10 * 10 为百位等。d 表示整数值的最大位数,r 表示数值的基数,可以为二进制、八进制、十进制或十六进制等。图 8.16 所示 2 次循环的处理过程。

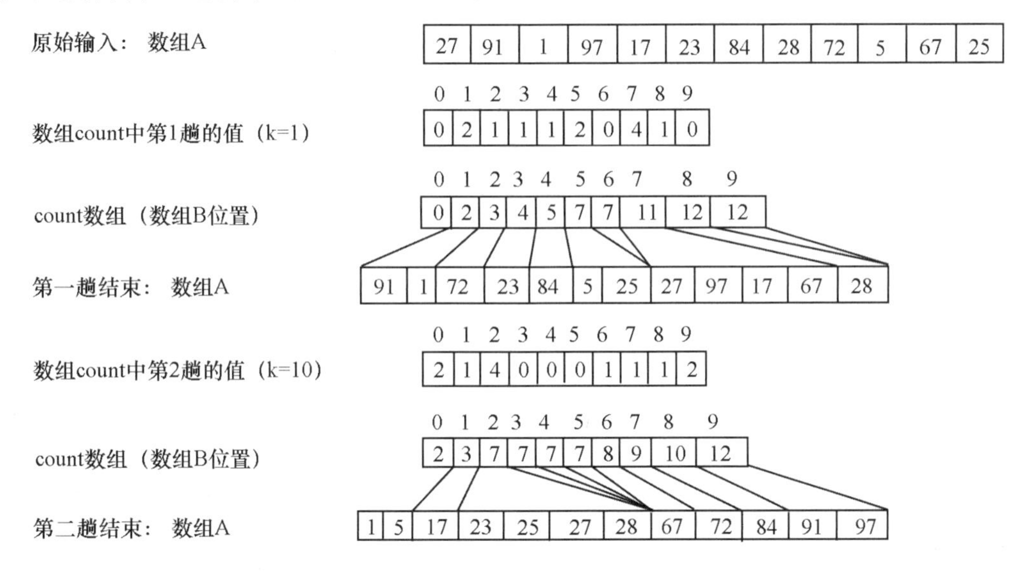

图 8.16　采用顺序结构的基数排序过程

基数排序所需的计算时间不仅与待排序记录的个数 n 有关。而且还与关键字的位数、关键字的基有关。设关键字的基为 r(十进制数的基为 10,二进制数的基为 2),为建立 r 个空队列所需的时间为 O(r)。把 n 个记录分放到各个队列中并重新收集起来所需的时间为 O(n),因此一遍排序所需的时间为 O(n+r)。若每个关键字有 d 位,则总共要进行 d 遍排序,所以基数排序的时间复杂度为 O(d(n+r))。由于关键字的位数 d 直接与基数 r 以及最大关键字的值有关,因此不同的 r 和关键字将需要不同的时间,该算法需要 count[r]和 B[n]两个辅助数组,所以其空间复杂度为 O(n+r),多关键字排序是稳定排序。

8.6.2　链式基数排序

采用顺序表的结构多关键字排序需要一个 B[n]辅助数组,如果 n 很大,则空间复杂度比较差。基数排序可采用链表结构来实现,这样可以避免记录的复制,提高了排序的效率。

各个队列都采用链式队列结构,在每次分配的时候,把相同关键码的记录用指针链接起来,收集的时候仅仅需要从关键码从低到高把每个队列链接起来即可。为了便于队列的管理,每个队列设置两个指针,一个指向队头,另一个指向队尾。每次分配之前,队头和队尾都指向空,队列的第一个记录入队,则队头和队尾都指向该记录,该队列的其他记录都链入队尾即可,同时修改队尾指针指向最后一个记录。

记录结构要添加一个 next 指针域,为了更方便表示算法的核心内容,把关键字先解析为长度 d 的关键码的数组形式:

```
typedef  struct  NodeType {
  KeyType  keys[d];  /* 关键码字段,顺序存储 k^(d-1),k^(d-2),…k^1,k^0 */
  InfoType  other;   /* 其他字段 */
  struct NodeType *next;  /* 指针字段 */
```

```
}NodeType;   /*链结点类型*/
```

链式基数排序算法 8.16 NodeType* RadixSort(NodeType *p, int r,int d)。实现了以 r 为基数的 LSD 排序方法,其中 p 为待排序记录的链表头指针,d 为关键码位数,返回值为一个指向关键字升序链表的指针头。

【算法 8.16】

```
NodeType* RadixSort(NodeType *p,int r,int d)
{
  NodeType **head, **tail, *t; /*head 和 tail 为动态数组存储各链队的首尾指针*/
  int i,j,k;
  head = (NodeType **)malloc(r*sizeof(NodeType *));/*动态创建链队的头指针数组*/
  tail = (NodeType **)malloc(r*sizeof(NodeType *));/*动态创建链队的尾指针数组*/
    for (i=d-1;i>=0 ;i--)   /*从低位到高位做 d 趟排序*/
    {
      for (j=0; j<r; j++)    /*初始化各链队首、尾指针*/
        head[j]=tail[j]=NULL;
        while (p!=NULL)   /*顺序处理待排序链表的每个记录结点进行分配过程*/
          {
            k=p->keys[i];  /*获取关键码 k,以它为下标找第 k 个链队*/
            if (head[k]==NULL) /*进行分配,即采用尾插法建立单链表*/
              {
                head[k]=p;
                tail[k]=p;
              }
            else
            {
              tail[k]->next=p;
              tail[k]=p;
            }
          p=p->next;     /*取下一个待排序的元素*/
        }
      p=NULL;/*p 重新初始化,为新链做准备*/
      for (j=0; j<r; j++)   /*对于每一个链队循环进行收集*/
          if (head[j]!=NULL)
            {
```

```
            if (p = = NULL) /* p 指向的第一个队列 */
            {
              p = head[j];
              t = tail[j];   /* t 指针指向已经链入 p 队列的队尾 */
              }
          else
          {
            t - >next = head[j];
            t = tail[j];
          }
        t - > next = NULL; /* 当收集过程完成,最后一个结点的 next 域置
NULL */
      }
    }
  return(p);
}
```

链式基数排序算法处理 n 个记录的链表,每趟分配过程的 while 内部循环都需要执行 n 次把 n 个记录分别到 r 个队列中去,收集过程的 for 内部循环都需要执行 r 次,把各个队列中的记录收集起来按顺序链接。如果关键码为 d 位,则需要执行 d 趟分配和收集,所以总的时间复杂度 O(d * (n + r))。每个记录增加一个 next 指针域,同时需要 2 个长度为 r 的指针数组指向各个队列的首尾,所以其空间复杂度为 O(n + 2r)。链式基数排序算法适合于记录个数比较多而且关键码位数少的情况,它是稳定的排序方法。

例 8.10　设待排序的链表有 10 个记录,其关键字分别为{278,109,63,930,589,184,505, 269, 8,83}。头结点指向第一个记录,链式基数排序过程图 8.17 所示。

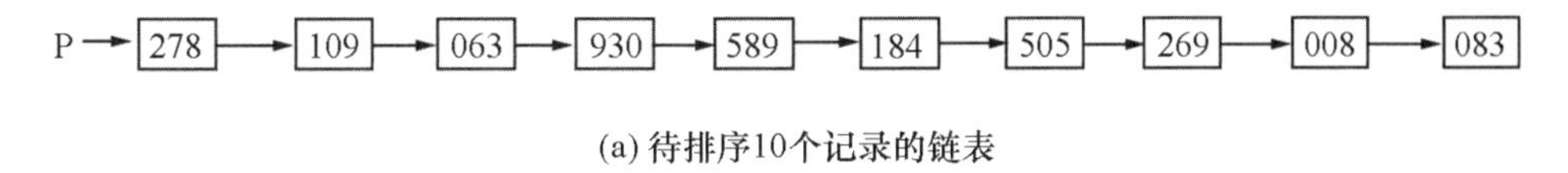

(a) 待排序10个记录的链表

head[0] head[1] head[2] head[3] head[4] head[5] head[6] head[7] head[8] head[9]

930　063 083　184　505　278 008　109 589 269

tail[0] tail[1] tail[2] tail[3] tail[4] tail[5] tail[6] tail[7] tail[8] tail[9]

(b) 按个位分配后各个链表状态

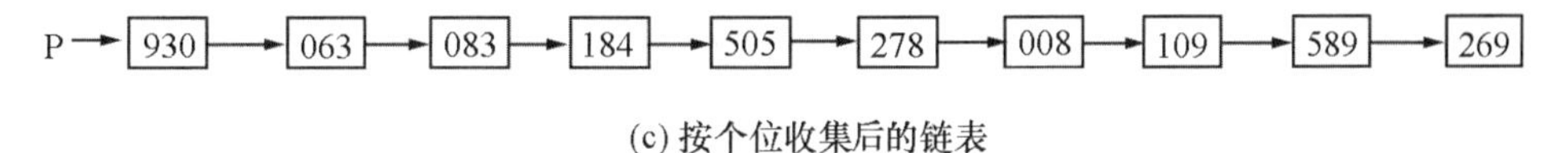

(c) 按个位收集后的链表

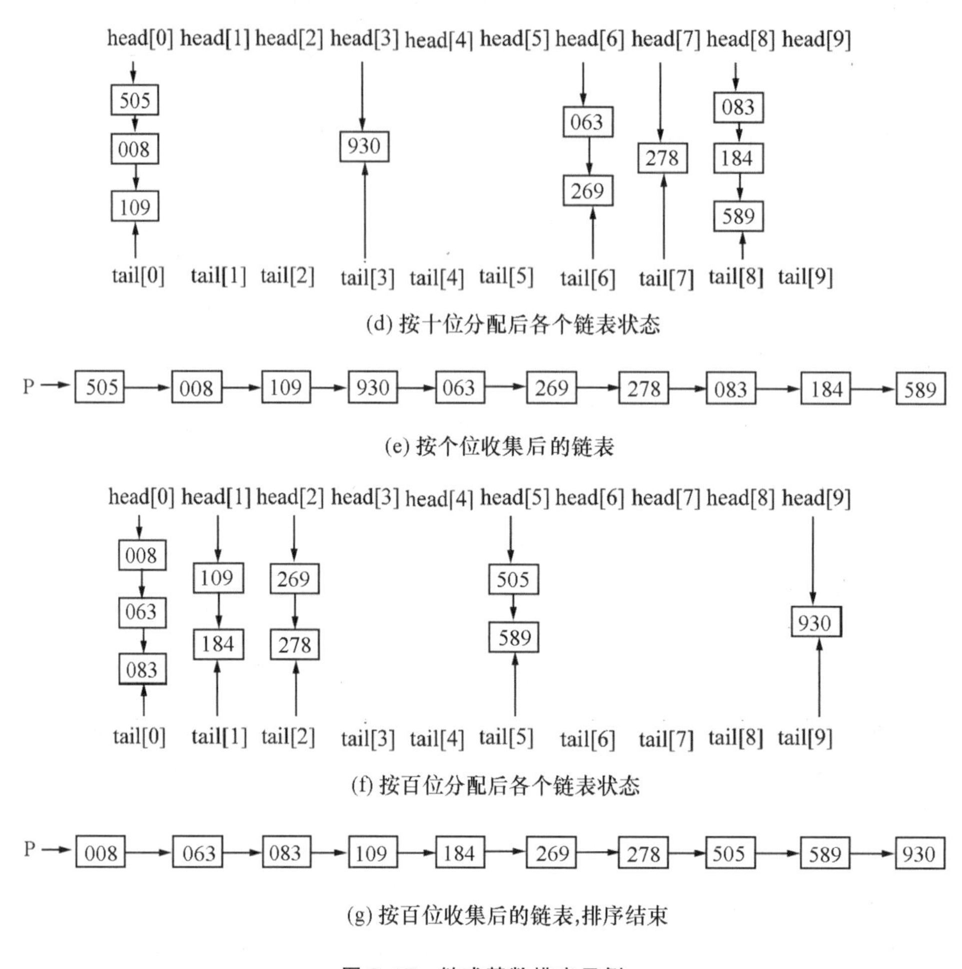

(d) 按十位分配后各个链表状态

(e) 按个位收集后的链表

(f) 按百位分配后各个链表状态

(g) 按百位收集后的链表,排序结束

图 8.17 链式基数排序示例

8.7 外部排序

大型文件数据的排序,由于往往不能把它的全部记录同时调入内存进行排序,而要在排序过程中进行多次的内外存之间的交换,这种排序技术就是外部排序。

8.7.1 外部排序的基本方法

外部排序的处理过程分两个阶段:首先,按照内存可以使用的存储空间的大小,将外存上的含有 n 个记录的文件划分成若干个内存可以容纳的子文件,依次读入内存,应用内部排序方法对它们进行排序并存回外存,这些有序子文件也叫初始归并段。然后对这些初始归并段进行每 k(k>1)个段一组的逐趟归并,每趟归并后,都是由 k 个归并段形成一个新的较大的归并段,这些新的归并段数目为原来的[1/k]。当新的归并段数目小于等于 k 时,将剩余的归并段再进行最后一趟归并,形成一个有序文件。

假设有一个含 10 000 个记录的文件,首先通过 10 次内部排序得到 10 个初始归并段 R_1～

R_{10},其中每个段都含 1 000 个记录,然后对它们做如图 8.18 所示的 2 路归并。

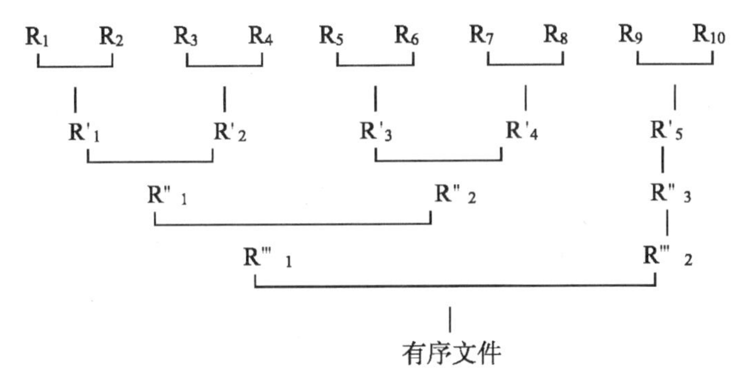

图 8.18 外部排序示例

假设内存一次可容纳 200 个记录,则每一趟排序需分别读和写外部存储空间 50 次。所以,要减少整个排序访问外部存储时间,就得尽量减少归并排序趟数,而排序趟数 s 计算公式为:

$$s=\lceil \log_k^m \rceil$$

其中 m 为初始归并段数。由公式知,增加 k 可以减少 s;减小 m 也可以减少 s。这两种策略将分别在多路归并排序和置换——选择排序算法中体现。

8.7.2 多路归并排序

当 k 个有序的归并段归并为一个较大的归并段问题时,要得到一个归并后的记录,需对各归并段的待排序记录的当前记录关键字进行比较,选出关键字最小的记录,这要进行 k-1 次关键字比较。而采用下面的败者树数据结构,可使得比较次数变为$\lceil \log_2 k \rceil$次。

败者树是一棵完全二叉树,它是树形选择排序中的一种。在败者树中,每个非终端结点记录的是它的左右孩子的败者,而胜者参加上一层的比赛。另外,在根结点之上附加一个结点记录全局的优胜者。k 个待比较的记录关键字为二叉树的叶结点,k-1 个非终端结点记录其中的败者,所以,这样的二叉树是含 2k-1 个结点。加上一个附加结点,这样的树总共有 2k 个结点。

采用顺序存储的败者树,对于叶子结点 s,其双亲结点是(s+k)/2;对于非终端结点 t,其双亲结点是 t/2。

图 8.19 是表示一棵实现 5 路归并的败者树。因此它有 5 个叶子结点,4 个非终端结点,它的物理实现包含两块连续存储空间 los[0..4]和 leaf[0..4]。叶子结点依次存放 5 个段的当前记录关键字,而 los[1..4]用于记录 5 个叶子结点中的 4 个败者(关键字较大者)段号,los[0]用于记录 5 个叶子结点中的胜者(关键字最小者)段号。如图 8.19(a)所示,leaf[0..4]={10,9,20,6,12};los[0..4]={3,1,0,2,4}。由 los[0]=3 知 5 个叶子结点的胜者(关键字最小者)是 leaf[3],leaf[3]和 leaf[4]的双亲结点是 los[4],leaf[3]和 leaf[4]两个叶子结点的败者(关键字较大者)是 leaf[4],所以 los[4]=4,而胜者 leaf[3]与上一层双亲结点 los[2]的右孩子结点 leaf[0]再进行比较,由于 leaf[0]=10 是败者(较大者),所以 los[2]=0。类似的,可以看出 los[3]=2,而胜者 leaf[3]与 leaf[1]比较,leaf[1]是败者(较大者),所以 los[1]=1,leaf[3]是最终的胜者(最小者),所以 los[0]=3。

在选得最小关键字的记录后，要更新相应的叶结点，即将下一个记录的关键字存放到叶结点中，然后从该叶结点到根结点对败者树进行一次调整，就可以得到关键字次小的记录，重复执行直至当选出的胜者的关键字为最大值时，表示归并已经完成。在调整中仅需和父结点对应的关键字进行比较，败者留在父结点，胜者继续向上，直至父结点之上的附加结点。图 8.19(b)所示，当第 3 段的第二个记录的关键字参加归并时，选择的最小关键字为第一归并段中的记录。

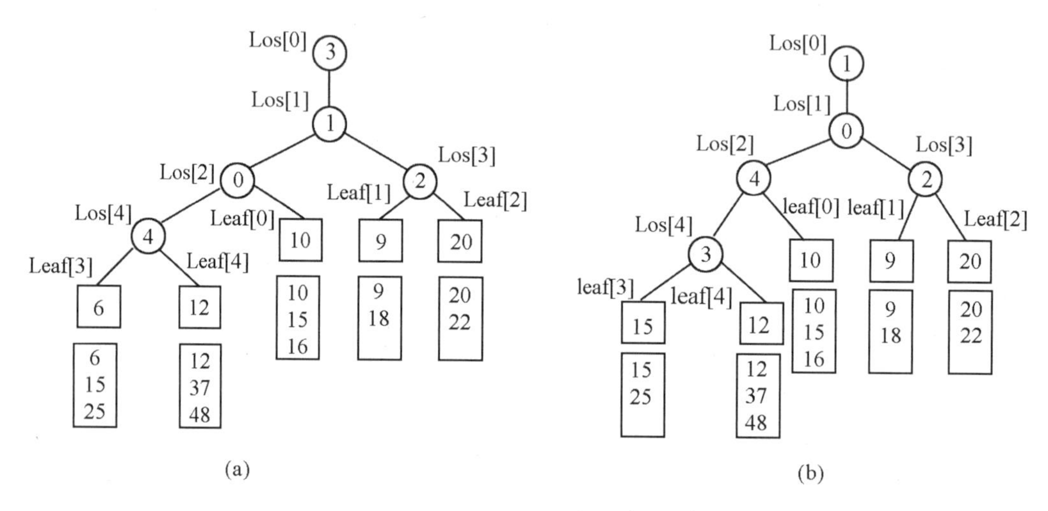

图 8.19 实现 5 路归并的败者树示例

多路归并排序算法 8.17。其中的 Adjust(int s)的功能是加入叶子结点 s，调整败者树中 los[]有关元素值，维持该树使得它还符合败者树定义。CrtLosTree()的功能是初建败者树，即按叶结点中存放的 k 个关键字生成败者树的非终端结点。Kmerge()的功能是将 k 路有序的初始归并段合并成一个有序段并依次输出。

【算法 8.17】

```
const int k=5,minkey=0,maxkey=99;/*进行 5 路归并，假设关键字取值范围为大于0 且小于 99*/
int los[k]; /*分枝节点，指示叶子节点*/
RecordType leaf[k+1];/*叶子节点，存储各有序*/
RecordType *p[k];/*k 个数组，分别存储 k 个待归并段元素*/
void Adjust(int s)
{/*加入叶子结点 leaf[s]，调整父结点 los[t]的值，使它指示其左右孩子的败者(较大者)*/
    int t,j;
    t=(s+k)/2;
    while(t>0)
      {
        if(leaf[s].key>leaf[los[t]].key)
          {
```

```
            j = s;s = los[t];los[t] = j;/ * s 指示胜者(较小者),los[t]指示败者(较大者) * /
    }
        t = t/2;
      }
   los[0] = s;
  }

  void CrtLosTree()
  {/ * 函数功能是建立初始败者树 * /
   int i;
   leaf[k].key = minkey;/ * 虚拟败者结点 * /
   for(i = 0;i< = k - 1;i + + )los[i] = k;
   for(i = k - 1;i> = 0;i - - )Ajust(i);
  }
  void Kmerge()
  {/ * 函数功能是输出 k 路中的最小关键字,重建败者树,输出次小关键字,…,由小到大依次输出 k 个待比较的记录关键字 * /
   int i,q,j;
   for(i = 0;i<k;i + + ){leaf[i] = p[i][0];p[i] + + ;}
   CrtLosTree();
   j = 0;
   while(leaf[los[0]].key! = maxkey)
   {
     q = los[0];
     printf("%5d",leaf[q].key);
     j + + ;
     if(j = = 10){printf("\n");j = 0;}/ * 控制每行输出 10 个数 * /
     leaf[q] = p[q][0];p[q] + + ;
     Adjust(q);
   };
  }
```

其中 leaf[5]是用于建立初始败者树,它的关键字取一个明显偏小的数,这样可以确保新加入叶子结点就会成为新的"败者"(较大者)。

图 8.20 是败者树的建立过程。

8.7.3　置换-选择排序

由 8.7.1 知,排序趟数 s 与归并路数 k 和初始归并段数 m 有关,增加 k 可以减小 s,8.7.2 的有关内容就是基于这一想法;减小 m,即减少初始归并段数,也可以减少排序趟数,从而减少

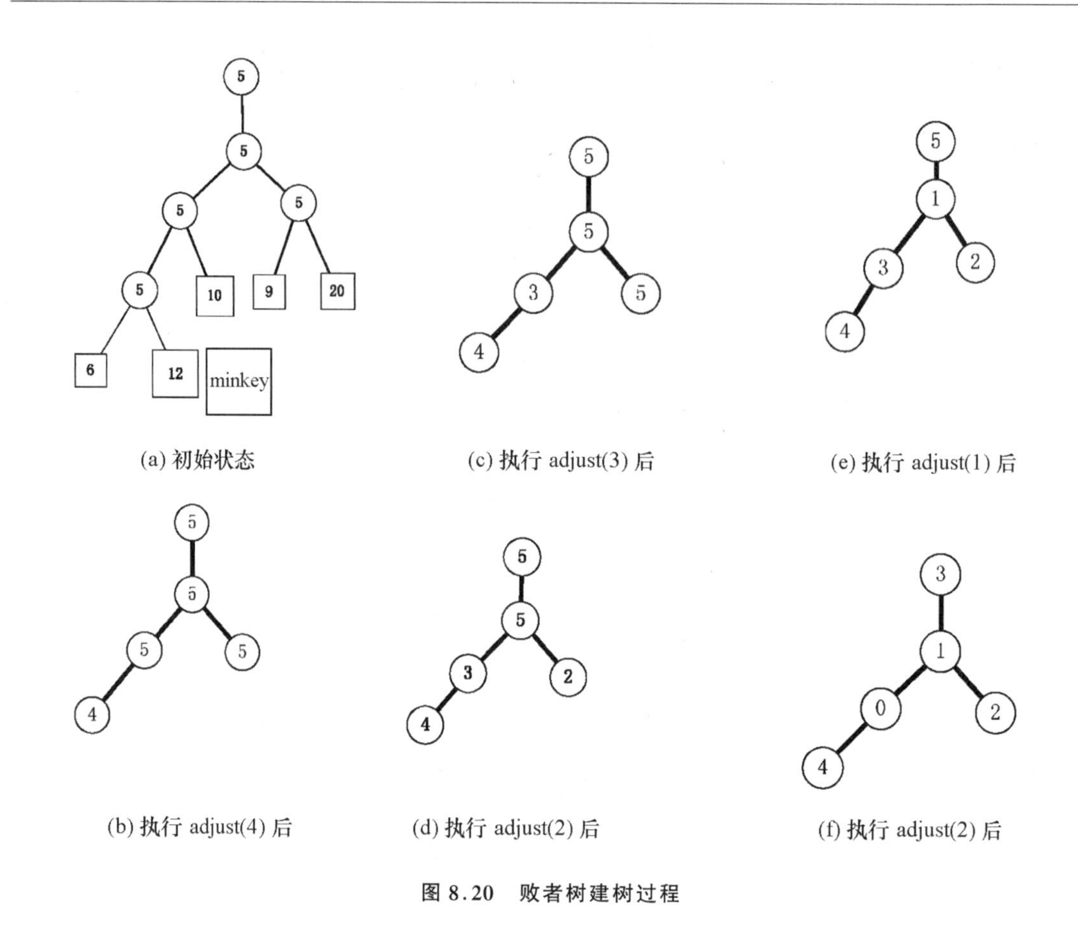

(a) 初始状态　(c) 执行 adjust(3) 后　(e) 执行 adjust(1) 后

(b) 执行 adjust(4) 后　(d) 执行 adjust(2) 后　(f) 执行 adjust(2) 后

图 8.20 败者树建树过程

对外存的访问次数,本节的置换－选择排序算法基于这一想法。

设 n 表示外部文件的记录个数,I 是内部排序时内存工作区可容纳的记录个数,显然有初始归并段数 m＝⌈n/I⌉且除最后一个归并段记录数可能小于 I 外,其他归并段记录数都是 I。而本节的置换选择排序方法,每个归并段的记录数可以大于 I,这样归并段数 m 就会减少。

置换选择排序的思想是:在内存工作区中调入待排序文件的部分记录,选出关键字最小的记录,将该记录输出到已排序的输出文件,从待排序文件输入一个记录到内存工作区…,上述三个步骤交替进行直到待排序文件为空。

例如,假设待归并的文件中有 24 个记录,它们的关键字分别为(51,49,39,46,38,29,14,61,15,30,1,48,52,3,63,27,4,13,89,24,46,58,33,76),内存工作区可容纳 6 个记录,则整个序列应分为 4 段,每一段在内存中分别排序后得到如下 4 个归并段:

num1:29,38,39,46,49,51

num2:1,14,15,30,48,61

num3:3,4,13,27,52,63

num4:24,33,46,58,76,89

而按置换选择排序,则可求得如下 3 个归并段:

num1:29,38,39,46,49,51,61

num2:1,3,14,15,27,30,48,52,63,89

num3：4，13，24，33，46，58，76

假设待排序的文件为输入文件 FI，初始归并段文件为输出文件 FO，内存工作区为 WA，可存放 w 个记录，则置换选择排序的处理过程为：

(1)从 FI 中输入 w 个记录到工作区 WA；

(2)从 WA 中选出最小关键字的记录，作为当前选出记录 MINMAX；

(3)将 MINMAX 输出到 FO 中；

(4)若 FI 不空，则从 FI 输入下一个记录到 WA 中；

(5)从 WA 中所有关键字比 MINMAX 大的记录中选出最小关键字的记录，作为当前选出记录；

(6)重复执行过程(3)，(4)，(5)，直至 WA 中选不出新的 MINMAX 为止，由此得到一个初始归并段，输出一个结束标记到 FO 中；

(7)重复执行过程(2)～(6)，直至 WA 为空，由此得到全部初始归并段。

例如，以上所举之例的置换选择排序的执行过程如表 8.2 所示。

表 8.2　置换选择排序示例

FO	WA	FI
空	空	51，49，39，46，38，29，14，61，15，30，1，48，52，3，63，27，4…
空	51，49，39，46，38，29	14，61，15，30，1，48，52，3，63，27，4…
29	51，49，39，46，38，14	61，15，30，1，48，52，3，63，27，4…
29，38	51，49，39，46，61，14	15，30，1，48，52，3，63，27，4…
29，38，39	51，49，15，46，61，14	30，1，48，52，3，63，27，4…
29，38，39，46	51，49，15，30，61，14	1，48，52，3，63，27，4…
29，38，39，46，49	51，1，15，30，61，14	48，52，3，63，27，4…
29，38，39，46，49，51	48，1，15，30，61，14	52，3，63，27，4…
29，38，39，46，49，51，61	48，1，15，30，52，14	3，63，27，4…
29，38，39，46，49，51，61，*	48，1，15，30，52，14	3，63，27，4…
29，38，39，46，49，51，61，*，1	48，3，15，30，52，14	63，27，4…

在 WA 中选择 MINMAX 记录的过程需利用“败者树”来实现。(1)内存工作区的记录作为败者树的外部结点，而败者树中根结点的双亲结点指示工作区中关键字最小的记录；(2)为了便于选出 MINMAX 记录，为每个记录附设一个所在归并段的序号，初始进入工作区的元素其段号均为 1，对于补充的新元素，则要通过与当前选出元素之间关键字的比较，来确定其段号，若补充元素的关键字大，则其段号为当前段号，否则其段号为当前段号加 1，在进行关键字的比较时，先比较段号，段号小的为胜者；段号相同的则关键字小的为胜者；(3)败者树的建立可从设工作区所有记录段号均为“0”开始，然后从 FI 逐个输入 w 个记录到工作区时，自下而上调整败者树，由于这些记录的段号为“1”，则它们对于“0”段的记录而言均为败者，从而逐个

填充到败者树的各结点中去。

置换选择排序过程中的败者树的建树过程及调整过程如图 8.21(a)～(f)所示。

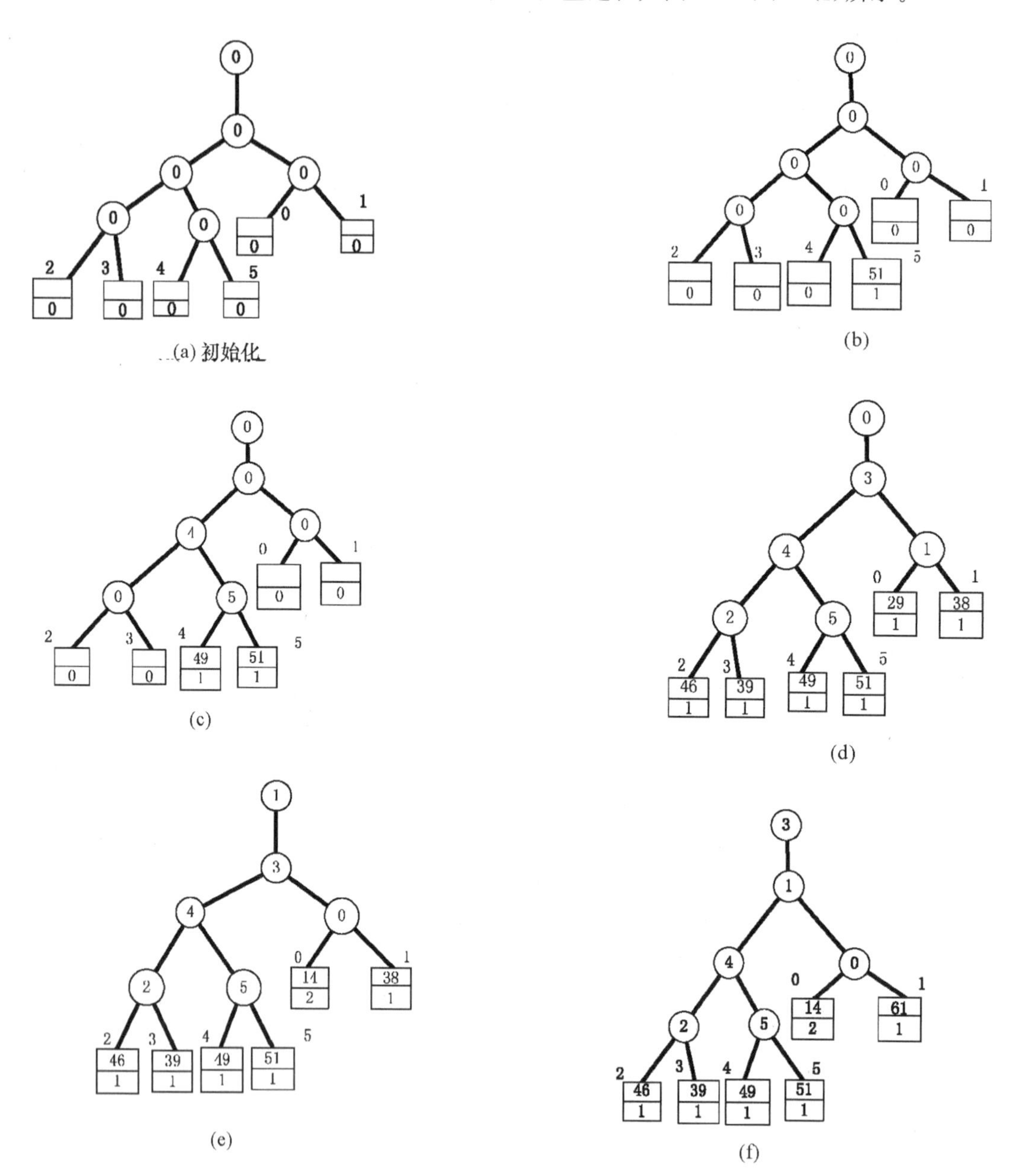

图 8.21　置换选择排序中的败者树

小　结

排序分内部排序和外部排序，内部排序有插入排序、交换排序、选择排序、归并排序和基数排序五类，外部排序分为多路归并排序和置换选择排序。插入排序又分为直接插入排序、折半插入排序和希尔排序三种。交换排序有冒泡排序和快速排序两种。选择排序分为简单选择排序、树型选择排序和堆排序三种。基数排序分为多关键字排序和链式基数排序。

对于上述各种排序方法，不但要掌握它们的大致思想，还要掌握相应的算法及其实现。

习题 8

8.1 判别以下序列是否为堆，如果不是则将它调整为堆：

(1) (100,86,48,73,35,39,42,57,66,21)

(2) (12,70,33,65,24,56,48,92,86,33)

(3) (103,97,56,38,66,23,42,12,30,52,6,20)

(4) (5,6,20,30,40,35,42,76,28)

8.2 有一组关键字码：40,27,28,12,15,50,7，采用快速排序，写出每趟排序结果。

8.3 如果有 n 个值不相同的元素存于顺序结构中，能否用比 2n－3 少的比较次数选出这 n 个元素中的最大值和最小值？如果能，说明如何实现。在最坏情况下至少要进行多少次比较？

8.4 以关键字序列(265,301,751,129,937,863,742,694,076,438)为例，分别写出执行以下排序算法的各趟排序结束时，关键字序列的状态：

(1) 直接插入排序　　(2) 冒泡排序　　(3) 快速排序

(4) 堆排序　　(5) 归并排序　　(6) 基数排序

上述方法中，哪些是稳定的排序？哪些是非稳定的排序？对不稳定的排序试举出一个不稳定的实例。

8.5 高度为 h 的堆中，最多有多少个元素？最少有多少元素？在大根堆中，关键字最小的元素可能存放在堆的哪些地方？

8.6 将两个长度为 n 的有序表归并为一个长度为 2n 的有序表，最少需比较 n 次，最多需比较 2n－1 次，请说明这两种情况发生时，两个被归并的表有何特征？

8.7 一个线性表中的元素为正整数和负正整数。设计一算法，将正整数和负整数分开，使线性表的前一半为负整数，后一半为正整数。

8.8 假设某文件经内部排序得到 100 个初始归并段，试问：

(1)若要使多路归并三趟完成排序，则应取归并的路数至少为多少？

(2)假若操作系统要求一个程序同时可用的输入、输出文件的总数不超过 13，则按多路归并至少需几趟可完成排序？如果限定这个趟数，则可取的最低路数是多少？

8.9 手工执行算法 Kmerge，追踪败者树变化过程。假设初始归并段为

(10,15,16,20,31,39,+∞);

(9,18,20,25,36,48,+∞);

(20,22,40,50,67,79,+∞);

(6,15,25,34,42,46,+∞);

(12,37,48,55,+∞);

(84,95,+∞);

8.10 设内存有大小为 6 个记录的区域可供内部排序只用，文件的关键字序列为(51,49,39,46,38,29,14,61,15,30,1,48,52,3,63,27,4,13,89,24,46,58,33,76)。试列出：

(1)用内部排序方法求出初始归并段；

(2)用置换-选择排序得出初始归并段,并写出 FI,W 和 FO 的变化过程;

8.11 设计快速排序的非递归算法。

8.12 采用最小意义(如 $K_1, K_2, \cdots K_t$,中 K_t 为最小意义关键字)优先的基数排序法,实现对数列的排序,数列中的每个数据由 d(=3)位数字组成,不足 d 位的数据高位补 0,试设计算法实现。

8.13 采用插入排序方法,将一个无序的链表排列成一个降序的有序链表。

8.14 编写程序,实现二路归并排序。

附录A　C语言常用语法提要

出于易读目的，附录A用自然语言给出常用C语言语法。附录A中给出的是非完整的C语言语法，最新的标准C语言C11的语法可参见ISO/IEC 9899:2011。

A.1　记号

记号(Token，又常称单词)是程序设计语言中具有意义的最小语法单位，C语言记号包括关键字、标识符、常量、字符串文本、运算符、标点符号等几类。

A.1.1　标识符和关键字

从形式看，标识符和关键字都是字母或下划线开头的，由字母、数字和下划线组成的字符序列。标识符和关键字的区别在于关键字是C语言保留具有固定意义和用途的字符串，而标识符是用作标识某个名字，如变量、常量、数据类型或函数的名字的字符串。

C语言关键字有：auto，break，case，char，const，continue，default，do，double，else，enum，extern，float，for，goto，if，int，long，register，return，short，signed，sizeof，static，struct，switch，typedef，union，unsigned，void，volatile，while等。

C语言中关键字不能用作标识符，如不能把switch声明为一个变量或函数，C语言区分大小写，如Switch可用作变量或函数名。

A.1.2　常量

C语言常量是指C语言中用来表示数值的字符串，分为浮点常量、整型常量、枚举常量和字符常量几种。

1.浮点常量

浮点常量有小数形式和指数形式两种，前者如12.34，后者如12e-3，其指数形式所表示的常量值为$12*10^{-3}$，即0.012。浮点常量默认存储方式是double型，浮点常量可加后缀f或F表示float类型，如12.34f；或加后缀l或L，如12.34L，表示常量存储方式为long double型。

2.整型常量

整型常量有10进制、8进制、16进制等，8进制常数以0开头，16进制常数以0x或0X开头，如1239(为10进制)，0123(为8进制，相应的10进制值为83)，0x12ff(为16进制，相应的10进制值为4863)，整型常量也可带后缀l/L，或无符号后缀u/U。

3.枚举常量

枚举常量用标识符表示，仅仅出现在枚举定义中，如enum {FAIL=0,SUCCESS}中出现的 FAIL、SUCCESS 就是两个枚举常量，其值分别为 0 和 1。

4. 字符常量

字符常量一般为单引号'括起来的除单引号、反斜杠外的其他字符，如'A'，字符常量还可用单引号括起来的转义序列（序列的第一个字符\称作转义符）表示，如使用简单转义序列'\n'表示的是换行符，而用十六进制转义序列'\x41'表示的是 ASCII 码值为 41H 的字符，即'A'。

A.1.3 字符串文本

字符串文本为由双引号（"）括起来的字符序列，其中可以出现转义序列，如"hello\nworld!"。

A.1.4 运算符

运算符是表达式的重要组成部分，关于运算符和表达式的进一步说明见 A.2。

A.1.5 标点符号

标点符号用于分隔不同的语法成分，C 语言的标点符号包括方括号[ ]、圆括号()、花括号{ }、*、逗号、冒号、等号、分号、省略号和 #，其中有些记号既是标点符号，也是运算符，如在表达式语句 a = 1；中的 = 是运算符，而在声明中 int i = 1 中的 = 为标点符号，用于分隔变量和它的初始化式。

A.2 表达式

表达式是 C 语言中最基本的计算成分，它由运算量（亦称操作数，即数据引用或函数调用）和运算符连接而成。形式最简单的运算量包括变量、常量、字符串文本或函数调用，它们也是形式最简单的表达式，如常量 3、变量 i、函数 a()等，一个表达式可以作为运算量参与组成更复杂的表达式，如 3 + i，b = 3 + i * a()等。

运算符根据其表达的运算中涉及的运算量数量不同，可分为一元运算符、二元运算符和三元运算符等，典型一元运算符有正（+）、负（-）和间接寻址（*）运算符等，二元运算符有加（+）、减（-）、乘（*）、除（/）运算符等，三元运算符有条件（?:）运算符。在表达式中，运算符出现在运算量之前的称为前缀表达式，出现在运算量之后的为后缀前缀表达式，如表达式 + + i 就是一个前缀表达式，而 i + + 就是一个后缀表达式，形式相同的运算符在作为前缀或后缀出现时具有不同的性质，因此一般把它们视作不同的运算符。

运算符还有两大特性：优先级和结合性。优先级反映不同类型的运算符所表达的运算在表达式中执行的先后顺序，例如对 2 + 3 * 4 中出现的运算符 + 和 *，规定 * 的优先级高于 + 的优先级，先执行乘法运算，再执行加法运算。结合性反映同优先级别运算符所代表的运算的执行先后顺序。C 语言中规定了两种结合方向：一种是“左结合性”，即按从左到右的方向进行运算；另一种是“右结合性”，即按从右到左的方向进行运算。

C 语言运算符的说明见表 A.1。

表 A.1　运算符

优先级	名称	符号	结合性	例子
1	数组下标	[]	左结合	a[1]=1;
1	函数调用	()	左结合	i=Add(1,2);
1	结构和联合的成员	. 和 ->	左结合	Student.age=1 Student->age=1
1	自增(后缀)	++	左结合	i++;
1	自减(后缀)	--	左结合	i--;
2	自增(前缀)	++	右结合	++i;
2	自减(前缀)	--	右结合	--i;
2	取地址	&	右结合	p=&i;
2	间接寻址	*	右结合	*p=1;
2	一元正号	+	右结合	i=+10;
2	一元负号	-	右结合	i=-10;
2	按位求反	~	右结合	i=~i;
2	逻辑非	!	右结合	if (!End) i++;
2	计算内存长度	sizeof	右结合	len=sizeof(StrA);
3	强制类型转换	()	右结合	int=0;float f; f=(float)i;
4	乘除法类	* 和/和%	左结合	i=1*2;
5	加减法类的	+ 和 -	左结合	i=1+2;
6	按位移位	<<和>>	左结合	i=i<<1;
7	关系	< > <= >=	左结合	if (a>b) i++;
8	判等	==和!=	左结合	if (a==b) i++;
9	按位与	&	左结合	input_0=i&0x01;
10	按位异或	^	左结合	j=i^0xffff;
11	按位或	|	左结合	light_0=i|0x01
12	逻辑与	&&	左结合	if (a>b && j==1) i++;
13	逻辑或	||	左结合	if (a>b || j==1) i++;
14	条件	? :	右结合	i==0? j++:j--;
15	单赋值	=	右结合	i = 10*21;
16	复合赋值	*=和/=和%=和+=和-=和<<=和>>=和&=和^=和|=	右结合	i+=j=1;
17	逗号	,	左结合	i+1,j=0;

A.3 声明

声明的目的是为了说明标识符表示的名字的含义，C语言规定一个名字必须先声明再使用。C语言声明包括结构、联合、枚举类型声明、用户自定义类型声明、变量声明和函数声明几类。

A.3.1 结构、联合、枚举类型声明

1.结构类型声明

结构类型声明的形式为：

struct 标识符 {结构声明列表}；

下面例子定义了一个名字为card的结构类型：

```
struct card{
    char name[NAMELENGTH + 1];
    char address[ADDRESSLENGTH + 1];
};
```

结构类型声明中的标识符称为结构标记，用于标识特定类型结构类型的名字，它只有和前置struct在一起才有意义，如struct card card1;正确声明了一个类型为card的结构变量card1，而card card1;是一条错误的变量声明。

结构声明列表是一个由分号(;)分隔的结构成员，即字段(field)的声明序列，字段声明与变量声明(见A.3.3)类似，不同之处在于：1)不允许字段声明中出现存储类别说明符，如auto；2)允许声明位字段(bit field)，用(:常量)说明位字段的位宽，如struct a{int b:8;}，说明其中位域b所占用内存的位宽度为8 bit。

2.联合类型声明

联合类型声明形式为：union 标识符 {结构声明列表}，除了使用了union关键字之外，其他部分与结构体类型定义形式相同。

3.枚举类型声明

枚举类型声明的形式为：enum 标识符 {枚举常量列表}，其中标识符作为标记的用途和用法与结构标记类似，枚举常量列表是一个由逗号(,)分隔的标识符序列，每个标识符代表一个枚举常量名，如enum traffic_light {RED,GREEN,YELLOW}；

A.3.2 自定义类型声明

C语言支持用户自定义类型，即通过typedef将某个标识符说明为某个特定类型的名字。用户自定义类型声明的常用形式为：

typedef 类型限定符的列表　类型说明符前置 *　标识符；

一个类型声明的例子如：typedef const int * MyType;。

类型声明中，标识符是要定义的用户自定义类型名，可前置带0到多个 *，表示指针名。

类型限定符列表是由0～2个类型限定符构成的串，类型限定符串有const，volatile等，

const 用于限定不变变量,即在程序中不能显式修改被 const 限定的变量的值,volatile 分别用于说明变量值是随时可能变化的,这使得编译器不对与 volatile 限定变量有关的运算进行优化。

类型说明符列表是一个由若干类型说明符组成的串,类型说明符有三类:第一类包括 void,char,short,int,long,unsigned,sigened,float,double 等;第二类包括结构、联合、枚举类型说明符,这类说明符可以是直接引用结构、联合或枚举类型名,或采用与结构、联合、枚举类型声明相似的形式(不带分号(;),可以不带标记);第三类是已定义的用户类型。

类型限定符和类型说明符的组合顺序没有严格规定,不过一般将类型限定符放在类型说明符前面。

A.3.3　变量声明

C 语言变量声明的常用形式如下:

存储类别说明符　类型限定符列表 类型说明符变量声明符列表;

一个变量声明的例子如:extern long int i;。

在 C 语言变量声明中,存储类别说明符为可选项,用来说明变量的存储方式,存储类别说明符有 auto,static,extern,register 等几种。

类型限定符、类型说明符列表的使用和说明与 A.3.2 类型声明中的相同。

变量声明符列表是一个由逗号(,)分隔的变量声明符序列。常见变量声明符有四类形式:

(1)标识符,标识符为简单变量名;

(2)标识符[常量表达式],标识符为数组名;

(3)1 到多个 *　标识符,标识符为指针名;

(4)(*　标识符)(形式参数列表),标识符为函数指针名。

此外,变量声明符可以后跟初始化式,其形式为:变量声明符 = 初始化式,初始化式为一个表达式,用于指定变量的初始化值,如:int i = 3, * p = &i,a[3] = {1,2,3}。

A.3.4　函数声明

函数声明一般形式为:

返回类型　标识符(形式参数列表);

函数声明的例子,如:float sum(float a, float b);。

其中,返回类型由存储类别说明符(可选)、类型限定符(可选)、类型说明符和若干 * 连接而成的序列说明,存储类别只能为 extern 或 static。

标识符表示函数名,函数的形式参数列表是一个由逗号(,)分隔的形式参数声明序列,序列长度可为 0,形式参数声明的形式与 A.3.3 变量声明基本类似,其中变量名可以省略,如:float sum(float,float);。

A.4　语句

C 语言语句有 6 类,分别为标号语句、复合语句、表达式语句、选择语句、循环语句、跳转语句。

1.标号语句

标号语句的形式有三种:①标识符:语句,主要是用于 goto 语句转义的目标地址;②case 常量表达式:语句;③default:语句。其中后两种格式的标号语句只允许出现 switch 语句中。

2.复合语句

复合语句的形式为:

{ 声明序列 语句序列 }

如{ int i; i=0; }。

3.表达式语句

表达式语句的形式为:

表达式;

如 i++;,表达式语句的表达式可为空,对应语句为空语句。

4.选择语句

选择语句分为 if 语句、if-else 语句和 switch 语句三种。

if 语句的形式为:

if (表达式) 语句

if-else 语句的形式为:

if (表达式) 语句 1 else 语句 2

switch 语句的形式为:

swtich (表达式) case 语句序列。

5.循环语句

循环语句包括 while 语句、do-while 语句和 for 语句三种。

while 语句的形式为:

while (表达式) 语句

do-while 语句的形式为:

do 语句 while(表达式);

for 语句的形式为:

for (表达式 1;表达式 2;表达式 3) 语句

for 语句中的三个表达式都是可选项,但是分隔的两个分号不能省略。

6.跳转语句

跳转语句有以下几类形式:①"goto 标识符;",②"continue;",③"break;",④"return 表达式;",表达式为可选项。其中,"continue;"一般出现在循环语句中,结束本次循环,控制转回循环开始处,"break;"一般出现在循环或 switch 语句中,用于跳出循环或 switch 语句,控制转至循环或 switch 语句之后。

A.5 函数定义

函数是 C 语言程序的基本构成单元,一个 C 程序实际就是一个 C 语言函数的集合,其中有且只能有一个主函数 main。C 语言规定函数不能嵌套定义,允许递归调用。

函数定义与函数声明不同，函数定义包含函数头和函数体两部分，前者基本是一个函数声明并以分号结束，后者为函数实现部分，由复合语句构成。

C语言函数定义的常用形式为：

返回类型　标识符(形式参数列表)　复合语句

其中，标识符为函数名。函数定义的例子，如：

```
void get_value(int x, int y)      /* 函数声明,函数头 */
{…}                               /* 复合语句,函数体 */
```

在经典C风格的函数定义中，形式参数可以仅给出参数名，在复合语句之前包含一个声明序列，用于说明形式参数的类型，例如：

```
void get_value(x,y)
int x,y;
{…}
```

A.6　预处理

C语言提供编译预处理功能，C语言预处理器在对程序编译前先根据程序中的预处理指令编辑程序。C语言的预处理指令大致包含宏定义、文件包含和条件编译三类。

1. 宏定义

宏定义类指令包含#define和#undef两条指令，前者用于定义宏，后者用于取消宏定义。简单宏定义不带参数，形式为：

#define　标识符　替换串

例如，将宏MAX定义为100：#define MAX 100。C语言预处理器在预处理时将会将程序中出现的所有MAX替换为100。复杂一点的宏定义可以带参数，其形式为：

#define　标识符(标识符列表)　替换列表

必须注意标识符和左括号(间不能有空格，例如：#define MIN(x,y) ((x)<(y) ? (x):(y))，这样程序中如出现的MIN(i,j+1)将会在预处理时被替换为((i)<(j+1) ? (i):(j+1))。

2. 文件包含

文件包含指令为#include，C语言预处理器在预处理时将#inlude指定的文件内容添加到程序文件中。文件包含的形式有两种：

(1) #include <文件名>

(2) #include "文件名"

前者引起C语言预处理器在系统规定的标准路径上(可通过编译器环境变量设置)查找文件，适用于库文件的包含；后者引起C语言预处理器在当前目录中查找文件，如果找不到，则继续按系统规定的标准路径查找文件，适用于用户自定义文件的包含。

3. 条件编译

条件编译是指根据预处理器所执行测试的结果来将程序的片段加入或排除出需编译的内容。条件指令类指令包括#if、#ifdef和#ifndef等。

＃if 指令格式为：

```
#if 标示符或常量表达式
```

它的常用使用方式如下例所示，程序中有：

```
#if DEBUG
    printf("这是调试版本!");
#else
    printf("这是运行版本!");
#endif
```

如在此段程序前先通过宏定义＃define DEBUG，则预处理器将 printf("这是调试版本!");保留在程序中，否则预处理器将 printf("这是运行版本!");保留在程序中。

附录B　C语言常用库函数

B.1　数学函数

包含文件：#include <math.h>

表 B.1　数学函数

函数原型	函数功能和使用说明
int abs(int i)	求整数的绝对值
double fabs(double x)	返回浮点数的绝对值
double floor(double x)	向下舍入
double fmod(double x，double y)	计算 x 对 y 的模，即 x/y 的余数
double exp(double x)	指数函数
double log(double x)	对数函数 ln(x)
double log10(double x)	对数函数 log
long labs(long n)	取长整型绝对值
double modf(double value，double * iptr)	把数分为指数和尾数
double pow(double x，double y)	指数函数(x 的 y 次方)
double sqrt(double x)	计算平方根
double sin(double x)	正弦函数
double asin(double x)	反正弦函数
double sinh(double x)	双曲正弦函数
double cos(double x)；	余弦函数
double acos(double x)	反余弦函数
double cosh(double x)	双曲余弦函数
double tan(double x)	正切函数
double atan(double x)	反正切函数
double tanh(double x)	双曲正切函数

B.2　字符串函数

包含文件：#include <string.h>

表 B.2　字符串函数

函数原型	函数功能和使用说明
char * strcat(char * dest,const char * src)	将字符串 src 添加到 dest 末尾
char * strchr(const char * s,int c)	检索并返回字符 c 在字符串 s 中第一次出现的位置
int strcmp(const char * s1,const char * s2)	比较字符串 s1 与 s2 的大小,并返回 s1 - s2
char * stpcpy(char * dest,const char * src)	将字符串 src 复制到 dest
char * strdup(const char * s)	将字符串 s 复制到最近建立的单元
int strlen(const char * s)	返回字符串 s 的长度
char * strlwr(char * s)	将字符串 s 中的大写字母全部转换成小写字母,并返回转换后的字符串
char * strrev(char * s)	将字符串 s 中的字符全部颠倒顺序重新排列,并返回排列后的字符串
char * strset(char * s,int ch)	将一个字符串 s 中的所有字符置于一个给定的字符 ch
char * strspn(const char * s1,const char * s2)	扫描字符串 s1,并返回在 s1 和 s2 中均有的字符个数
char * strstr(const char * s1,const char * s2)	描字符串 s2,并返回第一次出现 s1 的位置
char * strtok(char * s1,const char * s2)	检索字符串 s1,该字符串 s1 是由字符串 s2 中定义的定界符所分隔
char * strupr(char * s)	将字符串 s 中的小写字母全部转换成大写字母,并返回转换后的字符串

B.3　字符函数

包含文件:#include <ctype.h>

表 B.3　字符函数

函数原型	函数功能和使用说明
int isalpha(int ch)	若 ch 是字母('A' - 'Z','a' - 'z')返回非 0 值,否则返回 0
int isalnum(int ch)	若 ch 是字母('A' - 'Z','a' - 'z')或数字('0' - '9')返回非 0 值,否则返回 0
int isascii(int ch)	若 ch 是字符(ASCII 码中的 0～127)返回非 0 值,否则返回 0
int iscntrl(int ch)	若 ch 是作废字符(0x7F)或普通控制字符(0x00 - 0x1F)返回非 0 值,否则返回 0
int isdigit(int ch)	若 ch 是数字('0' - '9')返回非 0 值,否则返回 0
int isgraph(int ch)	若 ch 是可打印字符(不含空格)(0x21 - 0x7E)返回非 0 值,否则返回 0
int islower(int ch)	若 ch 是小写字母('a' - 'z')返回非 0 值,否则返回 0
iint isprint(int ch)	若 ch 是可打印字符(含空格)(0x20 - 0x7E)返回非 0 值,否则返回 0
int ispunct(int ch)	若 ch 是标点字符(0x00 - 0x1F)返回非 0 值,否则返回 0

续表 B.3

函数原型	函数功能和使用说明
int isspace(int ch)	若 ch 是空格(''),水平制表符('\t'),回车符('\r'), 走纸换行('\f'),垂直制表符('\v'),换行符('\n'),返回非 0 值,否则返回 0
int isupper(int ch)	若 ch 是大写字母('A'-'Z')返回非 0 值,否则返回 0
int isxdigit(int ch)	若 ch 是 16 进制数('0'-'9','A'-'F','a'-'f')返回非 0 值,否则返回 0
int tolower(int ch)	若 ch 是大写字母('A'-'Z')返回相应的小写字母('a'-'z')
int toupper(int ch)	若 ch 是小写字母('a'-'z')返回相应的大写字母('A'-'Z')

B.4　输入输出函数

包含文件:#include ＜stdio.h＞

表 B.4　输入输出函数

函数原型	函数功能和使用说明
int getch()	从控制台(键盘)读一个字符,不显示在屏幕上
int putch()	向控制台(键盘)写一个字符
int getchar()	从控制台(键盘)读一个字符,显示在屏幕上
int putchar()	向控制台(键盘)写一个字符
int getchar()	从控制台(键盘)读一个字符,显示在屏幕上
int getc(FILE * stream)	从流 stream 中读一个字符,并返回这个字符
int putc(int ch,FILE * stream)	向流 stream 写入一个字符 ch
int getw(FILE * stream)	从流 stream 读入一个整数,错误返回 EOF
int putw(intw,FILE * stream)	向流 stream 写入一个整数
FILE * fclose(handle)	关闭 handle 所表示的文件处理
int fgetc(FILE * stream)	从流 stream 处读一个字符,并返回这个字符
int fputc(int ch,FILE * stream)	将字符 ch 写入流 stream 中
char * fgets(char * string,intn,FILE * stream)	流 stream 中读 n 个字符存入 string 中
FILE * fopen(char * filename,char * type)	打开一个文件 filename,打开方式为 type,并返回这个文件指针,type 可为以下字符串加上后缀
int fputs(char * string,FILE * stream)	将字符串 string 写入流 stream 中
int fread(void * ptr,intsize,intnitems,FILE * stream)	从流 stream 中读入 nitems 个长度为 size 的字符串存入 ptr 中
int fwrite(void * ptr,intsize,intnitems,FILE * stream)	向流 stream 中写入 nitems 个长度为 size 的字符串,字符串在 ptr 中
int fscanf(FILE * stream,char * format[,argument,…])	以格式化形式从流 stream 中读入一个字符串

续表 B.3

函数原型	函数功能和使用说明
int fprintf(FILE * stream,char * format[,argument,…])	以格式化形式将一个字符串写给指定的流 stream
int scanf(char * format[,argument…])	从控制台读入一个字符串,分别对各个参数进行赋值,使用 BIOS 进行输出
int printf(char * format[,argument,…])	发送格式化字符串输出给控制台(显示器),使用 BIOS 进行输出

B.5 标准库函数

包含文件:#include <stdlib.h>

表 B.5 输入输出函数

函数原型	函数功能和使用说明
atof()	将字符串转换为 double(双精度浮点数)
atoi()	将字符串转换成 int(整数)
atol()	将字符串转换成 long(长整型)
strtod()	将字符串转换为 double(双精度浮点数)
strtol()	将字符串转换成 long(长整型数)
strtoul()	将字符串转换成 unsigned long(无符号长整型数)
calloc()	分配内存空间并初始化
free()	释放动态分配的内存空间
malloc()	动态分配内存空间
realloc()	重新分配内存空间

附录C　实验报告模板

完整的数据结构实验报告包括实验题目、实验目的、实验内容和总结等项目,可以参照以下模板撰写。

××大学(学院)实验报告纸

______________(系/学院)______________专业_____班___组_______课

学号____________姓名_________实验日期______________教师评定_______

实验1　线性表的顺序、链式表示及其应用

一、实验目的

1. 掌握线性表的顺序存储结构,熟练掌握顺序表基本算法的实现
2. 掌握线性表的链式存储结构,熟练掌握单链表基本算法的实现
3. 掌握利用线性表数据结构解决实际问题的方法和基本技巧

二、实验内容

1. 编写一个程序 test1－1.cpp,实现顺序表的各种基本运算,本实验的顺序表元素的类型为 char

(1)数据结构类型描述

```
#define MaxSize 50
typedef char ElemType;
typedef struct
{   ElemType data[MaxSize];        //存放顺序表中元素
    int length;                    //顺序表长度
} SqList;                          //顺序表类型
```

(2)基本运算的函数功能和函数原型以及核心函数的设计

①void CreateList(SqList *&L,ElemType a[],int n)　　//建立顺序表

功能:将给定的含有 n 个元素的数组的每个元素依次放入到顺序表中,并将 n 赋给顺序表的长度成员

②void InitList(SqList *&L) ③　　　　　　　　　　//初始化线性表

功能:构造一个空的线性表 L。

③bool ListInsert(SqList *&L,int i,ElemType e)　　　//插入数据元素

功能:该运算在顺序表 L 的第 i(1≤i≤ListLength(L)+1)个位置上插入新的元素 e。如果 i 值不正确,则显示相应错误信息;否则将顺序表原来第 i 个元素及以后元素均后移一个位置,移动方向从右向左,如图 1 所示,腾出一个空位置插入新元素,最后顺序表长度增 1。

0	1	2	…	i	…	n-1	n	…	MaxSize-1	length
a_1	a_2	a_3	…	a_{i+1}	…	a_n		…	…	n增1

从右向左方向移动

图 1　插入元素时移动元素的过程

(3)测试数据和运行结果

```
InitList(L);
ListInsert(L,1,'a');
ListInsert(L,2,'b');
ListInsert(L,3,'c');
ListInsert(L,4,'d');
ListInsert(L,5,'e');
printf("顺序表 L 长度 = %d\n",ListLength(L));
printf("ListEmpty(L) = %d\n",ListEmpty(L));
GetElem(L,3,e);
printf("顺序表 L 第 3 个元素 = %c\n",e);
```

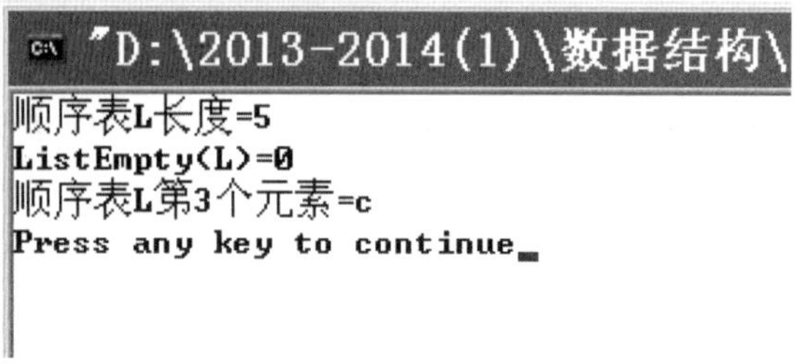

```
"D:\2013-2014(1)\数据结构\
顺序表L长度=5
ListEmpty(L)=0
顺序表L第3个元素=c
Press any key to continue_
```

图 2　程序运行结果

(4)分析和经验

①typedef 很方便。

②插入和删除时一定要控制好边界条件,最好画图来理解和确定控制条件。

2.写一个程序 test1-2.cpp,实现单链表的各种基本运算,本实验的单链表元素的类型为 char

(1)数据结构类型描述

(2) 基本运算的函数功能和函数原型以及核心函数的设计

(3) 测试数据和运行结果

(4) 分析和经验

3.编写一个程序test1-3.cpp,用单链表存储一元多项式,并实现两个多项式的加运算

(1) 数据结构类型描述

(2) 基本运算的函数功能和函数原型以及核心函数的设计

(3) 测试数据和运行结果

(4) 分析和经验

三、实验总结

1.源程序数量为3个,源代码总行数为210行;

2.通过第3个实验可以知道,线性表采用不同的存储结构,使用的方法不同,方便程度不同,为此要根据问题的性质和要求,恰当选择存储结构,这样可提高效率;

3.数据结构与算法课程的学习与应用数据结构的知识解决实际问题差别很大,需要大量的练习才能真正掌握。

参 考 文 献

[1] 严蔚敏,吴伟民. 数据结构(C语言版). 北京:清华大学出版社,1997.

[2] 李春葆,等. 数据结构教程.4版.北京:清华大学出版社,2013.

[3] 朱战立. 数据结构——使用C++语言. 西安:西安电子科技大学出版社,2001.

[4] 刘大有,等. 数据结构. 北京:高等教育出版社,2001.

[5] 黄扬铭. 数据结构. 北京:科学出版社,2001.

[6] 黄刘生. 数据结构. 北京:经济科学出版社,2000.

[7] 薛超英. 数据结构——用Pascal、C++语言对照描述算法.2版. 武汉:华中科技大学出版社,2002.

[8] 殷民昆,等. 数据结构(面向对象方法与C++描述). 北京:清华大学出版社,1999.

[9] 王庆民. 数据结构教程——C语言版. 北京:北京希望电子出版社,2002.

[10] 许卓群,张乃孝,杨冬青,唐世渭. 数据结构. 北京:高等教育出版社,1998.

[11] R. L. Kruse, et al. Data Structure and Program Design in C. 2nd Ed. Prenice Hall, 1997.

[12] 赵文静. 数据结构——C++语言描述. 西安:西安交通大学出版社,1999.

[13] 陈文博,朱青. 数据结构与算法. 北京:机械工业出版社,1996.

[14] R. Sedgewick. Algorithms in C. ADDISON - WESLEY,1998.